注册安全工程师职业资格考试配套题库

安全生产技术基础
仿真训练与真题详解
(2021 新版)

主　编:王起全

气象出版社
China Meteorological Press

内容简介

本书作为《注册安全工程师职业资格考试配套题库》丛书的一个分册，紧扣应急管理部发布的《中级注册安全工程师职业资格考试大纲》，直击历年考点、预测当年重点，在对2004—2020年考试真题进行系统梳理的基础上，根据最新考试大纲及辅导教材各章节内容，针对“安全生产技术基础”考试科目编排试题及答案，并补充、修改、完善了2019年、2020年全套考试真题及答案与解析。力求为读者提供大量典型的注册安全工程师考试辅导练习题，帮助考生在最短的时间内高效备考、顺利通过考试。

图书在版编目(CIP)数据

安全生产技术基础仿真训练与真题详解/王起全主编．—北京：气象出版社，2021.4

注册安全工程师职业资格考试配套题库

ISBN 978-7-5029-7411-4

Ⅰ.①安… Ⅱ.①王… Ⅲ.①安全生产-资格考试-习题集 Ⅳ.①X93-44

中国版本图书馆CIP数据核字(2021)第063078号

Anquan Shengchan Jishu Jichu　Fangzhen Xunlian yu Zhenti Xiangjie

安全生产技术基础　仿真训练与真题详解

主　编：王起全

出版发行：气象出版社

地　　址：北京市海淀区中关村南大街46号　　邮政编码：100081

电　　话：010-68407112(总编室)　010-68408042(发行部)

网　　址：http://www.qxcbs.com　　E-mail：qxcbs@cma.gov.cn

责任编辑：张盼娟　彭淑凡　　终　　审：吴晓鹏

责任校对：张硕杰　　责任技编：赵相宁

封面设计：艺点设计

印　　刷：三河市百盛印装有限公司

开　　本：787 mm×1092 mm　1/16　　印　　张：14.5

字　　数：390千字

版　　次：2021年4月第1版　　印　　次：2021年4月第1次印刷

定　　价：58.00元

前　言

自2002年注册安全工程师制度实施以来，安全生产形势发生了深刻变化，国家对注册安全工程师制度建设提出了新要求。2007年3月颁布的《注册安全工程师管理规定》（国家安全生产监督管理总局令第11号），以及2007年9月颁布的《关于实施〈注册安全工程师执业资格制度暂行规定〉补充规定的通知》，不仅进一步规范注册安全工程师的管理，而且推动注册安全工程师队伍不断发展壮大。2014年新修订的《安全生产法》确立了注册安全工程师的法律地位。2016年12月印发的《中共中央 国务院关于推进安全生产领域改革发展的意见》明确要求完善注册安全工程师制度。2017年11月国家安全生产监督管理总局联合人力资源社会保障部印发了《注册安全工程师分类管理办法》，对注册安全工程师的分级分类、考试、注册、配备使用、职称对接、职责分工等作出了新规定。2019年1月，应急管理部、人力资源社会保障部联合发布了《注册安全工程师职业资格制度规定》和《注册安全工程师职业资格考试实施办法》（以下分别简称《制度规定》和《考试实施办法》）。

《制度规定》和《考试实施办法》修订工作主要是在总结实践经验基础上，按照新的法规制度要求进行的，有利于加强安全生产领域专业化队伍建设，有利于防范遏制重特大生产安全事故发生，推动安全生产形势持续稳定好转。主要包括如下变化：一是将注册安全工程师设置为高级、中级、初级三个级别，划分为煤矿安全等7个专业类别。二是按照统分结合的管理方式，明确了有关部门职责。应急管理部、人力资源社会保障部共同制定注册安全工程师职业资格制度，按照职责分工负责注册安全工程师职业资格制度的实施与监管，同时增加了住房城乡建设部、交通运输部编制相应类别考试大纲、负责相应类别注册初审等职责。三是调整了中级注册安全工程师职业资格考试报名条件、考试科目和考试成绩滚动周期（由2年调整为4年），扩大了中级注册安全工程师职业资格考试部分科目免试人员范围。四是明确了申请注册的人员年龄限制，延长了中级注册安全工程师的注册有效期，增加了注册信息公开共享、使用电子注册证书等条款。五是按照专业类别制定了执业行业界定表，细化了注册安全工程师执业行业范围。六是增加了推进注册安全工程师职业资格国际化的要求。

注册安全工程师资格考试自2004年首次开展，至今已举办了16年（2016年停考）。考试大纲先后于2005年、2006年、2008年、2011年、2017年和2019年修订，2019年考试由"执业资格考试"改为"职业资格考试"。2011年至2018年考试沿用的都是2011版（2017年修订）的考试大纲和辅导教材，2019年考试相关制度调整后，启用新的考试大纲和辅导教材。

2019年起，中级注册安全工程师考试仍为4个考试科目，调整了科目名称，将原"安全生产法及相关法律知识""安全生产管理知识""安全生产技术""安全生产事故案例分析"分别调整为"安全生产法律法规""安全生产管理""安全生产技术基础""安全生产专业实务"。其中，"安全生产法律法规""安全生产管理""安全生产技术基础"为公共科目，"安全生产专业实务"为专业科目。专业科目分为煤矿安全、金属非金属矿山安全、化工安全、金属冶炼安全、建筑施工安全、道路运输安全、其他安全（不包括消防安全）7个专业类别。考生在报名时可根据实际工作需要选择其一。

为帮助考生顺利通过考试，编者在总结分析历年考试真题的基础上，结合注册安全工程师考试大纲和考试辅导教材的变动、更新内容，策划编写了《注册安全工程师职业资格考试配套题库》丛书，针对四个考试科目分为《安全生产法律法规仿真训练与真题详解》《安全生产管理仿真训练与真题详解》《安全生产技术基础仿真训练与真题详解》《安全生产专业实务仿真训练与真题详解》四个分册。每个分册对 2004—2020 年真题进行分类汇编，分为仿真训练部分和真题部分，其中仿真训练包含“基础训练”“能力提升”两类练习题，真题部分包含 2019 年真题和 2020 年真题，并给出参考答案与详细解析。

《安全生产技术基础 仿真训练与真题详解》作为《注册安全工程师职业资格考试配套题库》丛书的一个分册，紧扣应急管理部发布的《中级注册安全工程师职业资格考试大纲》，直击历年考点、预测当年重点，在对 2004—2020 年考试真题进行系统梳理的基础上，根据最新考试大纲及辅导教材各章节内容，针对“安全生产技术基础”考试科目编排试题及答案，并补充、修改、完善了 2019 年、2020 年全套考试真题及答案与解析。力求为读者提供大量典型的注册安全工程师考试辅导练习题，帮助考生在最短的时间内高效备考、顺利通过考试。

本书由王起全担任主编，于作蛟、郑乐担任副主编，还有以下人员参与编写：宋磊、吴昊、文陈、余红文、李静、鲍子淇、崔雨泽、王坤、徐进、谢洪庚、徐丹、郭锐江、杨松柳、杨亚男、叶周景、程颖、王戈、史晓慧、陈敬、李王杰、李兵、李伟、纪新元、赵丽、朱瑞典、钱洪美、杨松立、张人夫、张超、李铁、陈嘉祥、池森蓬、李运航、王明明等，对各位参编者的辛勤劳作表示感谢。

本书在编写和推广的过程中，得到以下培训机构的大力支持：瑞安国培培训中心、环球培训中心、中哲培训中心、航天三院培训中心、南京金陵交运职业技术学校、宜兴天安咨询有限公司等，在此致以诚挚的谢意！

考生如需体验免费试听课，请联系气象出版社责任编辑彭淑凡（电话：010-68408040，电子邮箱：psfkitty@163. com）。

由于编者水平有限，书中难免出现疏漏，衷心期望读者给予批评指正。

王起全

2021 年 3 月

目　　录

考试大纲

一、考试目的

考查专业技术人员运用安全技术和标准，辨识、分析、评价作业场所和作业过程中存在的危险、有害因素，采取相应防范技术措施，消除、降低事故风险的能力。

二、考试内容及要求

1. 机械安全技术。运用机械安全相关技术和标准，辨识、分析、评价作业场所和作业过程中存在的机械安全风险，解决切削、冲压剪切、木工、铸造、锻造和其他机械安全技术问题。运用安全人机工程学理论和知识，解决人机结合的安全技术问题。

2. 电气安全技术。运用电气安全相关技术和标准，辨识、分析、评价作业场所和作业过程中存在的电气安全风险，解决防触电、防静电、防雷击、电气防火防爆和其他电气安全技术问题。

3. 特种设备安全技术。运用特种设备安全相关技术和标准，辨识、分析、评价特种设备和作业过程中存在的安全风险，解决锅炉、压力容器（含气瓶）、压力管道、电梯、起重机械、场（厂）内专用机动车辆、客运索道、大型游乐设施等特种设备安全技术问题。

4. 防火防爆安全技术。掌握火灾、爆炸机理，运用防火防爆安全相关技术和标准，辨识、分析和评价火灾、爆炸安全风险，制定相应安全技术措施。

5. 其他通用安全技术。运用其他相关通用安全技术和标准，辨识和分析生产经营过程中的危险、有害因素，制订相应安全技术措施。

第一章　机械安全技术

大纲要求：

机械安全技术。运用机械安全相关技术和标准，辨识、分析、评价作业场所和作业过程中存在的机械安全风险，解决切削、冲压剪切、木工、铸造、锻造和其他机械安全技术问题。运用安全人机工程学理论和知识，解决人机结合的安全技术问题。

一、单项选择题

基础训练

1. 通过改变机器设计或工作特性来消除危险或减小与危险相关的安全措施称为(　　)。

A. 基本安全设计措施　　B. 本质安全设计措施

C. 安全防护措施　　D. 提示性安全技术措施

2. 在使用电平刨(平面刨)时，必须装设灵敏可靠的(　　)装置。

A. 护手　　B. 气动　　C. 扳把　　D. 联动

3. 在煤气危险区域，进入容器作业时，应首先检查空气中的(　　)浓度；作业时，除保持通风良好外，还要求容器外有专人进行监护。

A. 氧气　　B. 二氧化碳　　C. 一氧化碳　　D. 二氧化硫

4. 某企业制氧站屋檐高度为 7.5 m，则空分设备的吸气口至地面垂直距离应(　　)m。

A. 等于 7.5　　B. 小于 7.5　　C. 大于 10　　D. 大于 7.5 但小于 8

5. 皮带传动机构的危险部位是皮带接头处和皮带进入皮带轮处，因此要用皮带防护罩加以防护。一般设防护罩要求皮带传动机构距地面距离在(　　)m 以下。

A. 3　　B. 2.5　　C. 2　　D. 1.8

6. 机械加工企业煤气站的水煤气、半水煤气的含氧量达到(　　)%时必须停炉。

A. 0.2　　B. 0.7　　C. 0.5　　D. 1

7. 开启式防护罩打开或部分失灵时，应使(　　)。

A. 活动部件不能运转　　B. 运转部件减速运动

C. 防护罩不影响操作　　D. 维修防护罩的工作正常进行

8. 对于压力机节点位置的曲柄滑块机构，当曲柄处于上死点和下死点位置时，滑块运动速度为零，加速度(　　)。

A. 最小　　B. 不变　　C. 为零　　D. 最大

9. 剪板机操作者送料的手指离剪刀口最少应保持(　　)mm 的距离，并且离开压紧装置。

A. 300　　B. 100　　C. 200　　D. 60

10. 对新投入使用的吊钩应做负荷实验，以额定载荷的(　　)倍作为试验载荷，试验时间应不少于 10 min。

A. 2　　B. 1.25　　C. 1.5　　D. 1

11. 机械设备的动力柜(箱)落地安装时,柜(箱)地面应高出地面(　　)mm。

A. 50～100　　B. 100～150　　C. 150～200　　D. 30～50

12. 根据机械生产场所的设备布局要求,大型设备的间距(以活动机件达到的最大范围计算)应大于等于(　　)m。

A. 2　　B. 0.7　　C. 0.5　　D. 0.2

13. 车间安全通道要求,汽车通行通道宽度大于(　　)m。

A. 2　　B. 4　　C. 3　　D. 5

14. 物料堆放不得超高,在垛底与垛高之比为1∶2的前提下,垛高不超出(　　)m。

A. 1　　B. 3　　C. 2.5　　D. 2

15. 旋转部件和成切线运动部件间的咬合处是机械设备的危险部位之一。下列危险部位中,属于这种危险部位的是(　　)。

A. 金属刨床的工作台与床身　　B. 锻锤的锤体

C. 传动皮带与皮带轮　　D. 剪切机的刀刃

16. 在机械行业,存在物体打击、车辆伤害、机械伤害、起重伤害、触电、灼烫、火灾、高处坠落、坍塌、火药爆炸、化学性爆炸、物理性爆炸、中毒和窒息等多种危险有害因素。起重机操作失误导致的撞击属于(　　)危险有害因素。

A. 物体打击　　B. 机械伤害　　C. 高处坠落　　D. 起重伤害

17. 预防机械伤害包括实现机械本质安全和保护操作者及有关人员安全等方面的对策。实现机械本质安全的主要措施包括:①使人们难以接近机器的危险部位;②减少或消除接触机器的危险部件的次数;③提供保护装置或个人防护装备;④消除产生危险的原因等。实施上述措施的正确顺序是(　　)。

A. ②①③④　　B. ④③②①　　C. ④②①③　　D. ①③②④

18. 机械安全设计与机器安全装置包括本质安全、失效安全、定位安全、机器布置、机器安全防护装置等技术,每项技术又包含若干项安全措施。设计中把机器的危险部件安置到不可能触及的位置的做法属于(　　)技术。

A. 失效安全　　B. 定位安全

C. 机器布置　　D. 机器安全防护装置

19. 空气相对湿度对人体的热平衡和湿热感有重大作用。一般情况下,人们适宜的空气相对湿度范围是(　　)。

A. 25%～50%　　B. 30%～70%　　C. 35%～75%　　D. 40%～80%

20. 乙炔气体具有爆炸极限范围宽、爆炸下限低、点火能量小的特点,极易导致火灾爆炸事故。乙炔站房内的电器必须应用(　　)型电器。

A. 防尘　　B. 防水　　C. 防火　　D. 防爆

21. 起重机械是一种间歇动作的机械,需要经常启动和制动。提升机构的制动器既是起重机械的工作装置又是起重机械的安全装置。制动器的作用是(　　)。

A. 支持、制动、落重　　B. 支持、制动、提升

C. 平移、制动、落重　　D. 支持、提升、落重

22. 为机械生产过程提供动力的煤气站应由(　　)电源供电。

A. 专用单路　　B. 接电　　C. 单路　　D. 双路

23. 为防止乙炔生产装置产生的乙炔发生爆炸,乙炔生产装置应安装(　　)等安全装置。

A. 防护挡板、安全阀　　B. 安全阀、电源开关

C. 安全阀、安全膜　　　　D. 隔离变压器、安全膜

24. 某机械厂一次桥式起重机检修中，一名检修工不慎触及带电的起重机滑触线，遭到强烈电击，坠落地面，经抢救无效身亡。从主要危险和有害因素的角度分析，这起死亡事故属于(　　)类型事故。

A. 车辆伤害　　B. 触电　　C. 高处坠落　　D. 其他伤害

25. 煤气站房必须有通风系统，而且进气口、排气口的位置必须正确。下列有关进气口与排气口位置的说法中，符合规定的是(　　)。

A. 进气口和排气口都在站房的下方

B. 进气口在站房的下方，排气口在站房的上方

C. 进气口在站房的上方，排气口在站房的下方

D. 进气口和排气口都在站房的上方

26. 为防止机械伤害，在无法通过设计实现本质安全的情况下，应使用安全装置。下列有关安全装置设计要求的说法中，错误的是(　　)。

A. 安全装置有足够的强度、刚度、稳定性和耐久性

B. 安全装置不影响机器的可靠性

C. 将安全装置设置在操作者视线之外

D. 安全装置不带来其他危险

27. 机器的安全装置包括固定安全防护装置、连锁安全装置、控制安全装置、自动安全装置、隔离安全装置等。其中，利用固定的栅栏阻止身体的任何部分接近危险区域的装置属于(　　)。

A. 隔离安全装置　　　　B. 连锁安全装置

C. 自动安全装置　　　　D. 固定安全防护装置

28. 砂轮机是机械厂最常用的机器设备之一。砂轮质脆易碎、转速高，容易发生机械伤害。下列有关砂轮机现场检查记录中，符合安全要求的是(　　)。

A. 砂轮机无专用砂轮机房，其正面装设有高度 1.6 m 的固定防护挡板

B. 砂轮直径为砂轮卡盘直径的 4 倍

C. 砂轮防护罩与主轴水平线的开口角为 90°

D. 砂轮直径 140 mm，无砂轮托架

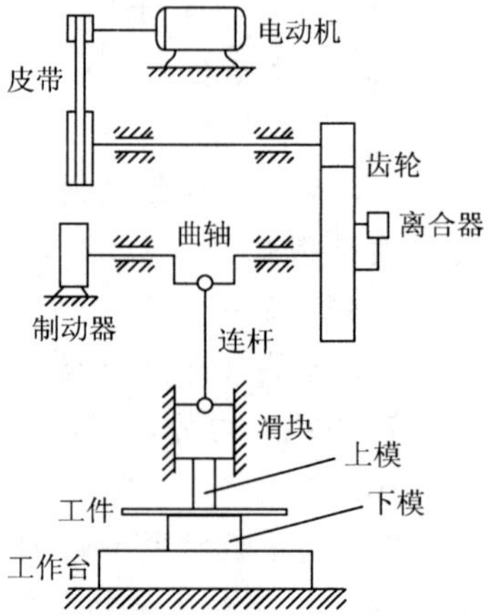

29. 剪板机、曲柄压力机、液压机都是容易发生机械伤害的设备，伤害程度与运动部件的速度、加速度有密切关系。右图是曲柄压力机的传动示意图。当滑块在最高位置时，下列有关滑块加速度与速度的说法中，正确的是(　　)。

A. 滑块加速度最大，速度为零

B. 滑块加速度最大，速度最大

C. 滑块加速度最小，速度为零

D. 滑块加速度最小，速度最大

30. 起重机吊钩断裂会导致重大的人身伤亡及设备损毁事故。下图所示为几种吊钩的断面。其中，只允许用于小型起重设备的吊钩是(　　)断面的吊钩。

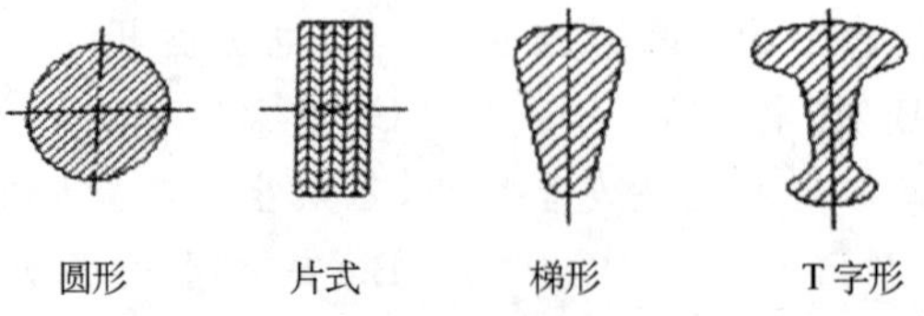

A. 圆形　　B. 片式　　C. 梯形　　D. T 字形

31. 木工机械有各种锯机、刨机等。木工机械事故与木工机械的特点有密切关系。下列有关木工刨床特点的说法中，错误的是（　　）。

A. 切削速度高

B. 切削过程中噪声大

C. 切削过程中振动大，安全防护装置容易失灵

D. 触电危险性大

32. 氧气瓶内压力高达 1.5 MPa，爆炸危险性较大。下列有关氧气瓶的使用方法中，错误的是（　　）。

A. 装好减压器后应缓缓打开氧气瓶阀门

B. 氧气瓶内的氧气应全部用尽后再送去充气，以防途中泄漏

C. 不用时应将氧气皮管挂起来

D. 氧气瓶应避免阳光直射

33. 机械的本质安全设计是在设计阶段采取措施来消除机械危险的一种安全设计方法。下列设计要素中，不属于本质安全的是（　　）。

A. 应用安全人机工程学原则　　B. 限制机械应力

C. 保证材料的安全性　　D. 设计机械安全防护装置

34. 机械设备可造成碰撞、夹击、剪切、卷入等多种伤害。锻压机械最容易造成伤害的危险部位是（　　）。

A. 锻锤的锤体、压力机的滑枕　　B. 锻锤的锤体、锻锤的摩擦轮

C. 压力机曲柄和连杆、压力机的滑枕　　D. 锻锤的摩擦轮、压力机曲柄和连杆

35. 乙炔站房内的仪表必须应用（　　）型仪表。

A. 防尘　　B. 防水　　C. 防爆　　D. 数字

36. 机械制造场所工件、物料摆放不得超高。在垛底与垛高之比为 1∶2 的前提下，垛高不应超出（　　）m（单件超高除外）。

A. 2.0　　B. 4.0　　C. 3.0　　D. 5.0

37. 冲压设备的安全装置按其结构分为机械、按钮、光电、感应等类型的安全装置。其中，（　　）全部属于机械类型的安全装置。

A. 推手式装置、双手按钮式装置、光电式装置

B. 摆杆护手式装置、拉手式装置、光电式装置

C. 推手式装置、摆杆护手式装置、双手按钮式装置

D. 推手式装置、摆杆护手式装置、拉手式装置

38. 连锁装置属于机器防护安全装置。下列关于连锁安全装置的说法，正确的是（　　）。

A. 只有当安全装置关合时，机器才能运转；只有当机器的危险部件停止运动时，安全装置才能开启

B. 只有当安全装置开启时，机器才能运转；只有当机器的危险部件停止运动时，安全装置才能开启

C. 只有当安全装置关合时，机器才能运转；只有当机器的危险部件运动时，安全装置才能开启

D. 只有当安全装置开启时，机器才能运转；只有当机器的危险部件运动时，安全装置才能开启

39. 下列塌方事故中，属于坍塌类的是（　　）。

A. 开挖高大建筑物地基时造成的土石塌方　　B. 车辆失控撞击造成的建筑物塌方

C. 烟花爆竹爆炸引起的库房建筑物塌方　　D. 矿山地下开采时发生的顶板塌方

40. 机械安全防护装置应具有足够的可靠性，即在规定的寿命期限内必须具有足够的稳定性、耐腐蚀性、抗疲劳性和（　　）。

A. 密度　　B. 硬度　　C. 重量　　D. 强度

41. 下列机械安全防护装置中，仅能对操作者提供保护的是（　　）。

A. 连锁安全装置　　B. 双手控制安全装置

C. 自动安全装置　　D. 隔离安全装置

42. 下列各组工伤事故，全都属于锻造生产容易发生的工伤事故是（　　）。

A. 机械伤害、车辆伤害、电气伤害　　B. 机械伤害、烫伤、射线伤害

C. 机械伤害、烫伤、火灾爆炸　　D. 高处坠落、烫伤、电气伤害

43. 反应时间是指人从机器或外界获得信息，经过大脑加工分析发出指令到运动器官，运动器官开始执行动作所需的时间。一般条件下，人的反应时间为（　　）s。

A. 0.05～0.1　　B. 0.1～0.5　　C. 1～3　　D. 3～5

44. 人在作业时能量消耗增加，需氧量随之增加。人体每分钟内能供应的最大氧量称为最大耗氧量。正常成人的最大耗氧量一般不超过（　　）L/min。

A. 1　　B. 2　　C. 3　　D. 5

45. 人在观察物体时，由于视网膜受到光线的刺激，使得视觉印象与物体的实际大小、形状等存在差异。这种现象称为（　　）。

A. 明适应　　B. 暗适应　　C. 眩光　　D. 视错觉

46. 下列机械伤害事故中，不属于接触伤害的是（　　）。

A. 机械的锐边划伤人体　　B. 人体被机械的表面割伤

C. 高速旋转的工件飞出击中人体　　D. 人体被过热物体烫伤

47. 在产品失效过程的不同阶段中，故障率最低且趋向常数的阶段是（　　）。

A. 早期故障期　　B. 晚期故障期　　C. 偶发故障期　　D. 磨损故障期

48. 可靠性预计是根据零部件的可靠性数据来估算产品的可靠性指标。下列关于系统可靠性预计的描述中，正确的是（　　）。

A. 串联系统的单元数与可靠性无关

B. 并联系统的单元数与可靠性无关

C. 串联系统的单元数越多，则系统的可靠性越高

D. 串联系统的单元数越多，则系统的可靠性越低

49. 做往复直线运动的工作台或滑枕等执行件伤及人体，满足机械伤害事故中的（　　）伤害。

A. 卷入和挤压　　B. 碰撞和撞击　　C. 接触　　D. 物体打击

50. 对于涉及剧毒物品作业的化工设备、故障率较高的设备、出现事故损失较大的设备，为显著提高其可靠性，应采用（　　）设计。

A. 人机界面　　B. 强度　　C. 冗余　　D. 装配合理

51. 为便于发生故障时易于快速修复，同时考虑经济性和备用性，应采用零件标准化、部件通用化、设备系列化的产品。这是人机系统可靠性设计中的（　　）原则。

A. 系统整体可靠性　　B. 信息反馈　　C. 高维修度　　D. 预测和预防

52. 根据人机特性的比较，为了充分发挥各自的优点，需要进行人机功能的合理分配。下列关于人机功能合理分配的说法中，正确的是（　　）。

A. 指令和程序的编排适合机器来做　　B. 故障处理适合于机器来做
C. 研究、决策适合于人来承担　　D. 操作复杂的工作适合于人来承担

53. 人的思维与安全行为有密切关系。思维就是以已有的知识经验为中心，对客观现实的概括和间接的反应。下列特征中，不属于思维特征的是(　　)。
A. 广阔性　　B. 批判性　　C. 逻辑性　　D. 持久性

54. 在人机系统中人始终起着核心和主导作用，机械起着安全可靠的保证作用。在半机械化控制的人机系统中，人在系统中主要充当生产过程的(　　)。
A. 操作者与管理者　　B. 监视者与控制者　　C. 操作者与控制者　　D. 监视者与管理者

55. 与产品设计和操纵机器有关的人体特性参数是(　　)。
A. 静态参数、动态参数、身高参数、肢体活动范围参数
B. 生理学参数、生物力学参数、心理参数、生物化学参数
C. 基本参数、辅助参数、静态参数、动态参数
D. 静态参数、动态参数、生理学参数和生物力学参数

56. 在人机系统设计过程中，减少操作者的紧张和体力消耗来提高安全性，并以此改善机器的操作性能和提高其可靠性，这一特性称为机械安全的(　　)。
A. 系统性　　B. 友善性　　C. 防护性　　D. 整体性

57. 通过学习和训练，去提高人的文化和技术素质，或采取必要的辅助措施(如使用劳保用品等)去适应人机系统的要求，这一工程称为(　　)。
A. 机宜人　　B. 人适机　　C. 培训　　D. 演练

58. 在人—机—环境串联系统中，假设环境符合标准要求，机器的可靠度为 $R_{机器}$，人的可靠度为 $R_{人}$，则系统可靠度为(　　)。
A. $1-R_{机器}R_{人}$　　B. $R_{机器}R_{人}$
C. $1-(1-R_{机器})(1-R_{人})$　　D. 无法确定

59. 人机功能匹配要在功能分析基础上依据人机特性进行分配，应当由机器来承担的作业是(　　)。
A. 指令　　B. 程序编排
C. 环境条件恶劣的作业　　D. 应付突然事件

60. 下列关于机械设计本质安全的说法，不正确的是(　　)。
A. 机械设计本质安全包括减少或避免在危险区域工作
B. 机械设计本质安全包括在设计中排除危险部件
C. 机械设计本质安全包括使用附加的安全装置
D. 机械设计本质安全包括不使用危险材料

61. 产品的可靠性预计是根据(　　)的可靠性数据来预算产品的可靠性指标，如可靠度、故障率或平均寿命等。
A. 零部件　　B. 产品本身　　C. 产品成本　　D. 生产过程

62. 下列不属于视错觉的是(　　)。
A. 方向错觉　　B. 长短错觉　　C. 色彩错觉　　D. 记忆错觉

63. 从人机系统的角度考虑，造成机械伤害事故的原因中，发生频率最高的是(　　)。
A. 碰撞　　B. 卷入和挤压　　C. 接触伤害　　D. 撞击

64. 按不同诊断目的选择最能表征设备状态的信号，对该类信号进行全面监测，并将其汇集在一起形成一个设备工作状态信号子集，指的是故障诊断基本步骤中的(　　)。

A. 诊断决策　　B. 状态识别　　C. 特征提取　　D. 信号监测

65. 以下有关故障诊断与状态监测的说法中，错误的是(　　)。

A. 通常把状态监测划归到故障诊断的研究范畴中

B. 故障诊断与状态监测是广义故障诊断中不可分割的两个有机组成部分

C. 状态监测一般由专门人员进行，故障诊断一般由现场人员进行

D. 状态监测是故障诊断的前提

66. 常用来检查内部结构缺陷的探伤技术是(　　)。

A. 磁粉探伤技术　　B. 渗透探伤技术　　C. 涡流探伤技术　　D. 超声探伤技术

67. 人机系统的整体可靠性原则是指：从人机系统的整体可靠性出发，合理确定人与机器的(　　)，从而设计出经济可靠的人机系统。

A. 功能分配　　B. 大小　　C. 经济性　　D. 可靠性

68. 人机界面是人与机器(　　)的环节，如果设计不当，人与机器相接触造成能量逸出，将直接导致事故发生。

A. 交换能量　　B. 协调关系　　C. 相互适应　　D. 交换信息

69. 在人机系统中，人始终起着核心作用。解决人机系统安全问题的根本途径是(　　)。

A. 控制人的不安全行为　　B. 应用机械的冗余设计

C. 强化监控　　D. 实现生产过程机械化和自动化

70. 本质安全是指为了保证生产过程的安全，采取安全的技术措施来消除机械危险。在机械产品寿命周期的各环节中，决定机械产品达到本质安全的最关键阶段是(　　)阶段。

A. 设计　　B. 制造　　C. 使用　　D. 维修

71. 下列关于全自动化控制的人机系统的说法，正确的是(　　)。

A. 人在系统中充当全过程的操作者和控制者

B. 机器的运转完全依赖于人的控制

C. 以人为主体，即人必须在全过程中进行管理或干预

D. 以机为主体，人只是监视者和管理者

72. 在机加工车间内对机器进行安全布置时，除考虑空间、管线布置等以外，首先应考虑(　　)。

A. 照明　　B. 气候　　C. 温度　　D. 湿度

73. 根据人机特性和人机功能合理分配的原则，适合于机器做的是(　　)工作。

A. 快速、高可靠性、高精度的　　B. 单调、复杂、决策性的

C. 持久、笨重、维修性的　　D. 环境条件差、规律性、创造性的

74. 下列有关机械振动监测与诊断技术的说法中，正确的是(　　)。

A. 监测振动信号时，传感器应安装在诊断对象的振动敏感点或离核心部位最近的关键点

B. 振动信号一般用温度、频率传感器来测量

C. 目前国内已提出了统一的故障判别标准及故障诊断模式

D. 振动频率范围可分工频振动和低频振动

75. 眩光造成的有害影响有(　　)；观察物体有模糊感觉。

A. 引起视力的明显下降；使人产生方向错觉

B. 使人产生对温度的错觉；减弱被观察物体与背景的对比度

C. 破坏暗适应，产生视觉后像；减弱被观察物体与背景的对比度

D. 导致睫状肌萎缩，食欲下降；减弱被观察物体与背景的对比度

76. 机械设备的故障诊断工作可以分为信号检测、(　　)、状态识别和诊断决策四个步骤。

A. 信号收集　B. 故障预测　C. 异常模型确定　D. 特征提取

77. 下列项目中,不属于机械产品结构维修性设计的是(　　)。

A. 可达性　B. 零组部件的标准化与互换性

C. 维修人员的安全　D. 耐环境设计

78. 产品在其整个寿命期间内各个时期的故障率不同。与产品失效过程相关的故障期不包括(　　)。

A. 设计故障期　B. 早期故障期　C. 偶发故障期　D. 磨损故障期

79. 起重机械运动部件移动范围大,有多个运动机构,绝大多数起重机械本身就是移动式机械,容易发生碰撞、脱钩、倾翻等事故。在机械行业的12类主要产品中,起重机械属于(　　)类的机械产品。

A. 重型矿山　B. 汽车　C. 石油化工通用　D. 其他

80. 机械设备可造成碰撞、夹击、剪切、卷入等多种伤害,所以识别机械设备的危险部位非常重要。下列机械设备部位,不属于危险部位的是(　　)。

A. 旋转部件和成切线运动部件间的咬合处　B. 金属刨床的工作台

C. 机床底座　D. 旋转的凸块

81. 机械行业的伤害主要分为14类。在已经断电的桥式起重机滑轨上进行维修作业时不慎跌落造成的伤害,属于(　　)类伤害。

A. 起重　B. 车辆　C. 坍塌　D. 高处坠落

82. 预防机械伤害的对策包括实现机械本质安全和提高操作人员安全素质两方面。其中,选择实现机械本质安全措施的最佳顺序是(　　)。

A. 减少或消除接触机器的危险部件的次数→使人们难以接近机器的危险部位→提供保护装置或个人防护装备→消除产生危险的原因

B. 消除产生危险的原因→提供保护装置或个人防护装备→减少或消除接触机器的危险部件的次数→使人们难以接近机器的危险部位

C. 提供保护装置或个人防护装备→消除产生危险的原因→减少或消除接触机器的危险部件的次数→使人们难以接近机器的危险部位

D. 消除产生危险的原因→减少或消除接触机器的危险部件的次数→使人们难以接近机器的危险部位→提供保护装置或个人防护装备

83. 砂轮机是常用的机器设备,砂轮质脆易碎、转速高、使用频繁,极易伤人,因此,砂轮机的安装必须符合安全要求。下列关于砂轮机安装的叙述中,不正确的是(　　)。

A. 砂轮机不得安装在正对着附近设备的地方

B. 砂轮机不得安装在正对着附近经常有人过往的地方

C. 较大的车间应设置专用的砂轮机房

D. 如果设置砂轮机房有困难,应在砂轮机正面装设高度不低于1.5 m的防护挡板

84. 在冲压作业中,事故可能发生在冲压设备的各个危险部位。其中发生在模具行程间的事故最多,且伤害部位多是作业者的手部。冲压设备可安装多种安全防护装置。下列安全防护装置,不属于冲压安全防护装置的是(　　)。

A. 光电式保护装置　B. 紧急电源切换装置

C. 机械式防护装置　D. 双手按钮式保护装置

85. 木工机械多采用手工送料,容易发生手与刀刃接触,造成伤害。因为木工机械属于

(   )机械，所以木工机械伤手事故较多。

A. 低速　B. 中低速　C. 中速　D. 高速

86. 安全人机工程是运用人机工程学的理论和方法，研究(   )系统的安全本质，并使它们相互之间在安全上达到最佳匹配，以确保系统高效、经济运行的一门应用科学。

A. 人-机-管理　B. 人-机-环境

C. 人-机-环境-管理　D. 人-环境-管理

87. 当人的视野中有极强的亮度对比时，由光源直射或由光滑表面的反射出的刺激或耀眼的强烈光线，称为眩光。眩光能(   )。

A. 造成长短视错觉　B. 破坏明适应

C. 破坏暗适应　D. 造成远近视错觉

88. 通过对机械危险的智能化设计，应使机器在整个寿命周期内发挥预定功能，包括误操作时，其机器和人身均是安全的，使人对劳动环境、劳动内容和主动地位的提高得到不断改善。这一特性称为机器安全的(   )。

A. 系统性　B. 友善性　C. 防护性　D. 整体性

89. 某建筑工地有一台钢丝绳提升设备要进行故障诊断。技术人员在进行故障诊断的实施过程中，第一步骤应是(   )。

A. 状态识别　B. 特征提取　C. 信号检测　D. 诊断决策

90. 采用油液分析技术进行故障诊断时，下列油液分析技术中，应用较多的是(   )。

A. 铁谱分析和渗透分析　B. 光谱分析和渗透分析

C. 温度分析和红外分析　D. 光谱分析和铁谱分析

91. 产品在其整个寿命期间内各个时期的故障率是不同的，其故障率随时间变化的曲线称为寿命的曲线。根据寿命曲线，产品的失效过程可分为三个阶段。其中，由于材质、设计、制造、安装及调整等环节造成的缺陷而产生的故障阶段称为(   )故障期。

A. 中间　B. 磨损　C. 偶发　D. 早期

92. 为提高供水压力，在给水系统管路中安装多台水泵串联运行，则该供水系统的可靠性总是(   )，而且其寿命取决于该水泵的寿命。

A. 小于系统中可靠度最低水泵的可靠性　B. 大于系统中可靠度最低水泵的可靠性

C. 小于系统中可靠度最高水泵的可靠性　D. 大于系统中可靠度最高水泵的可靠性

93. 人机功能匹配要在功能分析基础上，依据人机特性进行分配。下列任务中，适合机器完成的(   )。

A. 维修　B. 程序的编排　C. 高阶运算　D. 故障处理

94. 人机系统中，人与机器的特性有很大差别。人优于机器的能力主要是(   )。

A. 图像识别、创造性　B. 操作速度高、精确性高

C. 输出功率大、耐久力强　D. 重复性好、反应快

95. 某系统由甲乙两人监控，甲的操作可靠度为 0.90，乙的操作可靠度为 0.80，机器设备的可靠度为 0.95。当两人并联工作，并发生异常情况时，该人机系统的可靠度为(   )。

A. 0.980　B. 0.931　C. 0.720　D. 0.684

96. 煤气属于有毒、易燃、易爆气体，煤气站易发生中毒、火灾、爆炸事故。工业企业内部煤气站的生产、输送系统应按规定设置放散管，且放散管至少应高出厂房顶(   )m 以上。

A. 6　B. 5　C. 3　D. 4

97. 某企业对厂内一桥式起重机进行大修。大修结束试运行过程中，一把扳手从桥式起重

机桥架的工艺孔中跌落，正好砸中起重机下方行走的一名员工头部，致其头部受伤。根据《企业职工伤亡事故分类》(GB 6441—1986)，该起事故的事故类型属于(　　)。

A. 物体打击　　B. 高处坠落　　C. 起重伤害　　D. 其他伤害

98. 人机系统的任何活动实质上是信息及能量的传递和交换，人在人机系统中主要有三种功能。下列功能中，不属于人机系统中人所具有的功能是(　　)。

A. 传感功能　　B. 信息处理功能　　C. 操纵功能　　D. 修复功能

99. 剪板机是机械加工工艺中应用比较广泛的一种剪切设备，能剪切各种厚度的板状金属材料。下列关于剪板机安全技术措施的说法中，正确的是(　　)。

A. 剪板机操作者送料的手指应离开压紧装置，但离剪刀口的距离不应超过 100 mm

B. 剪板机应独自一人操作

C. 不同规格、不同材质的板料尽量同时剪切

D. 根据规定的剪板厚度调整剪刀间隙

100. 机械包括单台机械、实现完整功能的机组或大型成套设备、可更换设备。下列机械中，属于大型成套设备的是(　　)。

A. 圆锯机　　B. 注塑机　　C. 起重机　　D. 组合机床

参考答案：

1. B	2. A	3. C	4. C	5. C
6. D	7. A	8. D	9. C	10. B
11. A	12. A	13. C	14. D	15. C
16. D	17. C	18. B	19. B	20. D
21. A	22. D	23. C	24. B	25. B
26. C	27. A	28. D	29. A	30. A
31. D	32. B	33. D	34. A	35. C
36. A	37. D	38. A	39. A	40. D
41. B	42. C	43. B	44. C	45. D
46. C	47. C	48. D	49. B	50. C
51. C	52. C	53. D	54. C	55. D
56. B	57. B	58. B	59. C	60. C
61. A	62. D	63. B	64. D	65. C
66. D	67. A	68. D	69. D	70. A
71. D	72. A	73. A	74. A	75. C
76. D	77. D	78. A	79. A	80. C
81. D	82. D	83. D	84. B	85. D
86. B	87. C	88. C	89. C	90. D
91. D	92. A	93. C	94. A	95. B
96. D	97. C	98. D	99. D	100. D

能力提升

1. 在齿轮传动机构中，两个齿轮开始啮合的部位是最危险的部位。不管啮合齿轮处于何种位置都应装设安全防护装置。下列关于齿轮安全防护的做法中，错误的是(　　)。

A. 齿轮传动机构必须装有半封闭的防护装置

B. 齿轮防护罩的材料可利用有金属骨架的铁丝网制作

C. 齿轮防护罩应能方便地打开和关闭

D. 在齿轮防护罩开启的情况下机器不能启动

【答案】A

【解析】齿轮传动机构必须装置全封闭型的防护装置。应该强调的是：机器外部绝不允许有裸露的啮合齿轮，不管啮合齿轮处于何种位置，因为即使啮合齿轮处于操作人员不常到的地方，但工人在维护保养机器时也有可能与其接触而带来不必要的伤害。在设计和制造机器时，应尽量将齿轮装入机座内，而不使其外露。对于一些历史遗留下来的老设备，如发现啮合齿轮外露，就必须进行改造，加上防护罩。齿轮传动机构没有防护罩不得使用。

防护装置的材料可用钢板或铸造箱体，必须坚固牢靠，保证在机器运行过程中不发生振动。要求装置合理，防护罩的外壳与传动机构的外形相符，同时应便于开启，便于机器的维护保养，即要求能方便地打开和关闭。为了引起人们的注意，防护罩内壁应涂成红色，最好装电气连锁，使防护装置在开启的情况下机器停止运转。另外，防护罩壳体本身不应有尖角和锐利部分，并尽量使之既不影响机器的美观，又起到安全防护作用。

2. 实现机械本质安全有多种方法。例如，(A)减少或消除操作人员接触机器危险部位的次数；(B)提供保护装置或个人防护装备；(C)消除产生危险状态的原因；(D)使人员难以接近机器的危险部位。按照机械本质安全的原则，上面四种方法优先顺序是(　　)。

A. (C)—(A)—(D)—(B)　　B. (A)—(B)—(C)—(D)

C. (D)—(C)—(B)—(A)　　D. (C)—(D)—(A)—(B)

【答案】A

【解析】实现机械本质安全的措施：

(1)消除产生危险的原因。

(2)减少或消除接触机器的危险部件的次数。

(3)使人们难以接近机器的危险部位(或提供安全装置，使得接近这些部位不会导致伤害)。

(4)提供保护装置或者个人防护装备。

上述措施是依次序给出的，也可以结合起来应用。

3. 机床常见事故与机床的危险因素有密切的关系。下列事故中，不属于机床常见事故的是(　　)。

A. 工人违规戴手套操作时旋转部件绞伤手指　　B. 零部件装卡不牢导致飞出击伤他人

C. 机床漏电导致操作工人触电　　D. 工人检修机床时被工具绊倒摔伤

【答案】D

【解析】机床常见事故：

(1)设备接地不良、漏电，照明没采用安全电压，发生触电事故。

(2)旋转部位楔子、销子突出，没加防护罩，易绞缠人体。

(3)清除铁屑无专用工具，操作者未戴护目镜，发生刺割事故及崩伤眼球。

(4)加工细长杆轴料时，尾部无防弯装置或托架，导致长料甩出伤人。

(5)零部件装卡不牢，可飞出击伤人体。

(6)防护保险装置、防护栏、保护盖不全或维修不及时，造成绞伤、碾伤。

(7)砂轮有裂纹或装卡不合规定，发生砂轮碎片伤人事故。

(8)操作旋转机床戴手套，易发生绞手事故。

4. 为了防止机床事故应对机床易损件进行检测，以便及时发现易损件的缺陷。检测人员应了解各零部件容易出现的问题，做到检测时心中有数。下列现象中，不属于滚动轴承常出现的问题是(　　)。

A. 磨损　　B. 化学腐蚀　　C. 滚珠砸碎　　D. 油压降低

【答案】D

【解析】一般机械设备的故障较多表现为容易损坏的零件成为易损件。运动机械的故障往往都是指易损件的故障。提高易损件的质量和使用寿命，及时更新报废件，是预防事故的重要任务。

(1)零部件故障检测的重点。包括传动轴、轴承、齿轮、叶轮。其中滚动轴承和齿轮的损坏更为普遍。

(2)滚动轴承的损伤现象及故障。损伤现象有滚珠砸碎、断裂、压坏、磨损、化学腐蚀、电腐蚀、润滑油结污、烧结、生锈、保持架损坏、裂纹等；检测参数有振动、噪声、温度、磨损残余物分析和组成件的间隙。

(3)齿轮装置故障。主要有齿轮本体损伤(包括齿和齿面损伤)，轴、键、接头、联轴器的损伤，轴承的损伤；检测参数有噪声、振动，齿轮箱漏油、发热。

5. 冲压作业中，冲头往复高速运动。由于人的动作偏差、控制开关失灵以及模具缺陷都可能导致发生冲手事故。为此，需要在冲床上安装不同类型的防护装置。下列防护装置中，不属于机械式防护装置的是(　　)式装置。

A. 按钮连锁　　B. 摆杆护手　　C. 拉手安全　　D. 推手保护

【答案】A

【解析】冲压设备的安全装置。冲压设备的安全装置形式较多，按结构分为机械式、按钮式、光电式、感应式等。

(1)机械式防护装置。主要有以下 3 种类型：推手式保护装置，是一种与滑块联动的，通过挡板的摆动将手推离开模口的机械式保护装置；摆杆护手装置，又称拨手保护装置，是运用杠杆原理将手拨开的装置；拉手安全装置，是一种用滑轮、杠杆、绳索将操作者的手动作与滑块运动联动的装置。机械式防护装置结构简单、制造方便，但对作业干扰影响较大，操作人员不太喜欢使用，故有局限性。

(2)双手按钮式保护装置。是一种用电气开关控制的保护装置。启动滑块时，强制将人手限制在模外，实现隔离保护。只有操作者的双手同时按下两个按钮时，中间继电器才有电，电磁铁动作，滑块启动。凸轮中开关在下死点前处于开路状态，若中途放开任何一个开关时，电磁铁都会失电，使滑块停止运动，直到滑块到达下死点后，凸轮开关才闭合，这时放开按钮，滑块仍能自动回程。

(3)光电式保护装置。是由一套光电开关与机械装置组合而成的。它是在冲模前设置各种发光源，形成光束并封闭操作者前侧、上下模具处的危险区。当操作者手停留或误入该区域时，使光束受阻，发出电信号，经放大后由控制线路作用使继电器动作，最后使滑块自动停止或不能下行，从而保证操作者人身安全。光电式保护装置按光源不同，可分为红外光电保护装置和白炽光电保护装置。

6. 金属铸造是将熔融的金属注入、压入或吸入铸模的空腹中使之成型的加工方法。铸造作业中存在着多种危险有害因素。下列危险有害因素中，不属于铸造作业危险有害因素的是(　　)。

A. 机械伤害　　B. 高处坠落　　C. 噪声与振动　　D. 氢气爆炸

【答案】D

【解析】铸造作业过程中存在诸多的不安全因素，可能导致多种危害，需要从管理和技术方面采取措施，控制事故的发生，减少职业危害。

(1)火灾及爆炸

红热的铸件、飞溅铁水等一旦遇到易燃易爆物品，极易引发火灾和爆炸事故。

(2)灼烫

浇注时稍有不慎,就可能被熔融金属烫伤;经过熔炼炉时,可能被飞溅的铁水烫伤;经过高温铸件时,也可能被烫伤。

(3)机械伤害

铸造作业过程中,机械设备、工具或工件的非正常选择和使用,人的违章操作等都可导致机械伤害。如造型机压伤,设备修理时误启动导致砸伤、碰伤。

(4)高处坠落

由于工作环境恶劣、照明不良,加上车间设备立体交叉,维护、检修和使用时,易从高处坠落。

(5)尘毒危害

在型砂、芯砂运输、加工过程中,打箱、落砂及铸件清理中,都会使作业地区产生大量的粉尘,因接触粉尘、有害物质等因素易引起职业病。冲天炉、电炉产生的烟气中含有大量对人体有害的一氧化碳,在烘烤型砂或芯砂时也有二氧化碳气体排出;利用焦炭熔化金属,以及铸型、浇包、芯砂干燥和浇铸过程中都会产生二氧化硫气体,如处理不当,将引起呼吸道疾病。

(6)噪声振动

在铸造车间使用的震实造型机、铸件打箱时使用的震动器,以及在铸件清理工序中,利用风动工具清铲毛刺,利用滚筒清理铸件等都会产生大量噪声和强烈的振动。

(7)高温和热辐射

铸造生产在熔化、浇铸、落砂工序中都会散发出大量的热量,在夏季车间温度会达到 40℃或更高,铸件和熔炼炉对工作人员健康或工作极为不利。

7. 锻造分为热锻、温锻、冷锻。热锻是使被加工的金属材料处在红热状态,通过锻造设备对金属施加的冲击力或静压力,使其发生塑性变形以获得预想尺寸和组织结构的加工方法。热锻加工中存在着多种危险有害因素。下列危险有害因素中,不属于热锻作业危险有害因素的是(　　)。

A. 尘毒危害　　B. 烫伤　　C. 机械伤害　　D. 急性中毒

【答案】 D

【解析】 在锻造生产中易发生的伤害事故,按其原因可分为 3 种:

(1)机械伤害。锻造加工过程中,机械设备、工具或工件的非正常选择和使用,人的违章操作等,都可导致机械伤害。如锻锤锤头击伤;打飞锻件伤人;辅助工具打飞击伤;模具、冲头打崩、损坏伤人;原料、锻件等在运输过程中造成的砸伤;操作杆打伤、锤杆断裂击伤等。

(2)火灾爆炸。红热的坯料、锻件及飞溅氧化皮等一旦遇到易燃易爆物品,极易引发火灾和爆炸事故。

(3)灼烫。锻造加工:坯料常加热至 800～1200 ℃,操作者一旦接触到红热的坯料、锻件及飞溅氧化皮等,必定被烫伤。

职业危害加热炉和灼热的工件辐射大量热能,火焰炉使用的各种燃料燃烧产生炉渣、烟尘,这些如不采取通风净化措施,将会污染工作环境,恶化劳动条件,容易引起以下伤害事故。

(1)噪声和振动。锻锤以巨大的力量冲击坯料,产生强烈的低频率噪声和振动,可引起职工听力降低或患振动病。

(2)尘毒危害。火焰炉使用的各种燃料燃烧生产的炉渣、烟尘,空气中存在的有毒有害物质和粉尘微粒。

(3)热辐射。加热炉和灼热的工件辐射大量热能。

8. 《体力劳动强度分级》(GB 3869—1997)将作业时间和单项动作能量消耗统一协调考虑,比较准确地反映了真实的劳动强度。该标准将体力劳动强度分为(　　)级。

A. 三　　B. 四　　C. 五　　D. 六

【答案】B

【解析】劳动强度指数 I，是区分体力劳动强度等级的指标，指数大反映劳动强度大，指数小反映劳动强度小。体力劳动强度按大小分为 4 级：

Ⅰ级($I\leqslant 15$)为轻劳动；

Ⅱ级($I=15\sim 20$)为中等强度劳动；

Ⅲ级($I=20\sim 25$)为重强度劳动；

Ⅳ级($I>25$)为“很重”强度劳动。

9. 故障诊断是通过诊断装置获取设备运行状态的信息，再对信息进行识别，以监视和预测设备运行状态的技术方法。故障诊断的基本步骤的正确实施顺序是(　　)。

A. 信号检测—信号处理—状态识别—诊断决策

B. 信号检测—状态识别—信号处理—诊断决策

C. 状态识别—信号检测—信号处理—诊断决策

D. 信号检测—状态识别—诊断决策—信号处理

【答案】A

【解析】故障诊断的基本流程及实施步骤：

(1)信号检测

按不同诊断目的选择最能表征设备状态的信号，对该类信号进行全面检测，并将其汇集在一起，形成一个设备工作状态信号子集，该子集称为初始模式向量。

(2)特征提取(或称信号处理)

将初始模式向量进行维数变换、形式变换，去掉冗余信息，提取故障特征，形成待检模式。

(3)状态识别

将待检模式与样板模式(故障档案)对比，进行状态分类。

(4)诊断决策

根据判别结果采取相应的对策。对策主要是指对设备及其工作进行必要的预测和干预。

10. 产品的维修性设计是设计人员从维修角度考虑，当运行中的产品发生故障时，能够在早期容易、准确地发现故障，并且易于拆卸、检修和安装。在进行维修性设计中不需要重点考虑的是(　　)。

A. 产品整体运输的快速性　　B. 可达性

C. 零部件的标准化及互换性　　D. 维修人员的安全性

【答案】A

【解析】维修性设计中应考虑的主要问题：

(1)可达性

所谓可达性是指检修人员接近产品故障部位进行检查、修理操作、插入工具和更换零件等维修作业的难易程度。可达性设计应从以下 3 方面考虑：

①安装场所的可达性。检修人员在从事检修作业，如拆装故障零件时，需要有一个足够的检修活动空间，使维修人员能够在舒服的姿态下进行维修作业，如“坐”、“蹲”、“跪”、“躺”等作业姿势。

②设备外部的可达性。复杂产品往往是由几个部件或单元组成，而这些部件或单元装在一个箱体或壳体内，为了装入或取出这些部件或单元，或检查及观察它们的工作状况，需要在箱体或壳体壁上开口，设计时就需要考虑开口部分的结构(有面板、盖或门)及其固定方式，做到既可

靠,又易打开。

③设备内部的可达性。从易检查易维修的角度出发,在设计内部零件时,要考虑其结构形状,考虑各零组部件之间的合理布局和安装空间等。

(2)零组部件的标准化与互换性

产品设计时应力求选用标准件,以提高互换性,这将会给产品的使用维修带来很大方便。因为标准化零件质量有保证,品种和规格大大减少,于是就可以减少备件库存和资金积压,既能保证供应,又简化管理。

(3)维修人员的安全

产品在结构设计时除考虑操作人员的安全外,还必须考虑维修人员的安全,而这后一项工作往往最容易被人们忽视。

11. 生产作业环境的空气温度、空气相对湿度、热辐射、风速等都属于微气候环境的条件参数。就温度而言,在无强迫热对流、员工穿薄衣服、员工未经过热环境习惯的条件下,感觉舒适的空气温度是(　　)℃。

A. 31±3　　B. 26±3　　C. 21±3　　D. 16±3

【答案】C

【解析】舒适的温度。人主观感到舒适的温度与许多因素有关,从客观环境来看,湿度越大,风速越小,则舒适温度偏低;反之则偏高。从主观条件看,体质、年龄、性别、服装、劳动强度、热习服等均对舒适温度有重要影响。因此,在实践中,所谓舒适温度是指某一温度范围而言。生理学上常用的规定是:人坐着休息,穿着薄衣服,无强迫热对流,未经热习服的人所感到的舒适温度。按照这一标准测定的温度一般是21±3℃。影响舒适温度的因素很多,主要有:季节(舒适温度在夏季偏高,冬季偏低)、劳动条件、衣服(穿厚衣服对环境舒适温度的要求较低)、地域(人由于在不同地区的冷热环境中长期生活和工作,对环境温度习服不同。习服条件不同的人,对舒适温度的要求也不同)、性别、年龄等。一般女子的舒适温度比男子高0.55 ℃;40岁以上的人比青年人约高0.55 ℃。

12. 齿轮、链条、皮带、联轴器等都是常用的机械传动机构。机械传动机构运行中处在相对运动的状态,会带来机械伤害的危险。下列机械传动机构部位中,属于危险部位的是(　　)。

A. 齿轮、齿条传动的齿轮与齿条分离处　　B. 皮带传动的皮带轮的中间部位

C. 联轴器的突出件　　D. 蜗杆的端部

【答案】C

【解析】机械设备运行中的危险部位主要包括:①在齿轮传动机构中,两轮开始啮合的地方最危险;②皮带传动机构中,皮带开始进入皮带轮的部位最危险;③联轴器上裸露的突出部分有可能钩住工人衣服等,给工人造成伤害。

13. 通过设计无法实现本质安全时,应选用安全装置消除危险,在安全装置设计中不必考虑的是(　　)。

A. 强度、刚度、稳定性和耐久性　　B. 对机器可靠性的影响

C. 机器危险部位具有良好的可视性　　D. 工具的使用

【答案】D

【解析】机械安全防护装置的一般要求包括如下内容:①安全防护装置应结构简单、布局合理,不得有锐利的边缘和突缘。②安全防护装置应具有足够的可靠性,在规定的寿命期限内有足够的强度、刚度、稳定性、耐腐蚀性、抗疲劳性,以确保安全。③安全防护装置应与设备运转连锁,保证安全防护装置未起作用之前,设备不能运转;安全防护罩、屏、栏的材料及其至运转部件的距

离，应符合《机械安全　防护装置　固定式和活动式防护装置设计与制造一般要求》(GB/T 8196—2008)的规定。④光电式、感应式等安全防护装置应设置自身出现故障的报警装置。⑤紧急停车开关应保证瞬时动作时，能终止设备的一切运动；对有惯性运动的设备，紧急停车开关应与制动器或离合器连锁，以保证迅速终止运行；紧急停车开关的形状应区别于一般开关，颜色为红色；紧急停车开关的布置应保证操作人员易于触及，不发生危险；设备由紧急停车开关停止运行后，必须按启动顺序重新启动才能重新运转。

14. 在机械安全设计与机器安装中，车间中设备的合理布局可以减少事故发生。车间布局应考虑的因素是(　　)。

A. 照明、空间、管线布置、维护时的出入安全

B. 预防电器危害、空间、维护时的出入安全、管线布置

C. 预防电器危害、照明、空间、降低故障率

D. 空间、管线布置、照明、降低故障率

【答案】A

【解析】布局应考虑因素有以下内容：①空间。便于操作、管理、维护、调试和清洁。②照明。包括工作场所的通用照明(自然光及人工照明，但应防止眩目)和为操作机器而特需的照明。③管线布置。不应妨碍在机器附近的安全出入，避免磕绊，有足够的上部空间。④维护时的出入安全。

15. 运动机械的故障往往是易损件的故障，因此，应该对在役的机械设备易损件进行检测。下列机械设备的零部件中，应重点检测的部位是(　　)。

A. 轴承和工作台　　B. 叶轮和防护罩　　C. 传动轴和工作台　　D. 齿轮和滚动轴承

【答案】D

【解析】一般机械设备的故障较多表现为容易损坏的零件成为易损件。运动机械的故障往往都是指易损件的故障。提高易损件的质量和使用寿命，及时更新报废件，是预防事故的重要任务。①零部件故障检测的重点。传动轴，轴承，齿轮，叶轮。其中滚动轴承和齿轮的损坏更为普遍。②滚动轴承的损伤现象及故障。损伤现象有滚珠砸碎、断裂、压坏、磨损、化学腐蚀、电腐蚀、润滑油结污、烧结、生锈、保持架损坏、裂纹等；检测参数有振动、噪声、温度、磨损残余物分析和组成件的间隙。③齿轮装置故障。主要有齿轮本体损伤(包括齿和齿面损伤)，轴、键、接头、联轴器的损伤，轴承的损伤；检测参数有噪声、振动，齿轮箱漏油、发热。

16. 右图为机械冷加工车间采用的台式砂轮机。安全检查中，一台砂轮直径 200 mm 砂轮机的检查记录是：(1)砂轮机无专用砂轮机机房，但正面装设有高度 1.8 m 的防护挡板；(2)砂轮托架与砂轮之间相距 30 mm；(3)砂轮防护罩与主轴水平线的开口角为 65°；(4)砂轮法兰盘(卡盘)的直径为 100 mm。请指出检查记录中不符合安全要求的是(　　)。

A. (1)　　B. (2)

C. (3)　　D. (4)

【答案】B

【解析】砂轮机的安全技术要求有：①安装位置。砂轮机禁止安装在正对着附近设备及操作人员或经常有人过往的地方。较大的车间应设置专用的砂轮机房。如果因厂房地形的限制不能设置专用的砂轮机房，则应在砂轮机正面装设不低于 1.8 m 高度的防护挡板，并且挡板要求牢固有效。②砂轮的平衡。砂轮不平衡造成的危害主要表现在两个方面：一方面在砂轮高速旋转

时，引起振动；另一方面，不平衡加速了主轴轴承的磨损，严重时会造成砂轮的破裂，造成事故。直径大于或等于 200 mm 的砂轮装上法兰盘后应先进行平衡调试，砂轮在经过整形修整后或在工作中发现不平衡时，应重复进行调试直到平衡。③砂轮与卡盘的匹配。匹配问题主要是指卡盘与砂轮的安装配套问题。按标准要求，砂轮法兰盘直径不得小于被安装砂轮直径的 1/3，且规定砂轮磨损到直径比法兰盘直径大 10 mm 时应更换新砂轮。此外，在砂轮与法兰盘之间还应加装直径大于卡盘直径 2 mm、厚度为 1～2 mm 的软垫。④砂轮机的防护罩。防护罩是砂轮机最主要的防护装置，其作用是当砂轮在工作中因故破坏时，能够有效地罩住砂轮碎片，保证人员的安全。砂轮防护罩的开口角度在主轴水平面以上不允许超过 65°；防护罩的安装应牢固可靠，不得随意拆卸或丢弃不用。防护罩在主轴水平面以上开口大于等于 30°时必须设挡屑屏板，以遮挡磨削飞屑，避免伤及操作人员。它安装于防护罩开口正端，宽度应大于砂轮防护罩宽度，并且应牢固地固定在防护罩上。此外，砂轮圆周表面与挡板的间隙应小于 6 mm。⑤砂轮机的工件托架，托架是砂轮机常用的附件之一。砂轮直径在 150 mm 以上的砂轮机必须设置可调托架。砂轮与托架之间的距离应小于被磨工件最小外形尺寸的 1/2，但最大不应超过 3 mm。⑥砂轮机的接地保护。砂轮机的外壳必须有良好的接地保护装置。

17. 冲压是指靠压力机和模具对板材、带材和型材施加外力，使之产生分离获得预定尺寸工件的加工方法，冲压作业的危险因素较多，下列危险因素中，不属于冲压作业的是（　　）。

A. 模具的危险　　B. 动作失控　　C. 开关失灵　　D. 内旋转咬合

【答案】D

【解析】冲压作业的危险因素包括：①设备结构具有的危险。相当一部分冲压设备采用的是刚性离合器。这是利用凸轮或结合键机构使离合器接合或脱开，一旦接合运行，就一定要完成一个循环，才会停止。假如在此循环中的下冲程，手不能及时从模具中抽出，就必然会发生伤手事故。②动作失控。设备在运行中还会受到经常性的强烈冲击和震动，使一些零部件变形、磨损以至碎裂，引起设备动作失控而发生危险的连冲事故。③开关失灵。设备的开关控制系统由于人为或外界因素引起的误动作。④模具的危险。模具担负着使工件加工成型的主要功能，是整个系统能量的集中释放部位。由于模具设计不合理或有缺陷，可增加受伤的可能性。有缺陷的模具则可能因磨损、变形或损坏等原因，在正常运行条件下发生意外而导致事故。

18. 铸造作业不同工序中存在诸多不安全因素，下列工序中，有爆炸危险的是（　　）。

A. 浇铸　　B. 磨砂处理　　C. 震动落砂　　D. 热处理

【答案】A

【解析】铸造作业过程中存在诸多的不安全因素，可能导致多种危害，需要从管理和技术方面采取措施，控制事故的发生，减少职业危害。①火灾及爆炸。红热的铸件、飞溅铁水等一旦遇到易燃易爆物品，极易引发火灾和爆炸事故。②灼烫。浇注时稍有不慎，就可能被熔融金属烫伤；经过熔炼炉时，可能被飞溅的铁水烫伤；经过高温铸件时，也可能被烫伤。③机械伤害。铸造作业过程中，机械设备、工具或工件的非正常选择和使用，人的违章操作等，都可导致机械伤害。如造型机压伤，设备修理时误启动导致砸伤、碰伤。④高处坠落。由于工作环境恶劣、照明不良，加上车间设备立体交叉，维护、检修和使用时，易从高处坠落。⑤尘毒危害。在型砂、芯砂运输、加工过程中，打箱、落砂及铸件清理中，都会使作业地区产生大量的粉尘，因接触粉尘、有害物质等因素易引起职业病。⑥噪声振动。在铸造车间使用的震实造型机、铸件打箱时使用的震动器，以及在铸件清理工序中，利用风动工具清铲毛刺，利用滚筒清理铸件等都会产生大量噪声和强烈的振动。⑦高温和热辐射。铸造生产在熔化、浇铸、落砂工序中都会散发出大量的热量，在夏季车间温度会达到 40℃或更高，铸件和熔炼炉对工作人员健康或工作极为不利。

19. 铸造车间的厂房建筑设计应符合专业标准要求。下列有关铸造车间建筑要求的说法中，错误的是（　　）。

A. 熔化、浇铸区不得设置任何天窗

B. 铸造车间应建在厂区中不释放有害物质的生产建筑物的下风侧

C. 厂房平面布置在满足产量和工艺流程的前提下应综合考虑建筑结构和防尘等要求

D. 铸造车间除设计有局部通风装置外，还应利用天窗排风设置屋顶通风器

【答案】A

【解析】铸造车间的建筑要求：铸造车间应安排在高温车间、动力车间的建筑群内，建在厂区其他不释放有害物质的生产建筑的下风侧。厂房主要朝向宜南北向。厂房平面布置应在满足产量和工艺流程的前提下同建筑、结构和防尘等要求综合考虑。铸造车间四周应有一定的绿化带。铸造车间除设计有局部通风装置外，还应利用天窗排风或设置屋顶通风器。熔化、浇铸区和落砂、清理区应设避风天窗。有桥式起重设备的边跨，宜在适当高度位置设置能启闭的窗扇。

20. 在生产、生活中，紫外线对人的皮肤、眼睛都会造成伤害。300 nm 以下的短波紫外线可引起紫外线眼炎，导致眼睛剧痛而不能睁眼的最小辐射时间范围为（　　）。

A. 4～5 h　　B. 6～8 h　　C. 8～10 h　　D. 10～12 h

【答案】D

【解析】视觉损伤内容包括：在生产过程中，除切屑颗粒、火花、飞沫、热气流、烟雾、化学物质等有形物质会造成对眼的伤害之外，强光或有害光也会造成对眼的伤害。眼睛能承受的可见光的最大亮度值约为 10^6 cd/m^2，如超过此值，人眼视网膜就会受到损伤。300 nm 以下的短波紫外线可引起紫外线眼炎；紫外线照射 4～5 h 后眼睛便会充血，10～12 h 后会使眼睛剧痛而不能睁眼，这一般是暂时性症状，大多可以治愈；常受红外线照射可引起白内障；直视高亮度光源（如激光、太阳光等），会引起黄斑烧伤，有可能造成无法恢复的视力减退；低照度或低质量的光环境，会引起各种眼的折光缺陷或提早形成老花。眩光或照度剧烈而频繁变化的光可引起视觉机能的降低。

21. 劳动过程中，人体受工作负荷的影响产生负担，随时间不断积累，从而引发疲劳。按疲劳产生的原因，可分为体力疲劳和（　　）。

A. 生理疲劳　　B. 精神疲劳　　C. 视觉疲劳　　D. 环境疲劳

【答案】B

【解析】疲劳的定义：疲劳分为肌肉疲劳（或称体力疲劳）和精神疲劳（或称脑力疲劳）两种。肌肉疲劳是指过度紧张的肌肉局部出现酸痛现象，一般只涉及大脑皮层的局部区域。而精神疲劳则与中枢神经活动有关，是一种弥散的、不愿意再做任何活动的懒惰感觉，意味着肌体迫切需要休息。

22. 维修性是指对故障产品修复的难易程度，完成某种产品维修任务的难易程度取决于规定的（　　）。

A. 条件和时间　　B. 时间和范围　　C. 内容和地点　　D. 地点和条件

【答案】A

【解析】维修性是指对故障产品修复的难易程度，即在规定条件和规定时间内，完成某种产品维修任务的难易程度。

23. 不同颜色在不同背景比作用下，可使人对色彩的感觉产生距离上的变化。一般情况下，具有前进、凸出和接近感觉的颜色是（　　）。

A. 高明度和冷色系　　B. 高明度和暖色系
C. 低明度和暖色系　　D. 低明度和冷色系

【答案】B

【解析】色彩的距离感:不同颜色在不同背景对比作用下,可使人对色彩的感觉产生距离上的变化,造成人对物体有进、退、凸、凹、远、近的不同感受。一般情况下高明度和暖色系的颜色具有前进、凸出、接近的感觉,而低明度和冷色系颜色有后退、凹陷、远离的感觉。但这种关系并不绝对,视其背景的变化而变化。一般主体色与背景色明度对比大时有进的感觉,反之则有退的感觉;主体色与背景色色相相近时有退的感觉,反之则有进的感觉。

24. 人机系统组成串联系统,若人的操作可靠度为0.9900,机器设备可靠度也为0.9900,人机系统可靠度为(　　)。

A. 0.9999　　B. 0.9801　　C. 0.9900　　D. 0.9750

【答案】B

【解析】人机系统组成的串联系统的可靠度计算公式为:$R_S=R_H\cdot R_M$,式中,R_S表示人机系统可靠度;R_H表示人的操作可靠度;R_M表示机器设备可靠度。

25. 铸条、皮带、联轴器、涡轮、涡杆等都是常用的机械传动机构。各种机械传动机构的特点不同。其中,皮带传动的特点是(　　)。

A. 过载保护能力强　　B. 传动精度高　　C. 维护不方便　　D. 静电危险性小

【答案】A

【解析】皮带传动的传动比精确度较齿轮啮合的传动比差,但是当过载时,皮带打滑,起到了过载保护作用。皮带传动机构传动平稳、噪声小、结构简单、维护方便,因此广泛应用于机械传动中。但是,由于皮带摩擦后易产生静电放电现象,故不适用于容易发生燃烧或爆炸的场所。

26. 机械设计本质安全是在设计阶段采取措施来消除隐患的设计方法。下列关于机械安全设计的方法中,不属于机械本质安全设计范畴的是(　　)。

A. 设计安全的控制系统　　B. 设计合理的人行通道
C. 设计符合人机工程学的原则　　D. 设计安全的传动系统

【答案】B

【解析】机械安全设计是指在机械设计阶段,从零部件材料到零部件的合理形状和相对位置,限制操纵力、运动件的质量和速度到减少噪声和振动,采用本质安全技术与动力源,应用零部件间的强制机械作用原理,履行安全人机工程学原则等多项措施,通过选用适当的设计结构,尽可能避免或减小危险。也可以通过提高设备的可靠性、机械化或自动化程度,以及采取在危险区之外的调整、维修等措施,避免或减小危险。B选项属于机械制造场所安全技术。

27. 机械设备中运动机械的故障往往是易损件的故障。因此,在设计制造中应保证易损件的质量,在运行过程中应该对零部件进行检测。下列机床的零部件中,需要重点检测的是(　　)。

A. 轴承、齿轮、叶轮、床身　　B. 床身、传动轴、轴承、齿轮
C. 传动轴、轴承、齿轮、叶轮　　D. 刀具、轴承、齿轮、叶轮

【答案】C

【解析】一般机械设备的故障较多表现为容易损坏的零件成为易损件。运动机械的故障往往都是指易损件的故障。提高易损件的质量和使用寿命,及时更新报废件,是预防事故的重要任务。

(1)零部件故障检测的重点。包括传动轴、轴承、齿轮、叶轮。其中滚动轴承和齿轮的损坏更

为普遍。

(2)滚动轴承的损伤现象及故障。损伤现象有滚珠砸碎、断裂、压坏、磨损、化学腐蚀、电腐蚀、润滑油结污、烧结、生锈、保持架损坏、裂纹等;检测参数有振动、噪声、温度、磨损残余物分析和组成件的间隙。

(3)齿轮装置故障主要有齿轮本体损伤(包括齿和齿面损伤),轴、键、接头、联轴器的损伤,轴承的损伤;检测参数有噪声、振动,齿轮箱漏油、发热。

28. 砂轮机时机械工厂最常用的机器设备之一。砂轮质脆易碎、转速高、使用频繁,容易发生伤人事故。某单位对右图所示砂轮机进行了一次例行安全检查,下列检查记录中,不符合安全要求的是(　　)。

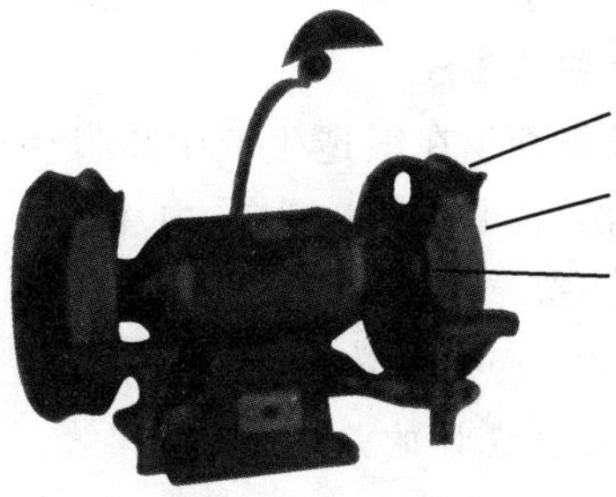

A. 砂轮机无专用砂轮机房,砂轮机正面装设有高度 2 m 的固定防护挡板

B. 卡盘的直径为 100 mm、砂轮直径为 200 mm

C. 左右砂轮各有一名工人在磨削刀具

D. 砂轮防护罩与主轴水平线的开口角为 60°

【答案】C

【解析】因厂房地形的限制不能设置专用的砂轮机房,则应在砂轮机正面装设不低于 1.8 m 高度的防护挡板,并且挡板要求牢固有效。按标准要求,砂轮法兰盘直径不得小于被安装砂轮直径的三分之一,且规定砂轮磨损到直径比法兰盘直径大 10 mm 时应更换新砂轮。此外,在砂轮与法兰盘之间还应加装直径大于卡盘直径 2 mm、厚度为 1～2 mm 的软垫。砂轮防护罩的开口角度在主轴水平面以上不允许超过 65°。砂轮机禁止侧面磨削,不准工作人员正面操作。2 人共用 1 台砂轮机同时操作,是一种严重的违章操作,应严格禁止。

29. 冲压是指靠压力机和磨具对板材、带材、管材和型材等施加外力,使之产生塑性变形或分离,从而获得所需形状和尺寸的工件的成形加工方法。冲压(剪)机械设备包括剪板机、曲柄压力机和液压机等。下列(　　)不属于冲压作业的危险因素。

A. 模具危险　　B. 动作失控　　C. 开关失控　　D. 尘毒危害

【答案】D

【解析】考查冲压作业的危险因素和事故原因。根据发生事故的原因分析,冲压作业中的危险主要有以下几个方面:

(1)设备结构具有的危险。相当一部分冲压设备采用的是刚性离合器。这是利用凸轮或结合键机构使离合器接合或脱开,一旦接合运行,就一定要完成一个循环,才会停止。假如在此循环中的下冲程,手不能及时从模具中抽出,就必然会发生伤手事故。

(2)动作失控。设备在运行中还会受到经常性的强烈冲击和震动,使一些零部件变形、磨损以至碎裂,引起设备动作失控而发生危险的连冲事故。

(3)开关失灵。设备的开关控制系统由于人为或外界因素引起的误动作。

(4)模具的危险。模具担负着使工件加工成型的主要功能,是整个系统能量的集中释放部位。由于模具设计不合理或有缺陷,可增加受伤的可能性。有缺陷的模具则可能因磨损、变形或损坏等原因,在正常运行条件下发生意外而导致事故。

30. 金属铸造是将熔融的金属注入、压入或吸入铸模的空腔中使之成型的加工方法。铸造作业中存在着火灾及爆炸、灼烫、高湿和热辐射等多种危险有害因素。下列铸造作业事故的直接原因中,不属于引起火灾及爆炸的原因是(　　)。

A. 铁水飞溅在易燃物上　　B. 红热的铸件遇到易燃物
C. 热辐射照射在人体上　　D. 水落到铁水表面

【答案】C

【解析】热辐射照射在人体上属于职业危害的范畴，不会引起火灾和爆炸。

31. 锻造是金属压力加工方法之一，在其加工过程中，机械设备、工具或工件的非正常选择和使用、人的违章作业等都可能导致机械伤害。下列伤害类型中，不属于机械伤害的是(　　)。

A. 锤头击伤　　B. 高空坠落　　C. 操作杆打伤　　D. 冲头打崩伤人

【答案】B

【解析】在锻造生产中易发生的机械伤害事故有：锻锤锤头击伤；打飞锻件伤人；辅助工具打飞击伤；模具、冲头打崩、损坏伤人；原料、锻件等在运输过程中造成的砸伤；操作杆打伤、锤杆断裂击伤等。

32. 机械失效安全和定位安全都属于机械本质安全设计的范围。下列做法中，不属于机械失效安全设计的是(　　)。

A. 设计操作限制开关
B. 将机械的危险部件安置到不可触及的地点
C. 预设限制不应该发生的冲击及运动的制动装置
D. 设置预防下落的装置

【答案】B

【解析】机械失效安全是指设计者应该保证当机器发生故障时不出危险。这类装置包括操作限制开关，限制不应该发生的冲击及运动的预设制动装置，设置把手和预防下落的装置、失效安全的紧急开关等。将机械的危险部件安置到不可触及的地点是定位安全的描述，因此选择B。

33. 某职工在皮包加工厂负责给皮包上拉链，工作时间从早上八点到下午四点。工作一段时间后，该职工感觉作业单一、乏味，没有兴趣，经常将拉链上错。根据安全人机工程原理，造成失误的原因是(　　)。

A. 肌肉疲劳　　B. 体力疲劳　　C. 心理疲劳　　D. 行为疲劳

【答案】C

【解析】单调作业的特点：作业简单、变化少、刺激少，引不起兴趣；受制约多，缺乏自主性，容易丧失工作热情；对作业者技能、学识等要求不高，易造成作业者情绪消极；只完成工作的一小部分，对整个工作的目的、意义体验不到，自我价值实现程度低；作业只有少量单项动作，周期短，频率高，易引起身体局部出现疲劳乃至心理厌烦。

单调作业引起疲劳的原因：单调作业虽然不需要消耗很大的体力，但千篇一律重复出现着的刺激，使人的兴奋始终集中于局部区域，而其周围很快会产生抑制状态，并在大脑皮质中扩散，经过一段时间，便会出现疲劳现象。此外，随着技术不断进步，劳动分工越来越细，使作业在很小的范围内反复进行，这种高度单调的作业，压抑了作业者的工作兴趣，引起消极情绪乃至极度厌烦，从而导致心理疲劳。其主要表现为感觉体力不支、注意力不集中、思维迟缓、懒散、寂寞和嗜睡等。

34. 随着我国城市建设的快速发展，为保证新建或在役供水和供气管道这两个生命线子系统的安全运行，降低或消除安全事故发生的可能性，需要检查供水和供气管道内部结构的裂纹、腐蚀和管道中流体的流量、流速及泄漏情况。常用的故障诊断技术是(　　)。

A. 超声探伤　　B. 渗透探伤　　C. 涡流探伤　　D. 磁粉探伤

【答案】A

【解析】利用超声波可以对所有固体材料进行探伤和检测。它常用来检查内部结构的裂纹、搭接、夹杂物、焊接不良的焊缝、锻造裂纹、腐蚀坑以及加工不适当的塑料压层等。还可以检查管道中流体的流量、流速以及泄漏等。超声波是比声波振动频率更高的波，检测中常用的是 1～5 MHz 的超声波。与声波相比，超声波具有方向性好、波长短、在高密度固体中损失小及在不同密度介质的界面上反射大等特点。

35. 微气候环境对人体的影响与多种因素有关，综合评价微气候环境的指标除卡他度外，还有(　　)。

A. 有效温度、舒适指数、干球温度指数　　B. 有效温度、不适指数、黑球温度指数

C. 有效温度、不适指数、三球温度指数　　D. 有效温度、不适指数、湿球温度指数

【答案】C

【解析】微气候环境的综合评价方法或指标包括：有效温度(感觉温度)、不适指数、三球温度指数(WBGT)、卡他度。

36. 某司机驾驶一辆具有自动报警装置的小汽车，开始时汽车内仪表板上显示各系统安全正常。运行一段时间后，汽车内仪表板上发动机机油指示灯发出报警声音，但汽车还能继续行驶。根据人机系统可靠性设计的基本原则，此项功能设计属于(　　)原则。

A. 系统的整体可靠性　　B. 高可靠性

C. 具有安全系数的设计　　D. 人机工程学

【答案】B

【解析】人机系统可靠性设计基本原则包括系统的整体可靠性原则、高可靠性组成单元要素原则、具有安全系数的设计原则、高可靠性方式原则、标准化原则、高维修度原则、事先进行试验和进行评价的原则、预测与预防的原则、人机工程学原则、技术经济性原则、审查原则、整理准备资料和交流信息原则、信息反馈原则、设立相应的组织机构。其中，高可靠性方式原则的故障安全机构包括消极被动式、积极主动式和运行操作式。积极主动式是指组成单元发生故障时，机器一面报警，一面还能短时运转。

37. 安全防护罩是预防机械伤害的常用装置，现场应用十分普遍。设计安全防护罩必须全面考虑各项技术要求。下列技术要求中，错误的是(　　)。

A. 只有防护罩闭合后，传动部件才能运转

B. 对于固定安装的防护罩，操作人员身体的任何部位不能触及运动部件

C. 防护罩与运动部件之间有足够的间隙

D. 为了便于调整，应安装开启防护罩的按键式机构

【答案】D

【解析】机械设备安全防护罩的技术要求包括：①只要是操作人员可能触及的传动部件，在防护罩没闭合前，传动部件就不能运转；②采用固定防护罩时，操作人员触及不到运转中的活动部件；③防护罩与活动部件有足够的间隙，避免防护罩和活动部件之间的任何接触；④防护罩应牢固地固定在设备或基础上，拆卸、调节时必须使用工具；⑤开启式防护罩打开时或一部分失灵时，应使活动部件不能运转或运转中的部件停止运动；⑥使用的防护罩不允许给生产场所带来新的危险；⑦不影响操作，在正常操作或维护保养时不需拆卸防护罩；⑧防护罩必须牢固可靠，以避免与活动部件接触造成损坏和工件飞脱造成的伤害；⑨防护罩一般不准脚踏和站立，必须做平台或阶梯时，平台或阶梯应能承受 1500 N 的垂直力，并采取防滑措施。

38. 联轴器是用来把两轴连接在一起的常用机械传动部件。下列关于联轴器的安全要求中，错误的是(　　)。

A. 联轴器应安装“Ω”型防护罩

B. 安全型联轴器上不应有突出的螺钉

C. 联轴器应能保证只有机器停车并将其拆开后两轴才能分离

D. 任何情况下，联轴器都不允许出现径向位移

【答案】D

【解析】有些联轴器在使用中可以有径向位移，如挠性联轴器。

39. 机器安全防护装置主要用于保护人员免受机械性危险伤害。下列关于机器安全防护装置的说法中，正确的是(　　)。

A. 隔离安全装置可以阻止身体任何部位靠近危险区域

B. 自动安全装置仅限在高速运动的机器上使用

C. 跳闸安全装置依赖于敏感的跳闸机构和机器能迅速启动

D. 双手控制安全装置可以对操作者和协作人员提供防护

【答案】A

【解析】双手控制安全装置，这种装置迫使操纵者应用两只手来操纵控制器。它仅能对操作者提供保护。

40. 某公司购置了一台 24 m 长的大型龙门铣床，安装时，该设备与墙、柱之间的安全距离至少是(　　)m。

A. 0.6　　B. 0.9　　C. 1.2　　D. 1.5

【答案】B

【解析】设备与墙、柱距离(以活动机件的最大范围计算)：大型≥0.9 m，中型≥0.8 m，小型≥0.7 m。在墙、柱与设备间有人操作的，应满足设备与墙、柱间和操作空间的最大距离要求。

41. 某机械加工车间在使用普通车床加工细长杆金属材料时，发生长料甩击伤人事故，车间决定进行整改。下列措施中，对杜绝此类事故最有针对性的是(　　)。

A. 安装防护网　　B. 安装防弯装置　　C. 穿戴防护用品　　D. 加强监督检查

【答案】B

【解析】金属切削机床常见危险因素的控制措施：

(1)设备可靠接地，照明采用安全电压；

(2)楔子、销子不能突出表面；

(3)用专用工具，带护目镜；

(4)尾部安防弯装置及设料架；

(5)零部件装卡牢固；

(6)及时维修安全防护、保护装置；

(7)选用合格砂轮，装卡合理；

(8)加强检查，杜绝违章现象，穿戴好劳动保护用品。

42. 如右图所示，砂轮机的砂轮两侧用法兰压紧，固定在转轴上。法兰与砂轮之间需加垫软垫。砂轮柱面在使用中会逐渐磨损。下列关于砂轮机安装和使用的要求中，正确的是(　　)。

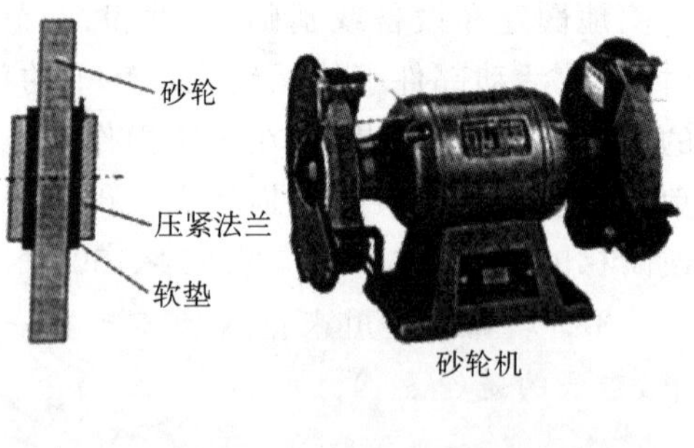

A. 软垫厚度应小于 1 mm

B. 压紧法兰直径不得小于砂轮直径的 1/4

C. 砂轮直径不大于压紧法兰直径 10 mm 时应

更换砂轮

D. 砂轮的圆柱面和侧面均可用于磨削，必要时允许两人同时操作

【答案】C

【解析】按标准要求，砂轮法兰盘直径不得小于被安装砂轮直径的 1/3，且规定砂轮磨损到直径比法兰盘直径大 10 mm 时应更换新砂轮。

43. 剪板机用于各种板材的裁剪。下列关于剪板机操作与防护的要求中，正确的是(　　)。

A. 不同材质的板料不得叠料剪切，相同材质不同厚度的板料可以叠料剪切

B. 剪板机的皮带、齿轮必须有防护罩，飞轮则不应装防护罩

C. 操作者的手指离剪刀口至少保持 100 mm 的距离

D. 根据被裁剪板料的厚度调整剪刀口的间隙

【答案】D

【解析】选项 A 正确的说法应是，不准同时剪切两种不同规格、不同材质的板料，不得叠料剪切；选项 B 正确的说法是，剪板机的皮带、飞轮、齿轮以及轴等运动部位必须安装防护罩；选项 C 正确的说法是，操作者的手指离剪刀口至少保持 200 mm 的距离。

44. 木工机械刀轴转速高、噪声大，容易发生事故。下列危险有害因素中，属于木工机械加工过程危险有害因素的是(　　)。

A. 高处坠落　　B. 热辐射　　C. 粉尘　　D. 电离辐射

【答案】C

【解析】由于木工机械刀轴转速高、多刀多刃、手工进料、自动化水平低，切削过程中噪声大、振动大、粉尘大、作业环境差，工人的劳动强度大、易疲劳，操作人员不熟悉木工机械性能和安全操作技术或不按安全操作规程操纵机械，没有安全防护装置或安全防护装置失灵等种种原因，导致木工机械伤害事故多发。

45. 在木材加工的诸多危险因素中，木料反弹的危险性大，发生概率高。下列木材加工安全防护装置中，不适于防止木料反弹的是(　　)。

A. 采用安全送料装置　　B. 装设锯盘制动控制器

C. 设置防反弹安全屏护装置　　D. 设置分离刀

【答案】B

【解析】针对木材加工作业中的木料反弹危险，应采用安全送料装置或设置分离刀、防反弹安全屏护装置，以保障人身安全。

46. 锻造是一种利用锻压机械对金属坯料施加压力，使其产生塑性变形以获得具有一定机械性能、一定形状和尺寸的锻件的加工方法。锻造生产中存在多种危险有害因素。下列关于锻造生产危险有害因素的说法中，错误的是(　　)。

A. 噪声、振动、热辐射带来职业危害，但无中毒风险

B. 红热的锻件遇可燃物可能引燃成灾

C. 红热的铸件及飞溅的氧化皮可造成人员烫伤

D. 锻锤撞击、铸件或工具被打飞、模具或冲头打崩可导致人员受伤

【答案】A

【解析】火焰炉使用的各种燃料燃烧生产的炉渣、烟尘，空气中存在有毒有害物质和粉尘颗粒。

47. 人机系统可分为机械化、半机械化的人机系统和全自动化控制的人机系统两类。在机械化、半机械化的人机系统中，人始终起着核心和主导作用，机器起着安全保证作用。下列关于

机械化、半机械化的人机系统的说法中，正确的是(　　)。

A. 系统的安全性主要取决于人处于低负荷时应急反应变差

B. 系统的安全性取决于机器的冗余系统是否失灵

C. 机器的正常运转依赖于该闭环系统机器自身的控制

D. 系统的安全性主要取决于该系统人机功能分配的合理性

【答案】D

【解析】机械化、半机械化控制的人机系统，人机共体，或机为主体，系统的动力源由机器提供，人在系统中主要充当生产过程的操作者与控制者，即控制器主要由人来操作。在控制系统中设置监控装置，如果人操作失误，机器会拒绝执行或提出警告，这是现代生产中应用最多的人机系统。系统的安全性主要取决于人机功能分配的合理性、机器的本质安全性及人为失误。

48. 人机系统的任何活动实质上是信息及能量的传递和交换。人机之间在进行信息及能量传递和交换中，人在人机系统中主要功能是(　　)。

A. 传感功能、记忆功能、操纵功能　　B. 传感功能、记忆功能、检测功能

C. 传感功能、信息处理功能、检测功能　　D. 传感功能、信息处理功能、操纵功能

【答案】D

【解析】人在人机系统中的主要功能有传感功能、信息处理功能、操纵功能。

49. 机械伤害风险的大小除取决于机器的类型、用途、使用方法和人员的知识、技能、工作态度等因素外。还与人们对危险的了解程度和所采取的避免危险的措施有关。下列措施中，属于实现机械本质安全的是(　　)。

A. 通过培训，提高人们辨别危险的能力

B. 通过培训，提高避免伤害的能力

C. 减少接触机器危险部件的次数

D. 通过对机器的重新设计，使危险部位更加醒目

【答案】C

【解析】选项 ABD，属于保护操作者和有关人员的安全。预防机械伤害包括实现机械本质安全和保护操作者及有关人员安全等方面的措施，实现机械本质安全的主要措施包括：①使人们难以接近机器的危险部位；②减少或消除接近机器危险部位的次数；③提供保护装置或个人防护装备；④减少产生危险的原因等。

50. 工作场所作业面的照度会受到人工照明、自然采光条件以及设备的布置、光线反射条件等多方面因素的影响，此外，还与工作人员的体位有关。对于站立工作的场合，测定照度时，测点的位置应选取在其地面上方(　　)cm 处。

A. 40　　B. 60　　C. 85　　D. 150

【答案】C

【解析】测定工作场所的照度，可以使用光电池照度计。工作场所内部空间的照度受人工照明、自然采光以及设备布置、反射系数等多方面因素的影响，因此，应该考虑选择什么地方作为测定位置。一般站立工作的场所取地面上方 85 cm，坐着工作时取 40 cm 处进行测定。

51. 机械设备防护罩应尽量采用封闭结构，当现场需要采用安全防护网时，应满足网眼开口尺寸和安全距离的需要。某车间机械设备安全防护网采用椭圆形孔，椭圆形孔长轴尺寸为 20 mm，短轴尺寸为 13 mm，与机械传动装置的安全距离为 30 mm。该防护网能有效防护人体的部位是(　　)。

A. 手掌(不含第一掌指关节)、手指尖　　B. 上肢、手掌(不含第一掌指关节)

C. 手掌(不含第一掌指关节)、手指　　D. 手指、手指尖

【答案】B

【解析】本题考查的是机械伤害类型及预防对策。当椭圆形孔短轴尺寸大于 12.5 mm 时，可防护人体的手掌(不含第一掌指关节)、上肢、足尖。

52. 为了保证厂区内车辆行驶、人员流动、消防灭火和火灾，以及安全运送材料等需要，企业的厂区和车间都必须设置完好的通道，车间内人行通道宽度至少应大于(　　)。

A. 0.5 m　　B. 0.8 m　　C. 1.0 m　　D. 1.2 m

【答案】C

【解析】本题考查的是机械制造场所安全技术。①厂区干道的路面要求。车辆双向行驶的干道宽度不小于 5 m，有单向行驶标志的主干道宽度不小于 3 m。进入厂区门口，危险地段须设置限速限高牌、指示牌和警示牌。②车间安全通道要求。通行汽车的宽度>3 m，通行电瓶车的宽度>1.8 m，通行手推车、三轮车的宽度>1.5 m，一般人行通道的宽度>1 m。

53. 机床运转过程中，转速、温度、声音等应保持正常。异常声音，特别是撞击声的出现往往表明机床已经处于比较严重的不安全状态。下列情况中能发出撞击声的是(　　)。

A. 零部件松动脱落　　B. 润滑油变质　　C. 零部件磨损　　D. 负载太大

【答案】A

【解析】本题考查的是金属切削机床的危险因素。零部件松动脱落、进入异物、转子不平衡均可能产生撞击声。

54. 冲压事故可能发生在冲压设备的不同危险部位，且以发生在冲头下行过程中伤害操作工人手部的事故最多。下列危险因素中，与冲手事故无直接关系的是(　　)。

A. 应用刚性离合器　　B. 模具设计不合理

C. 机械零件受到强烈振动而损坏　　D. 电源开关失灵

【答案】D

【解析】本题考查的是冲压作业的危险因素。

55. 冲压作业有多种安全技术措施。其中，机械防护装置结构简单、制造方便，但存在某些不足，如对作业影响较大、应用有一定局限性等。下列装置中不属于机械防护类型的是(　　)。

A. 推手式保护装置　　B. 摆杆护手装置

C. 双手按钮式保护装置　　D. 拉手安全装置

【答案】C

【解析】本题考查的是冲压作业安全技术措施。冲压设备防护装置的形式较多，按结构分为机械式、按钮式、光电式、感应式等。

(1)机械式防护装置。主要有以下 3 种类型：①推手式保护装置，是一种通过与滑块联动的，通过挡板的摆动将手推离开模口的机械式保护装置。②摆杆护手装置，又称拨手保护装置，是运用杠杆原理将手拨开的装置。③拉手安全装置，是一种用滑轮、杠杆、绳索将操作者的手动作与滑块运动联动的装置。机械式防护装置结构简单、制造方便，但对作业干扰较大，操作工人不大喜欢使用，应用比较局限。

(2)双手按钮式保护装置。是一种用电气开关控制的保护装置。启动滑块时，强制将人手限制在模外，实现隔离保护。只有操作者的双手同时按下 2 个按钮时，中间继电器才有电，电磁铁动作，滑块启动。凸轮中开关在下死点前处于开路状态，若中途放开任何 1 个开关时，电磁铁都会失电，使滑块停止运动；直到滑块到达下死点后，凸轮开关才闭合，这时放开按钮，滑块仍能自动回程。

(3)光电式保护装置。是由一套光电开关与机械装置组合而成的。它是在冲模前设置各种发光源,形成光束并封闭操作者前侧、上下模具处的危险区。当操作者手停留或误入该区域时,使光束受阻,发出电讯号,经放大后由控制线路作用使继电器动作,最后使滑块自动停止或不能下行,从而保证操作者人体安全。

56. 木工平刨刀具主轴转速高,手工送料、木料质地不均匀等给木工平刨操作带来安全风险,为预防事故应采取的安全措施。下列关于木工平刨的安全技术措施中,错误的是(　　)。

A. 采用安全送料装置替代徒手送料　　B. 必要位置装设防护套或防护罩、防护挡板

C. 刨刀刃口伸出量不超过刀轴外缘 3 mm　　D. 刀具主轴为圆截面轴

【答案】C

【解析】本题考查的是木工机械安全技术措施。木工机械事故中,手压平刨上发生的事故占多数,因此在手压平刨上必须有安全防护装置。

为了安全,手压平刨刀轴的设计与安装须符合下列要求:

(1)必须使用圆柱形刀轴,绝对禁止使用方刀轴。

(2)压力片的外缘应与刀轴外缘相合,当手触及刀轴时,只会碰伤手指皮,不会被切断。

(3)刨刀刃口伸出量不能超过刀轴外径 1.1 mm。

(4)刨口开口量应符合规定。

57. 铸造是一种金属热加工工艺,是将熔融的金属注入、压入或吸入铸模的空腔中使之成型的加工方法。铸造作业过程中存在着多种危险有害因素,下列各组危险有害因素中,全部存在于铸造作业中的是(　　)。

A. 火灾爆炸、灼烫、机械伤害、尘毒危害、噪声振动、高温和热辐射

B. 火灾爆炸、灼烫、机械伤害、尘毒危害、噪声振动、电离辐射

C. 火灾爆炸、灼烫、机械伤害、苯中毒、噪声振动、高温和热辐射

D. 粉尘爆炸、灼烫、机械伤害、尘毒危害、噪声振动、电离辐射

【答案】A

【解析】本题考查的是铸造作业危险有害因素。铸造作业过程中存在诸多的不安全因素,可能导致多种危害,需要从管理和技术方面采取措施,控制事故的发生,减少职业危害。

(1)火灾及爆炸。红热的铸件、飞溅的铁水等一旦遇到易燃易爆物品,极易引发火灾和爆炸事故。

(2)灼烫。浇注时稍有不慎,就可能被熔融金属烫伤;经过熔炼炉时,可能被飞溅的铁水烫伤;经过高温铸件时,也可能被烫伤。

(3)机械伤害。铸造作业过程中,机械设备、工具或工件的非正常选择和使用,人的违章操作等,都可导致机械伤害。如造型机压伤,设备修理时误启动导致砸伤、碰伤。

(4)高处坠落。由于工作环境恶劣、照明不良,加上车间设备立体交叉,维护、检修和使用时,易从高处坠落。

(5)尘毒危害。在型砂、芯砂运输、加工过程中,打箱、落砂及铸件清理中,都会使作业地区产生大量的粉尘,因接触粉尘、有害物质等因素易引起职业病。冲天炉、电炉产生的烟气中含有大量对人体有害的一氧化碳,在烘烤砂型或砂芯时也有二氧化碳气体排出;利用焦炭熔化金属,以及铸型、浇包、砂芯干燥和浇铸过程中都会产生二氧化硫气体,如处理不当,将引起呼吸道疾病。

(6)噪声振动。在铸造车间使用的震实造型机、铸件打箱时使用的震动器,以及在铸件清理工序中,利用风动工具清铲毛刺,利用滚筒清理铸件等都会产生大量噪声和强烈的振动。

(7)高温和热辐射。铸造生产在熔化、浇铸、落砂工序中都会散发出大量的热量,在夏季车间

温度会达到 40 ℃或更高，铸件和熔炼炉对工作人员健康或工作极为不利。

58. 锻造加工过程中，机械设备、工具或工件的错误选择和使用，人的违章操作等，都可能导致伤害。下列伤害类型中，锻造过程不易发生的是（　　）。

A. 送料过程中造成的砸伤　　B. 辅助工具打飞击伤

C. 造型机轧伤　　D. 锤杆断裂击伤

【答案】C

【解析】本题考查的是锻造的危险有害因素。锻造中的机械伤害包括：锻锤锤头击伤；打飞锻件伤人；辅助工具打飞击伤；模具、冲头打崩、损坏伤人；原料、锻件等在运输过程中造成的砸伤；操作杆打伤、锤杆断裂击伤等。

59. 我国国家标准综合考虑到作业时间和单项动作能重消耗，应用体力劳动强度指数将体力劳动强度分为Ⅰ、Ⅱ、Ⅲ、Ⅳ四级。重体力劳动的体力劳动强度指数为 20～25，级别是（　　）级。

A. Ⅰ　　B. Ⅱ　　C. Ⅲ　　D. Ⅳ

【答案】C

【解析】本题考查的是人的生理特性。体力劳动强度按劳动强度指数大小分为四级：Ⅰ级（$I \leqslant 15$）；Ⅱ级（$I=15 \sim 20$）；Ⅲ级（$I=20 \sim 25$）；Ⅳ级（$I>25$）。

60. 疲劳分为肌肉疲劳和精神疲劳。下列措施中，不属于消除精神疲劳的是（　　）。

A. 播放音乐克服作业的单调乏味　　B. 不断提示工作的危险性

C. 科学地安排环境色彩　　D. 科学地安排作业场所布局

【答案】B

【解析】本题考查的是人的生理特性。消除疲劳的措施：在进行显示器和控制器设计时充分考虑人的生理心理因素；通过改变操作内容、播放音乐等手段克服单调乏味的作业；改善工作环境，科学地安排环境色彩、环境装饰及作业场所的布局，合理的温湿度，充足的光照等；改善工作环境，科学地安排环境色彩、环境装饰及作业场所的布局，合理的温湿度，充足的光照等；避免超负荷的体力或脑力劳动；合理安排作息时间，注意劳逸结合等。

61. 通过对机械设备的危害因素进行全面分析，采用智能设计手段，使机器在整个寿命周期内发挥预定功能，保证误操作时机器和人身安全。上述概念较完整地反映了现代机械安全原理关于机械安全特性中的（　　）。

A. 系统性　　B. 防护性　　C. 友善性　　D. 整体性

【答案】B

【解析】本题考查的是机械安全的定义及特性。现代机械安全应具有以下几方面的特性：

（1）系统性。现代机械的安全应建立在心理、信息、控制、可靠性、失效分析、环境学、劳动卫生、计算机等科学技术基础上，并综合与系统地运用这些科学技术。

（2）防护性。通过对机械危险的智能化设计，应使机器在整个寿命周期内发挥预定功能，包括误操作时，机器和人身均是安全的，使人对劳动环境、劳动内容和主动地位的提高得到不断改善。

（3）友善性。机械安全设计涉及人和人所控制的机器，它在人与机器之间建立起一套满足人的生理特性、心理特性，充分发挥人的功能、提高人机系统效率的安全系统，在设计中通过减少操作者的紧张和体力消耗来提高安全性，并以此改善机器的操作性能和提高其可靠性。

（4）整体性。现代机械的安全设计必须全面、系统地对导致危险的因素进行定性、定量分析和评价，整体寻求降低风险的最优设计方案。

62. 人机系统是由人和机器构成并依赖于人机之间相互作用而完成一定功能的系统。按照人机系统可靠性设计的基本原则，为提高可靠性，宜采用的高可靠度结构组合方式为(　　)。

A. 信息反馈、技术经济性、自动保险装置　　B. 冗余设计、整体防护装置、技术经济性

C. 信息信号、整体防护装置、故障安全装置　　D. 冗余设计、故障安全装置、自动保险装置

【答案】D

【解析】本题考查的是人机系统可靠性设计基本原则。高可靠性方式原则：为提高可靠性，宜采用冗余设计、故障安全装置、自动保险装置等高可靠度结构组合方式。

63. 机械本质安全是指机械的设计者，在设计阶段采取措施消除隐患的一种实现机械安全的方法。下列关于机械本质安全的说法中，正确的是(　　)。

A. 通过培训提高人们辨识危险的能力　　B. 使运动部件处于封闭状态

C. 采取必要的行动增强避免伤害的自觉性　　D. 对机器使用警示标志

【答案】B

【解析】本题考查的是机械伤害类型及预防对策。实现机械本质安全：①消除产生危险的原因；②减少或消除接触机器的危险部件的次数；③使人们难以接近机器的危险部位或接近也不导致伤害；④提供保护装置或者个人防护装备。

64. 因视觉环境的特点，使作业人员的瞳孔短时间缩小，从而降低视网膜上的照度，导致视觉模糊，视物不清楚。这种现象称为(　　)。

A. 视错觉　　B. 眩光效应　　C. 明适应　　D. 暗适应

【答案】B

【解析】本题考查的是人的生理特性。常见的几种视觉现象：

(1)暗适应与明适应能力。人眼对光亮度变化的顺应性，称为适应，适应有明适应和暗适应两种。暗适应是指人从光亮处进入黑暗处，开始时一切都看不见，需要经过一定时间以后才能逐渐看清被视物的轮廓。暗适应的过渡时间较长，约需要 30 min 才能完全适应。明适应是指人从暗处进入亮处时，能够看清视物的适应过程，这个过渡时间很短，约需 1 min，明适应过程即趋于完成。人在明暗急剧变化的环境中工作，会因受适应性的限制，视力出现短暂的下降；若频繁地出现这种情况，会产生视觉疲劳，并容易引发事故。为此，在需要频繁改变光亮度的场所，应采用缓和照明，避免光亮度的急剧变化。

(2)眩光。当人的视野中有极强的亮度对比时，由光源直射或由光滑表面反射出的刺激或耀眼的强烈光线，称为眩光。眩光可使人眼感到不舒服，使可见度下降，并引起视力的明显下降。眩光造成的有害影响主要有：破坏暗适应，产生视觉后像；降低视网膜上的照度；减弱被观察物体与背景的对比度；观察物体时产生模糊感觉等。这些都将影响操作者的正常作业。

(3)视错觉。人在观察物体时，光线不仅使神经系统产生反应，而且由于视网膜受到光线的刺激，会在横截面上产生扩大范围的影响，使得视觉印象与物体的实际大小、形状存在差异，这种现象称为视错觉。视错觉是普遍存在的现象，其主要类型有形状错觉、色彩错觉及物体运动错觉等。其中常见的形状错觉有长短错觉、方向错觉、对比错觉、大小错觉、远近错觉及透视错觉等；色彩错觉有对比错觉、大小错觉、温度错觉、距离错觉及疲劳错觉等。在工程设计时，为使设计达到预期的效果，应考虑视错觉的影响。

65. 长期在采光照明不良的条件下作业，容易使操作者出现眼睛疲劳、视力下降，甚至可能由于误操作而导致意外事故的发生。合理的采光与照明对提高生产效率和保证产品质量有直接的影响。下列关于生产场所采光与照明设置的说法中，正确的是(　　)。

A. 厂房跨度大于 12 m 时，单跨厂房的两边应有采光侧窗，窗户的宽度应小于开间长度的

1/2

B. 多跨厂房相连，相连各跨应有天窗，跨与跨之间应用墙封死

C. 车间通道照明灯要覆盖所有通道，覆盖长度应大于车间安全通道长度的80%

D. 近窗的灯具单设开关，充分利用自然光

【答案】D

【解析】厂房跨度大于12 m时，单跨厂房的两边应有采光侧窗，窗户的宽度不应小于开间长度的一半，选项A错误。多跨厂房相连，相连各跨应有天窗，跨域跨之间不得有墙，选项B错误。车间通道照明灯应覆盖所有通道，覆盖长度等于车间安全通道长度，选项C错误。

66. 2009年10月24日10时，某公司钻床工胡某和张某在流水线组合钻台位进行C70中梁板座和盘的打孔作业。胡某按下卡紧装置自动运行程序按钮后，张某离开操作台进入组合钻一端狭窄的设备空间内，左手扶中梁侧翼面，右手拿手电侧身观察；此时卡紧装置开始动作，将张某的左手挤在卡紧装置与中梁侧翼面之间，使其左手严重受伤。根据以上描述，可判断导致此次事故发生的主要危险因素是(　　)。

A. 旋转的钻头、狭窄的空间、滑动的钻台

B. 锋利的钢板、运动的卡紧装置、滑动的钻台

C. 狭窄的空间、运动的卡紧装置、运动部件与静止部件的组合

D. 旋转的钻头、锋利的钢板、运动部件与静止部件的组合

【答案】C

【解析】机床的危险因素包括：①静止部件，如切削刀具与刀刃、突出较长的机械部分、毛坯边缘锋利飞边及表面粗糙部分、引起滑跌坠落的工作台；②旋转部件，如旋转部分、轴、凸起工具和切削刀具；③内旋转咬合，如旋转部件和固定部件的咬合；④往复运动或滑动，如单向运动、往复运动或滑动、旋转与滑动组合、振动；⑤飞出物，如飞出的装夹具或机械部件、飞出的切屑或工件。

67. 防护罩是砂轮机最主要的防护装置。下列关于砂轮机及其防护罩的说法中，错误的是(　　)。

A. 防护罩的开口角度在主轴水平面以上不允许超过65°

B. 挡屑屏板安装于防护罩上开口正端，宽度应等于防护罩宽度

C. 防护罩在主轴水平面以上开口不小于30°时必须设挡屑屏板

D. 砂轮机圆周表面与挡板的间隙应小于6 mm

【答案】B

【解析】砂轮防护罩的开口角度在主轴水平面以上不允许超过65°；防护罩在主轴水平面以上开口大于等于30°时必须设挡屑屏板；砂轮机圆周表面与挡板的间隙应小于6 mm；挡屑屏宽度应大于防护罩宽度，所以选项B错误。

68. 冲压作业过程中，冲压事故可能发生在各作业环节。同时，冲压设备类型、模具、形式对作业安全性也有很大影响。当操作者的手处于冲头与冲模之间时，冲头下落就很可能造成冲手事故。造成这种事故的主要原因是(　　)。

A. 工件滑脱　　B. 设备故障或操作错误

C. 设备润滑不良　　D. 模具缺陷

【答案】B

【解析】冲压作业的事故原因包括设备结构具有的危险、动作失控、开关失灵和模具的危险等。冲压事故有可能发生在冲压设备的各个危险部位，但以发生在模具行程间为绝大多数，且伤害部位主要是作业者的手部，这是设备缺陷和人的行为错误造成的事故。

69. 木工平刨床最常见的危险事件是伤害手指，因此，应为这类设备配备有效的安全防护装置。下列关于木工平刨床安全防护装置的说法中，正确的是(　　)。

A. 刨刀刃口伸出量不能超过刀轴外径 1.2 mm

B. 在最大加工宽度大于 100 mm 的刨床上，可采用桥式防护装置或扇形板式防护装置

C. 平刨床上应安装导向板，导向板应不使用工具就能在整个刀轴长度上侧向可调

D. 导向板前面和后面的防护装置应设计成不将其拆卸就不能将其移出工作位置的形式

【答案】B

【解析】刨刀刃口伸出量不能超过刀轴外径 1.1 mm，选项 A 错误。平刨床的导向板属于防护装置，防护罩应牢固地固定在设备或基础上，拆卸调节时必须使用工具，选项 C 错误。防护装置应不影响操作，在正常操作时不需拆卸防护罩，选项 D 错误。

70. 下列铸造工序中，存在职业危害种类最多的工序是(　　)。

A. 备料工序　　B. 模型工序　　C. 浇铸工序　　D. 落砂清理工序

【答案】C

【解析】浇铸作为铸造的主要工序，含有的职业危害主要有噪声振动、尘毒危害、高温和热辐射。

71. 某锻造车间作业时产生大量热辐射，室内温度高达 33 ℃。根据《高温作业分级》(GB/T 4200—2008)中关于高温作业允许接触热时间限值的相关要求，作业人员在中等劳动强度下持续作业时间不应超过(　　)。

A. 60 min　　B. 90 min　　C. 120 min　　D. 150 min

【答案】A

【解析】根据 GB/T 4200 中条款 5.1，在不同工作地点温度、不同劳动强度条件下允许持续接触热时间不宜超过下表所列数值。

高温作业允许持续接触热时间限值

工作地点温度/℃	轻劳动/min	中等劳动/min	重劳动/min
30～32	80	70	60
32～34	70	60	50
34～36	60	50	40
36～38	50	40	30
38～40	40	30	20
40～42	30	20	15
42～44	20	10	10

注：轻劳动为Ⅰ级，中等劳动为Ⅱ级，重劳动为Ⅲ级和Ⅳ级。

72. 锻造机械的结构不仅应保证设备运行中的安全，还应保证安装、拆卸和检修工作的安全。下列关于锻造机械安全要求的说法中，错误的是(　　)。

A. 安全阀的重锤必须封在带锁的锤盒内

B. 锻压机械的机架和突出部分不得有棱角和毛刺

C. 启动装置的结构应能防止锻压机械意外地开动或自动开动

D. 较大型的空气锤或蒸汽-空气自由锤一般是自动操纵的

【答案】D

【解析】锻压机械安全要求包括：①锻压机械的机架和突出部分不得有棱角或毛刺；②裸露

在外的传动装置必须有防护罩，防护罩需用铰链安装在锻压设备的不动部件上；③锻压机械的启动装置必须能保证对设备进行迅速开关，并保证设备运行和停车状态的连续可靠；④启动装置的结构应能防止锻压机械意外地开动或自动开动；⑤电动启动装置的按钮盒上有“启动”“停车”等字样，停车位置比启动按钮高 10～12 mm；⑥高压管道上必须装有安全阀和凝结罐；⑦蓄力器通往水压机的主管上必须装有当水耗突然增高时能自动关闭水管的装置；⑧任何类型的蓄力器都应有安全阀；⑨安全阀的重锤必须封在带锁的锤盒内。

73. 造成劳动者疲劳的原因主要来自工作条件和作业者本身两方面的因素。下列情况中，属于作业者本身因素的是(　　)。

A. 生产组织不合理　　B. 技术熟练程度

C. 机器设备条件差　　D. 工作环境照明欠佳

【答案】B

【解析】与作业者本身因素相关的只有选项 B 技术熟练程度，其余因素均不以人的自身因素为转移。

74. 某些机床使用激光装置进行测量或加工时安装了安全防护装置。安全防护装置采用可移动或可拆卸的形式时，为防止作业人员接触激光辐射，对该机床与其防护装置应采用(　　)。

A. 连锁装置　　B. 限位装置

C. 压敏装置　　D. 安全标志和安全色

【答案】A

【解析】只有安全装置关合时，机器才能运转；在设计连锁装置时，必须使其在发生任何故障时，都不使人员暴露在危险之中。

75. 作为靶器官的眼睛，暴露在不同波长范围的电磁辐射下时，眼部症状有所不同。暴露在红外线中时，人眼最常见的损伤形式是(　　)。

A. 电光性眼炎　　B. 黄斑变性　　C. 透视　　D. 白内障

【答案】D

【解析】紫外线照射 4～5 小时后眼睛便会充血，10～12 小时后会使眼睛剧痛而不能睁眼，但一般是暂时性症状，大多可以治愈；常受红外线照射可引起白内障；直视高亮度光源(如激光、太阳光等)，会引起黄斑烧伤，有可能造成无法恢复的视力减退；低照度或低质量的光环境，会引起各种眼的折光缺陷或提早形成老花眼；眩光或照度剧烈而频繁变化的光可引起视觉机能的降低。

76. 皮带传动的危险出现在皮带接头及皮带进入到皮带轮的部位，通常采用金属骨架的防护网进行防护。下列皮带传动系统的防护措施中，不符合安全要求的是(　　)。

A. 皮带轮中心距在 3 m 以上，采用金属骨架的防护网进行防护

B. 皮带宽度在 15 cm 以上，采用金属骨架的防护网进行防护

C. 皮带传动机构离地面 2 m 以下，皮带回转速度在 9 m/min 以下，未设防护

D. 皮带传动机构离地面 2 m 以上，皮带轮中心距在 3 m 以下，未设防护

【答案】C

【解析】皮带传动装置离地面 2 m 以下，应设防护罩。2 m 以上也应设防护的情况包括：皮带轮中心距 3 m 以上；皮带宽度 15 cm 以上；皮带回转的速度 9 m/min 以上。

77. 离合器是操纵曲柄连杆机构的关键控制装置，在设计时应保证(　　)。

A. 任一零件失效可使其他零件连锁失效

B. 在执行停机控制动作时离合器立即接合

C. 刚性离合器可使滑块停止在运行的任意位置

D. 急停按钮动作应优先于其他控制装置

【答案】D

【解析】在设计阶段需要考虑的安全措施属于本质安全，因此，须满足急停按钮动作优于其他控制装置。

78. 使用冲压剪切机械进行生产活动时，存在多种危险有害因素，并可能导致生产安全事故的发生。在冲压剪切作业中，常见的危险有害因素有(　　)。

A. 噪声危害、电气危险、热危险、职业中毒、振动危害

B. 机械危险、电气危险、辐射危险、噪声危害、振动危害

C. 振动危害、机械危险、粉尘危害、辐射危险、噪声危害

D. 机械危害、电气危险、热危险、噪声危害、振动危害

【答案】D

【解析】冲压剪按加工温度分为热冲压和冷冲压，常见为热冲压，因此，常见危害必有热危险，排除选项B、C。冲压剪主要是板料发生塑性变形或者分离，职业中毒不常见，排除选项A。

79. 常见职业的体力劳动强度分级与该作业人体代谢率密切相关，根据作业人体的能耗量、氧耗量、心率相对代谢率等指标，将体力劳动强度分为四级。关于体力劳动强度分级的说法，正确的是(　　)。

A. 手或者臂持续动作，如锯木头，属于Ⅰ级(轻劳动)

B. 臂或者躯干工作，如操作风动工具，属于Ⅲ级(重劳动)

C. 臂或者腿的工作，如间断搬运中等重物，属于Ⅱ级(中等劳动)

D. 臂或者躯干负荷工作，如搬重物，属于Ⅳ级(极重劳动)

【答案】C

【解析】根据《体力劳动强度分级》，体力劳动强度可分为以下四级：

Ⅰ级(轻劳动)：坐姿，手工作业或腿的轻度活动。

Ⅱ级(中等劳动)：手和臂持续动作，臂和躯干的工作。

Ⅲ级(重劳动)：臂和躯干负荷工作。

Ⅳ级(极重劳动)：大强度的挖掘、搬运，快到极限节律的极强活动。

80. 为降低铸造作业安全风险，在不同工艺阶段应采取不同的安全操作措施。下列铸造作业各工艺阶段安全操作的注意事项中，错误的是(　　)。

A. 配砂时应注意砂粒、铸造飞边等杂物伤人

B. 落砂清理时应在铸件冷却到一定温度后取出

C. 制芯时应设有相应的安全装置

D. 浇注时浇包内盛铁水不得超过其容积的85%

【答案】D

【解析】浇包盛铁水不得太满，不得超过容积的80%，以免洒出伤人。

81. 色彩可以从生理和心理两方面引起人的情绪反应，进而影响人的行为。关于色彩对人的心理和生理影响的说法，错误的是(　　)。

A. 色彩的生理作用主要体现在对人视觉疲劳的影响

B. 黄绿色和绿蓝色易导致视觉疲劳，但认读速度快

C. 蓝色和紫色最容易引起人眼睛的疲劳

D. 蓝色和绿色有一定降低血压和减缓脉搏的作用

【答案】B

【解析】黄绿、绿、绿蓝等色调不易引起视觉疲劳且认读速度快、准确度高。

82. 操作金属切削机床的危险大致存在两类：第一类是故障、能量中断、机械零件破损及其他功能紊乱造成的危险；第二类是安全措施错误、安全装置缺陷或定位不当造成的危险。下列金属切削机床作业的危险中，属于第二类危险的是（　　）。

A. 机床的互锁装置与限位装置失灵等引起的危险

B. 机床意外启动、进给装置超负荷工作等引起的危险

C. 机床部件、电缆、气路等连接错误引起的危险

D. 机床稳定性丧失、配重系统的元件破坏等引起的危险

【答案】A

【解析】机床的互锁装置与限位装置属于机械设备的安全装置，因此，属于第二类危险中的安全装置缺陷或定位不当。

83. 基于传统安全人机工程学理论，关于人与机器特性比较的说法，正确的是（　　）。

A. 在环境适应性方面，机器更能适应不良环境条件

B. 在做工精细调整方面，多数情况下机器会比人做得更好

C. 机器虽可连续、长期地工作，但是稳定性方面不如人

D. 使用机器的一次性投资较低，但在寿命期限内的运行成本较高

【答案】B

【解析】选项A错误，机器可在恶劣环境下工作，不能随意改变工作条件，人要求环境舒适，但是对特定的环境能很快适应。选项C错误，在保证设计质量、加工质量的情况下，一般机器比人可靠。选项D错误，机器耐久性好，维持保养良好时，可长期使用。选项B正确，机器能连续进行超精密重复操作和按程序进行常规操作，可靠性较高。

84. 人的心理特性是安全心理学的主要研究内容。安全心理学的主要研究内容和范畴不包括（　　）。

A. 能力　　B. 需要与动机　　C. 体力　　D. 情绪与情感

【答案】C

【解析】安全心理学的主要研究内容和范畴包括以下几个方面：①能力；②性格；③气质；④需要与动机；⑤情绪与情感；⑥意志。

85. 机械的可靠性设计原则主要包括使用已知可靠性的组件、关键组件安全性冗余、操作的机械化自动化设计、机械设备的可维修四项原则。关于这四项原则及其对应性的说法，错误的是（　　）。

A. 操作的机械化自动化设计——一个组件失效时，另一个组件可继续执行相同功能

B. 使用已知可靠性的组件——考虑冲击、振动、温度、湿度等环境条件

C. 关键组件安全性冗余——采用多样化设计或技术，以避免共因失效

D. 机械设备的可维修——一旦出现故障，易拆卸，易检修，易安装

【答案】A

【解析】选项B正确，所谓可靠性，是指系统或产品在规定的条件和规定的时间内，完成规定功能的能力。这里所说的规定条件包括产品所处的环境条件（温度、湿度、压力、振动、冲击、尘埃、雨淋、日晒等）、使用条件（载荷大小和性质、操作者的技术水平等）、维修条件（维修方法、手段、设备和技术水平等）。选项C正确，安全冗余，通常指通过多重备份来增加系统的可靠性，即采用多样化设计或技术，以避免共因失效。选项D正确，维修性设计是指产品设计时，设计师从

维修的观点出发，保证当产品一旦出现故障，即能容易发现故障，易拆、易检修、易安装，即可维修度高。选项A错误，系统故障安全，就是即使个别零部件发生故障或失效，系统性能不变，仍能可靠工作。

86. 圆锯机是以圆锯片对木材进行锯割加工的机械设备。除锯片的切割伤害外，圆锯机最主要的安全风险是（　　）。

A. 木材反弹抛射打击　　B. 木材锯屑引发火灾
C. 传动皮带绞入　　D. 触电

【答案】A

【解析】圆锯机的安全装置为装设分离刀（松口刀）和活动防护罩，主要目的就是防止物料反弹。因此圆锯机最主要的安全风险是木材的反弹抛射打击。

87. 铸造作业存在火灾、爆炸、灼烫、机械伤害、高处坠落、尘毒危害、噪声、振动、高温和热辐射等多种危险有害因素。为了保障铸造作业的安全，应从工艺、操作等方面全面考虑。下列铸造作业的安全要求中，正确的是（　　）。

A. 冲天炉熔炼应加萤石以减少污染
B. 铸造厂房宜东西方向布局
C. 造型、制芯工段应布置在最小频率风向的下风侧
D. 造型、落砂、清砂、打磨、切割、焊补等工序不宜固定作业工位

【答案】C

【解析】选项A中在引入新的原料时，应防止产生新的污染；选项B铸造厂房宜南北向布局；选项D容易产生粉尘污染的工序宜固定作业工位。

88. 游乐设施应在必要的地方和部位设置醒目的安全标志。安全标志分为禁止标志、警告标志、指令标志和提示标志四种类型，并以不同颜色进行区分。其中，提示标志的颜色应是（　　）。

A. 红色　　B. 黄色　　C. 蓝色　　D. 绿色

【答案】D

【解析】①红色，表示禁止、停止，用于禁止标志、停止信号、车辆上的紧急制动手柄等；②蓝色，表示指令、必须遵守的规定，一般用于指令标志；③黄色，表示警告、注意，用于警告警戒标志、行车道中线等；④绿色，表示提示安全状态、通行，用于提示标志、行人和车辆通行标志等。

二、多项选择题

基础训练

1. 机械行业的主要产品包括农业机械、重型矿山机械、工程机械、石油化工通用机械、电工机械、机床、汽车、仪器仪表、基础机械、包装机械、环保机械及其他机械等12类。下列机械产品中，属于基础机械类的有（　　）。

A. 轴承　　B. 齿轮　　C. 电料装备　　D. 模具　　E. 蓄电池

2. 机械在使用过程中，典型的危险工况有（　　）。

A. 启动时间偏长　　B. 安全装置失效　　C. 运动零件或工件脱落飞出
D. 运动不能停止或速度失控　　E. 意外启动

3. 金属切削机床是用切削方法将毛坯加工成机器零件的装备。金属切削机床的危险部位或危险部件有（　　）。

A. 旋转部件和内旋转咬合部件
B. 往复运动部件和突出较长的部件

C. 工作台

D. 切削刀具

E. 齿轮箱

4. 皮带传动机构具有一定的风险，右图为皮带传动机构示意图，图上标示了A、B、C、D、E五个部位，其中属于危险部位的有（　　）。

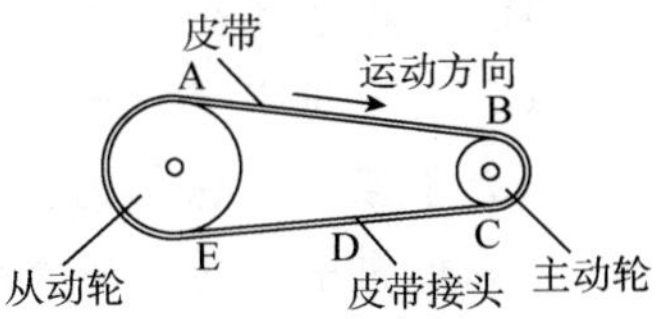

A. A　　B. B　　C. C　　D. D　　E. E

5. 机械在使用过程中，（　　）是典型的危险工况。

A. 运动不能停止　　B. 速度失控　　C. 安全装置功能受阻

D. 启动时间略微延长　　E. 声音不均匀

6. 下列站房，属于机械生产动力站房的是（　　）。

A. 污水处理站、通信总站　　B. 计算中心、消防泵站　　C. 制氧站、煤气站

D. 消防泵站、通信总站　　E. 变配电站、锅炉房、空压站

7. 起重机板钩必须及时更新的情形有（　　）。

A. 衬套磨损量超过原厚度的50%　　B. 衬套磨损量超过原厚度的25%

C. 销子磨损量超过名义直径的2%　　D. 销子磨损量超过名义直径的5%

E. 吊钩开口度超过0.25%

8. 机械设计本质安全是指机械的设计者，在设计阶段采取措施来消除隐患的一种实现机械安全的方法。机械设计本质安全包括（　　）等方面的内容。

A. 设计中排除危险部件　　B. 使运动的部件处于密封状态

C. 避免管理缺陷　　D. 提供自动反馈设备

E. 减少或避免在危险区工作

9. 机械设计本质安全的思路之一是进行机器的安全布置，这可使事故发生率明显降低。在进行机器的安全布置时，必须考虑的因素包括（　　）。

A. 空间　　B. 消除设备安全隐患　　C. 照明

D. 排除危险部件　　E. 管、线布置

10. 人的心理因素主要包括能力、性格、气质、需要与动机、情绪与情感、意志等，其中能力标志着人的认识活动在反映外界事物时所达到的水平。影响能力的主要因素包括感觉、知觉、思维想象力和（　　）等。

A. 操作能力　　B. 注意力　　C. 感染力　　D. 观察力　　E. 记忆力

11. 机械安全是指机器在预定使用条件下执行其功能，以及在对其进行运输、安装、调试、运行、维修和拆卸时对操作者不造成伤害的能力，机械安全特性包括（　　）。

A. 系统性　　B. 友善性　　C. 防护性　　D. 可达性　　E. 整体性

12. 可靠性是指研究对象在规定条件下和规定时间内完成规定功能的能力，其度量指标包括（　　）。

A. 可靠度　　B. 故障率　　C. 平均寿命　　D. 工作时间　　E. 有效度

13. 人机系统常见的事故类型有（　　）。

A. 卷入和挤压　　B. 碰撞和撞击　　C. 接触伤害　　D. 中毒　　E. 燃烧和爆炸

14. 人机系统中，适合于机器做的工作有（　　）类型的工作。

A. 随机应变　　B. 笨重而快速　　C. 持久而操作重复

D. 精度要求高　　E. 创造性

15. 超声探伤技术是利用超声波检查固体内部结构缺陷，它具有（　　）等特点。

A. 方向性弱

B. 在高密度固体中损失小

C. 在不同密度介质的界面上反射小

D. 不但可以探伤固体,还可以检查管道中流体的流量

E. 检测中常用的超声波频率为 1～5 MHz

16. 可达性是指维修人员接近产品故障部位进行检查、修理操作、插入工具和更换零件等维修作业的难易程度。可达性设计应考虑(　　)的可达性。

A. 安装场所　　B. 设备外部　　C. 设备内部

D. 串联系统　　E. 并联系统

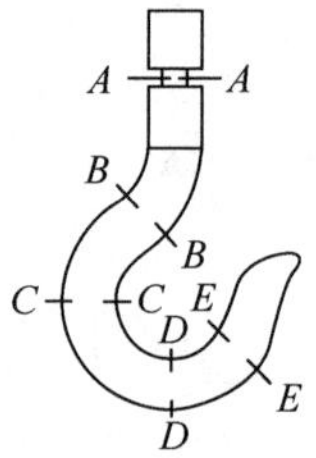

17. 起重机械吊钩的断裂可能导致重大的人身及设备事故。吊钩受力比较复杂,磨损比较大。吊钩检验中,必须了解吊钩的危险断面的所在位置。右图中,吊钩的危险断面位置包括(　　)。

A. *A-A*　　B. *B-B*　　C. *C-C*　　D. *D-D*　　E. *E-E*

18. 人机系统可分为机械化、半机械化控制的人机系统和全自动化控制的人机系统。在前者中,系统的安全性主要取决于(　　)。

A. 人机功能分配的合理性　　B. 机器的本质安全性　　C. 机器的冗余系统可靠性

D. 人操作行为可靠性　　E. 人处于低负荷时应急反应能力

19. 听觉的功能在于分辨声音的高低和强弱,以及判断环境中声源的方向和远近。听觉的绝对阈值是人的听觉系统感受到最弱声音和痛觉声音的强度。包括(　　)阈值。

A. 频率　　B. 辨别　　C. 声压　　D. 声音　　E. 声强

20. 机械安全是指机器按使用说明书规定的使用条件下执行其功能,以及对其进行运输、安装、调试、运行、维修、拆卸和处理时,对操作者不产生伤害或危害。现代机械安全应具有的特性包括(　　)。

A. 系统性　　B. 防护性　　C. 友善性　　D. 可达性　　E. 整体性

参考答案:

1. ABD	2. BCDE	3. ABCD	4. BDE	5. ABC
6. CE	7. ADE	8. ABDE	9. ACE	10. ABDE
11. ABCE	12. ABCE	13. ABC	14. BCD	15. BDE
16. ABC	17. ACD	18. ABD	19. ACE	20. ABCE

能力提升

1. 在无法通过设计达到本质安全时,为了消除危险,应补充设计安全装置。设计安全装置时必须考虑的因素有(　　)。

A. 有足够的强度、刚度和耐久性

B. 不能影响机器运行的可靠性

C. 不应影响对机器危险部位的可视性

D. 一律用绝缘材料制作

E. 一律用金属材料制作

【答案】ABC

【解析】设计安全装置时,应把安全人机学的因素考虑在内。疲劳是导致事故的一个重要因素,设计者应考虑下面几个因素,使人的疲劳降低到最小的程度,使操作人员健康舒适地进行

劳动。

(1)合理布置各种控制操作装置。

(2)正确选择工作平台的位置及高度。

(3)提供座椅。

(4)出入作业地点应方便。

在无法用设计来做到本质安全时,为了消除危险,应使用安全装置。设置安全装置,应考虑4个方面因素:

(1)强度、刚度、稳定性和耐久性。

(2)对机器可靠性的影响,例如固定的安全装置有可能使机器过热。

(3)可视性(从操作及安全的角度来看,需要机器的危险部位有良好的可见性)。

(4)对其他危险的控制,例如选择特殊的材料来控制噪声的强度。

2. 冲压(剪)是靠压力和模具对板材、带材等施加外力使之发生变形或分离,以获得所需要形状和尺寸工件的加工方法。冲压(剪)作业中存在多种危险因素。下列危险因素中,属于冲压(剪)设备危险因素的有(　　)。

A. 应用刚性离合器的冲压(剪)设备在没有完成一个工作周期前不能停车

B. 在强烈的冲击下,一些零部件发生变形、磨损以至破裂,导致设备动作失控

C. 开关失灵,引起的误动作

D. 加工件装卡不牢,飞出伤人

E. 模具有缺陷或严重磨损

【答案】ABCE

【解析】根据发生事故的原因分析,冲压作业中的危险主要有以下几个方面:

(1)设备结构具有的危险。相当一部分冲压设备采用的是刚性离合器。这是利用凸轮或结合键机构使离合器接合或脱开,一旦接合运行,就一定要完成一个循环,才会停止。假如在此循环中的下冲程,手不能及时从模具中抽出,就必然会发生伤手事故。

(2)动作失控。设备在运行中还会受到经常性的强烈冲击和震动,使一些零部件变形、磨损以至碎裂,引起设备动作失控而发生危险的连冲事故。

(3)开关失灵。设备的开关控制系统由于人为或外界因素引起的误动作。

(4)模具的危险。模具担负着使工件加工成型的主要功能,是整个系统能量的集中释放部位。由于模具设计不合理或有缺陷,可增加受伤的可能性。有缺陷的模具则可能因磨损、变形或损坏等原因,在正常运行条件下发生意外而导致事故。

在冲压作业中,冲压机械设备、模具、作业方式对安全影响很大。冲压事故有可能发生在冲压设备的各个危险部位,但以发生在模具的下行程为绝大多数,且伤害部位主要是作业者的手部。当操作者的手处于模具行程之间时模块下落,就会造成冲手事故。这是设备缺陷和人的行为错误所造成的事故。相关人员必须识别冲压作业的危险性。

3. 铸造作业中存在火灾、爆炸、尘毒危害等多种危害。为了保障铸造作业的安全,应从建筑、工艺、除尘等方面全面考虑安全技术措施。下列对技术措施的说法中,正确的有(　　)。

A. 带式运输机应配置封闭罩

B. 砂处理工段宜与造型工段直接毗邻

C. 在允许的条件下应采用湿式作业

D. 与高温金属溶液接触的火钳接触溶液前应预热

E. 浇注完毕后不能等待其温度降低,而应尽快取出铸件

【答案】ACD

【解析】铸造作业安全技术措施：由于铸造车间的工伤事故远较其他车间为多，因此，须从多方面采取安全技术措施。工艺要求技术措施如下。

(1)工艺布置：应根据生产工艺水平、设备特点、厂区场地和厂房条件等，结合防尘防毒技术综合考虑工艺设备和生产流程的布局。污染较小的造型、制芯工段在集中采暖地区应布置在非采暖季节最小频率风向的下风侧，在非集中采暖地区应位于全面最小频率风向的下风侧。砂处理、清理等工段宜用轻质材料或实体墙等设施与其他部分隔开；大型铸造车间的砂处理、清理工段可布置在单独的厂房内。造型、落砂、清砂、打磨、切割、焊补等工序宜固定作业工位或场地，以方便采取防尘措施。在布置工艺设备和工作流程时，应为除尘系统的合理布置提供必要条件。

(2)工艺设备：凡产生粉尘污染的定型铸造设备(如混砂机、筛砂机、带式运输机等)，制造厂应配置密闭罩，非标准设备在设计时应附有防尘设施。型砂准备及砂的处理应密闭化、机械化。输送散料状干物料的带式运输机应设封闭罩。混砂不宜采用扬尘大的爬式翻斗加料机和外置式定量器，宜采用带称量装置的密闭混砂机。炉料准备的称量、送料及加料应采用机械化装置。

(3)工艺方法：在采用新工艺、新材料时，应防止产生新污染。冲天炉熔炼不宜加萤石。应改进各种加热炉窑的结构、燃料和燃烧方法，以减少烟尘污染。回用热砂应进行降温去灰处理。

(4)工艺操作：在工艺可能的条件下，宜采用湿法作业。落砂、打磨、切割等操作条件较差的场合，宜采用机械手遥控隔离作业。

①炉料准备。炉料准备包括金属块料(铸铁块料、废铁等)、焦炭及各种辅料。在准备过程中最容易发生事故的是破碎金属块料。

②熔化设备。用于机器制造工厂的熔化设备主要是冲天炉(化铁)和电弧炉(炼钢)。

冲天炉熔炼过程是：从炉顶加料口加入焦炭、生铁、废钢铁和石灰石，高温炉气上升和金属炉料下降，伴随着底焦的燃烧，使金属炉料预热和熔化以及铁水过热，在炉气和炉渣及焦炭的作用下使铁水成分发生变化。所以，其安全技术主要从装料、鼓风、熔化、出渣出铁、打炉修炉等环节考虑。

③浇注作业。浇注作业一般包括烘包、浇注和冷却三个工序。浇注前检查浇包是否符合要求；升降机构、倾转机构、自锁机构及抬架是否完好、灵活、可靠；浇包盛铁水不得太满，不得超过容积的80%，以免洒出伤人。浇注时，所有与金属溶液接触的工具，如扒渣棒、火钳等均须预热，防止与冷工具接触产生飞溅。

④配砂作业。配砂作业的不安全因素有粉尘污染；钉子、铁片、铸造飞边等杂物扎伤；混砂机运转时，操作者伸手取砂样或试图铲出型砂，结果造成被打伤或被拖进混砂机等。

⑤造型和制芯作业。制造砂型的工艺过程叫作造型，制造砂芯的工艺过程叫作制芯。生产上常用的造型设备有震实式、压实式、震压式等，常用的制芯设备有挤芯机、射芯机等。很多造型机、制芯机都是以压缩空气为动力源，为保证安全，防止设备发生事故或造成人身伤害，在结构、气路系统和操作中，应设有相应的安全装置，如限位装置、连锁装置、保险装置。

⑥落砂清理作业。铸件冷却到一定温度后，将其从砂型中取出，并从铸件内腔中清除芯砂和芯骨的过程称为落砂。有时为提高生产率，若过早取出铸件，因其尚未完全凝固而易导致烫伤事故。

4. 劳动过程中工作条件因素和劳动者本身的因素都可能是导致疲劳的原因。下列造成疲劳的原因中，属于工作条件因素的有(　　)。

A. 劳动者连续作业时间过长　B. 劳动者未经过专业训练　C. 劳动者的心理压力过大
D. 作业环境噪声过大　E. 显示器不便观察

【答案】ADE

【解析】疲劳的原因:超过生理负荷的激烈动作和持久的体力或脑力劳动、作业环境不良、单调乏味的工作、不良的精神因素、肌体状况不良以及长期劳逸安排不当等人的生理、心理因素及管理方面的因素,都是造成疲劳的原因。另外,机器本身在设计制造时,没有按人机工程学理论设计或设计不周,也是人体过早出现疲劳的原因。其中工作条件因素主要包括:劳动制度和生产组织不合理(作业时间过久、强度过大、速度过快、体位欠佳等);机械设备和工具条件差,设计不良(如控制器、显示器不适合于人的心理及生理要求);工作环境很差(如照明欠佳,噪声太强,振动、高温、高湿以及空气污染等)。

5. 在作业活动中,由于人的心理因素的影响会导致事故的发生。安全心理学是针对人的心理因素进行的研究,主要内容包括能力、气质、情绪与情感、意志等。下列选项中属于能力的有(　　)。

A. 自律能力　　B. 感觉和感知能力　　C. 思维能力

D. 注意力　　E. 操作能力

【答案】BCDE

【解析】能力是指一个人完成一定任务的本领,或者说,能力是人们顺利完成某种任务的心理特征。能力标志着人的认识活动在反映外界事物时所达到的水平。影响能力的因素很多,主要有感觉、知觉、观察力、注意力、记忆力、思维想象力和操作能力等。

6. 可靠性是指系统或产品在规定的条件下和规定的时间内完成规定功能的能力。可靠性设计的目的是保证系统或产品的可靠性得以实现。人机系统可靠性设计应遵循一系列基本原则。下列各项原则中,属于人机系统可靠性设计的基本原则有(　　)。

A. 系统的整体可靠性原则　　B. 技术经济原则　　C. 高维修度原则

D. 人机工程学原则　　E. 相邻系统波及事故的处理原则

【答案】ABCD

【解析】人机系统可靠性设计基本原则:

(1)系统的整体可靠性原则

从人机系统的整体可靠性出发,合理确定人与机器的功能分配,从而设计出经济可靠的人机系统。一般情况下,机器的可靠性高于人的可靠性,实现生产的机械化和自动化,就可将人从机器的危险点和危险环境中解脱出来,从根本上提高了人机系统可靠性。

(2)高可靠性组成单元要素原则

系统要采用经过检验的、高可靠性单元要素来进行设计。

(3)具有安全系数的设计原则

由于负荷条件和环境因素随时间而变化,所以可靠性也是随时间变化的函数,并且随时间的增加,可靠性在降低。因此,设计的可靠性和有关参数应具有一定的安全系数。

(4)高可靠性方式原则

为提高可靠性,宜采用冗余设计、故障安全装置、自动保险装置等高可靠度结构组合方式。

(5)标准化原则

为减少故障环节,应尽可能简化结构,尽可能采用标准化结构和方式。

(6)高维修度原则

为便于检修故障,且在发生故障时易于快速修复,同时为考虑经济性和备用方便,应采用零件标准化、部件通用化、设备系列化的产品。

(7)事先进行试验和进行评价的原则

对于缺乏实践考验和实用经验的材料和方法,必须事先进行试验和科学评价,然后再根据其可靠性和安全性而选用。

(8)预测和预防的原则

要事先对系统及其组成要素的可靠性和安全性进行预测。对已发现的问题加以必要的改善，对易于发生故障或事故的薄弱环节和部位也要事先制订预防措施和应变措施。

(9)人机工程学原则

从正确处理人-机-环境的合理关系出发，采用人类易于使用并且差错较少的方式。

(10)技术经济性原则

不仅要考虑可靠性和安全性，还必须考虑系统的质量因素和输出功能指标。其中还包括技术功能和经济成本。

(11)审查原则

既要进行可靠性设计，又要对设计进行可靠性审查和其他专业审查，也就是要重申和贯彻各专业各行业提出的评价指标。

(12)整理准备资料和交流信息原则

为便于设计工作者进行分析、设计和评价，应充分收集和整理设计者所需要的数据和各种资料，以有效地利用已有的实际经验。

(13)信息反馈原则

应对实际使用的经验进行分析之后，将分析结果反馈给有关部门。

(14)设立相应的组织机构

为实现高可靠性和高安全性的目的，应建立相应的组织机构，以便有力推进综合管理和技术开发。

7. 机械制造场所的状态安全直接或间接涉及设备和人的安全。下列关于机械制造场所安全技术的说法中，正确的是(　　)。

A. 采光：自然光(白天)与人工照明(夜间及阴天)相结合，保证有足够的光照度等

B. 通道：厂区车辆双向行驶的干道宽度不小于 5 m，进入厂区门口，危险地段需设置限速限高牌、指示牌和警示牌等

C. 设备布局：设备间距，大型设备＞2 m，中型设备＞1 m，小型设备＞0.7 m 等

D. 物料堆放：划分毛坯等生产场所，物料摆放超高有一定限制；工器具放在指定部位；产品坯料等应限量存入等

E. 地面状态：为生产而设置的坑、壕、池应完全封闭

【答案】ABC

【解析】机械制造场所安全技术包括：①采光。生产场所采光是生产必须的条件，如果采光不良，长期作业，容易使操作者眼睛疲劳、视力下降，产生误操作或发生意外伤亡事故。同时，合理采光对提高生产效率和保证产品质量有直接的影响。因此，生产场所应有足够的光照度，以保证安全生产的正常进行。生产场所一般白天依赖自然采光，在阴天及夜间则由人工照明采光作为补充和代替。生产场所的内照明应满足《工业企业照明设计标准》的要求。②通道。通道包括厂区主干道和车间安全通道。厂区主干道是指汽车通行的道路，是保证厂内车辆行驶、人员流动以及消防灭火、救灾的主要通道；车间安全通道是指为了保证职工通行和安全运送材料、工件而设置的通道。③设备布局。车间生产设备设施的摆放、相互之间的距离以及与墙、柱的距离，操作者的空间，高处运输线的防护罩网，均与操作人员的安全有很大关系。如果设备布局不合理或错误，操作者空间窄小，当设备部件移动或工件、材料等飞出时，容易造成人员的伤害或意外事故。④物料堆放。生产场所的工位器具、工件、材料摆放不当，不仅妨碍操作，而且容易引起设备损坏和伤害事故。为此，要求：生产场所应划分毛坯区，成品、半成品区，工位器具区，废物垃圾

区。原材料、半成品、成品应按操作顺序摆放整齐，有固定措施，平衡可靠。一般摆放方位同墙或机床轴线平行，尽量堆垛成正方形。⑤地面状态。生产场所地面平坦、清洁是确保物料流动、人员通行和操作安全的必备条件。为此，要求人行道、车行道和宽度符合规定。

8. 冲压设备的安全装置有机械式、光电式等多种形式。下列安全装置中，属于机械式的有（ ）安全装置。

A. 推手式　　B. 双手按钮式　　C. 拉手式　　D. 摆杆护手式　　E. 感应式

【答案】ACD

【解析】机械式防护装置主要有3种类型：①推手式保护装置；②摆杆护手装置；③拉手安全装置。

9. 在木材加工过程中，刀轴转动的自动化水平低，存在较多危险因素。下列关于安全技术措施的说法中，正确的有（ ）。

A. 木工机械的刀轴与电器应有安全联控装置

B. 圆锯机上应安装分离刀和活动防护罩

C. 刨床采用开有小孔的定位垫片降低噪声

D. 手压平刨刀轴必须使用方刀轴

E. 带锯机应装设锯盘制动控制器

【答案】ABCE

【解析】在木材加工诸多危险因素中，机械伤害的危险性大，发生概率高，火灾爆炸事故更是后果严重。有的危险因素对人体健康构成长期的伤害。这些问题应在木材加工行业的综合治理中统筹考虑。在设计上，就应使木工机械具有完善的安全装置，包括安全防护装置、安全控制装置和安全报警信号装置等。其安全技术要求为：按照“有轮必有罩、有轴必有套和锯片有罩、锯条有套、刨(剪)切有挡”的安全要求，以及安全器送料的安全要求，对各种木工机械配置相应的安全防护装置。徒手操作者必须有安全防护措施。对产生噪声、木粉尘或挥发性有害气体的机械设备，应配置与其机械运转相连接的消声、吸尘或通风装置，以消除或减轻职业危害，维护职工的安全和健康。木工机械的刀轴与电器应有安全联控装置，在装卸或更换刀具及维修时，能切断电源并保持断开位置，以防止误触电源开关或突然供电启动机械，造成人身伤害事故。针对木材加工作业中的木料反弹危险，应采用安全送料装置或设置分离刀、防反弹安全屏护装置，以保障人身安全。在装设正常启动和停机操纵装置的同时，还应专门设置遇事故紧急停机的安全控制装置。按此要求，对各种木工机械应制订与其配套的安全装置技术标准。国产定型的木工机械，供货时必须配有完备的安全装置，并供应维修时所需的安全配件，以便在安全防护装置失效后予以更新；对早期进口或自制、非定型、缺少安全装置的木工机械，使用单位应组织力量研制和配置相应的安全装置，使所用的木工机械都有安全装置，特别是对操作者有伤害危险的木工机械。对缺少安全装置或安全装置失效的木工机械，应禁止使用。

(1)带锯机安全装置。带锯机的各个部分，除了锯卡、导向辊的底面到工作台之间的工作部分外，都应用防护罩封闭。锯轮应完全封闭，锯轮罩的外圆面应该是整体的。锯卡与上锯轮罩之间的防护装置应罩住锯条的正面和两侧面，并能自动调整，随锯卡升降。锯卡应轻轻附着锯条，而不是紧卡着锯条，用手溜转锯条时应无卡塞现象。带锯机主要采用液压可调式封闭防护罩遮挡高速运转的锯条，使裸露部分与锯割木料的尺寸相适应，既能有效地进行锯割，又能在锯条“放炮”或断条、掉锯时，控制锯条崩弹、乱扎，避免对操作者造成伤害，同时可以防止工人在操作过程中手指误触锯条造成伤害事故。对锯条裸露的切割加工部位，为便于操作者观察和控制，还应设置相应的网状防护罩，防止加工锯屑等迸溅，造成人身伤害事故。带锯机停机时，由于受惯性力的作用将继续转动，此时若手不小心触及锯条，就会造成误伤。为使其能迅速停机，应装设锯盘制动控制器。带锯机破损时，亦可使用锯盘制动器，使其停机。

(2)圆锯机安全装置。为了防止木料反弹的危险，圆锯上应装设分离刀(松口刀)和活动防护罩。分离刀的作用是使木料连续分离，使锯材不会紧贴转动的刀片，从而不会产生木料反弹。活动罩的作用是遮住圆锯片，防止手过度靠近圆锯片，同时也能有效防止木料反弹。圆锯机安全装置通常由防护罩、导板、分离刀和防木料反弹挡架组成。弹性可调式安全防护罩可随锯割木料尺寸大小而升降，既便于推料进锯，又能控制锯屑飞溅和木料反弹；过锯木料由分离刀扩张锯口防止因夹锯造成木料反弹，并有助于提高锯割效率。圆锯机超限的噪声也是严重的职业危害，直接损害操作者的健康，应安装相应的消声装置。

(3)木工刨床安全装置。刨床对操作者的人身伤害，一是徒手推木料容易伤害手指，二是刨床噪声产生职业危害。平刨伤手为多发性事故，一直未能很好解决。较先进的方法是采用光电技术保护操作者，当前国内应用效果不理想；较适用有效的方法是在刨切危险区域设置安全挡护装置，并限定与台面的间距，可阻挡手指进入危险区域，实际应用效果较好。降低噪声可采用开有小孔的定位垫片，能降低噪声 10～15 dB(A)。

总之，大多数木工机械都有不同程度的危险或危害。有针对性地增设安全装置，是保护操作者身心健康和安全，促进和实现安全生产的重要技术措施。木工机械事故中，手压平刨上发生的事故占多数，因此，在手压平刨上必须有安全防护装置。为了安全，手压平刨刀轴的设计与安装须符合下列要求：必须使用圆柱形刀轴，绝对禁止使用方刀轴。压力片的外缘应与刀轴外圆相合，当手触及刀轴时，只会碰伤手指皮，不会被切断。刨刀刃口伸出量不能超过刀轴外径 1.1 mm。刨口开口量应符合规定。

10. 锻造机械结构应保证设备运行、安装、拆卸和检修等过程中的安全。下列关于安全措施的说法中，正确的有(　　)。

A. 外露防护装置的防护罩用铰链安装在锻压设备的转动部件上

B. 锻压机械的机架和突出部分不得有棱角和毛刺

C. 启动装置的结构应能防止锻压机械意外地开动或自动开动

D. 锻压机械的启动装置必须能保证对设备进行迅速开关

E. 安全阀的重锤必须封在带锁的锤盒内

【答案】BCDE

【解析】锻压机械的结构不但应保证设备运行中的安全，而且应能保证安装、拆卸和检修等各项工作的安全；此外，还必须便于调整和更换易损件，便于对在运行中应取下检查的零件进行检查。

(1)锻压机械的机架和突出部分不得有棱角或毛刺。

(2)外露的传动装置(齿轮传动、摩擦传动、曲柄传动或皮带传动等)必须有防护罩。防护罩需用铰链安装在锻压设备的不动部件上。

(3)锻压机械的启动装置必须能保证对设备进行迅速开关，并保证设备运行和停车状态的连续可靠。

(4)启动装置的结构应能防止锻压设备意外地开动或自动开动。较大型的空气锤或蒸汽-空气自由锤一般是用手柄操纵的，应该设置简易的操作室或屏蔽装置。模锻锤的脚踏板也应置于某种挡板之下，操作者需将脚伸入挡板内进行操纵。设备上使用的模具都必须严格按照图样上提出的材料和热处理要求进行制造，紧固模具的斜楔应经退火处理，锻锤端部只允许局部淬火，端部一旦卷曲，则应停止使用或修复后再使用。

(5)电动启动装置的按钮盒，其按钮上需标有“启动”“停车”等字样。停车按钮为红色，其位置比启动按钮高 10～12 mm。

(6)高压蒸汽管道上必须装有安全阀和凝结罐，以消除水击现象，降低突然升高的压力。

(7)蓄力器通往水压机的主管上必须装有当水耗量突然增高时能自动关闭水管的装置。

(8)任何类型的蓄力器都应有安全阀。安全阀必须由技术检查员加铅封，并定期进行检查。

(9)安全阀的重锤必须封在带锁的锤盒内。

(10)安设在独立室内的重力式蓄力器必须装有荷重位置指示器，使操作人员能在水压机的工作地点上观察到荷重的位置。

(11)新安装和经过大修理的锻压设备应该根据设备图样和技术说明书进行验收和试验。

(12)操作人员应认真学习锻压设备安全技术操作规程，加强设备的维护、保养，保证设备的正常运行。

11. 能力标志着人的认识活动在反映外界事物时所达到的水平，影响能力的因素有(　　)。

A. 观察力　B. 注意力　C. 克制力　D. 思维想象力　E. 操作能力

【答案】ABDE

【解析】能力是指一个人完成一定任务的本领，或者说，能力是人们顺利完成某种任务的心理特征。能力标志着人的认识活动在反映外界事物时所达到的水平。影响能力的因素很多，主要有感觉、知觉、观察力、注意力、记忆力、思维想象力和操作能力等。

12. 机械安全故障诊断技术包括信号分析、状态分析和材料分析技术等。常见的材料表面缺陷检测探伤方法包括(　　)。

A. 温度探伤　B. 磁粉探伤　C. 渗透探伤　D. 涡流探伤　E. γ 射线探伤

【答案】BCD

【解析】常见材料缺陷检测方法包括磁粉探伤、渗透探伤和涡流探伤等几种。①磁粉探伤的原理是利用铁磁性试件的导磁性实现的。铁磁物质导磁性比空气强得多，因此表面缺陷处磁阻大，而易产生漏磁场，吸引磁粉，形成磁粉堆积。通过观察磁粉聚集情况就可以确定被探测工件的表面缺陷或近表面缺陷。②渗透探伤依据的是物理化学中的液体对固体的润湿能力和毛细现象(渗透和上升)。检测时先将工件表面涂上具有高度渗透能力的渗透液，渗透液由于润湿作用及毛细现象而进入工件的表面缺陷中，然后将工件表面多余的渗透液清洗干净，再涂一层亲和力强的显像剂，将渗入裂纹中的渗透液吸出来，在显像剂上便显现出缺陷的形状和位置的鲜明图案。③涡流探伤。当通电线圈接近被测表面时，导电的试件表面层将产生涡状电流(简称涡流)，涡流又会产生交变磁场，交变磁场又会在激励线圈中感应出电流。由于涡流与表面状态有关，感应电流的大小、方向及相位等就会反映出表面缺陷的信息；涡流探伤就是利用这种信息来检测表面缺陷的。

13. 机械制造场所的通道包括厂区干道和车间安全通道。通道的规划、设置与厂内车辆安全行驶、人员安全通行、物料安全运送、灭火救灾等有密切关系。下列关于机械制造场所通道的说法中，正确的有(　　)。

A. 车辆双向行驶的干道的宽度不应小于 5 m

B. 厂区干道的危险地段应设有限速、限高等类型的警示标志

C. 电瓶车通道宽度应大于 1.5 m

D. 通道边沿标记应醒目，拐弯处应画成直角边沿线

E. 人行通道的宽度应大于 0.5 m

【答案】AB

【解析】通道包括厂区主干道和车间安全通道。厂区主干道是指汽车通行的道路，是保证厂内车辆行驶、人员流动以及消防灭火、救灾的主要通道；车间安全通道是指为了保证职工通行和安全运送材料、工件而设置的通道。

(1)厂区干道的路面要求。车辆双向行驶的干道宽度不小于5 m，有单向行驶标志的主干道宽度不小于3 m。进入厂区门口，危险地段需设置限速限高牌、指示牌和警示牌。

(2)车间安全通道要求。通行汽车的宽度>3 m，通行电瓶车的宽度>1.8 m，通行手推车、三轮车的宽度>1.5 m，一般人行通道的宽度>1 m。

(3)通道的一般要求。通道标记应醒目，画出边沿标记，转弯处不能形成直角。通道路面应平整，无台阶、坑、沟和凸出路面的管线。道路土建施工应有警示牌或护栏，夜间应有红灯警示。

14. 冲压(剪)作业应有完善的安全措施。下列安全措施中，属于冲压(剪)作业的有(　　)。

A. 使用弹性夹钳等专用工具代替手工操作

B. 通过改进模具以减少危险面积

C. 安装黄颜色闪烁信号灯

D. 安装拉手式安全装置

E. 就近安装录像监控装置

【答案】ABD

【解析】冲压作业的安全技术措施范围很广，包括改进冲压作业方式、改革冲模结构、实现机械化自动化、设置模具和设备的防护装置等。

(1)使用安全工具。使用安全工具操作时，用专用工具将单件毛坯放入模内并将冲制后的零件、废料取出，实现模外作业，避免用手直接伸入上下模口之间，保证人体安全。采用劳动强度小、使用灵活方便的手工工具。目前，使用的安全工具一般根据本企业的作业特点自行设计制造。按其不同特点，大致归纳为以下5类：弹性夹钳、专用夹钳(卡钳)、磁性吸盘、真空吸盘、气动夹盘。

(2)模具作业区防护措施。模具防护的内容包括：在模具周围设置防护板(罩)；通过改进模具减少危险面积，扩大安全空间；设置机械进出料装置，以此代替手工进出料方式，将操作者的双手隔离在冲模危险区之外，实行作业保护。模具安全防护装置不应增大劳动强度。

(3)冲压设备的安全装置。冲压设备的安全装置形式较多，按结构分为机械式、按钮式、光电式、感应式等。

①机械式防护装置。主要有以下3种类型：推手式保护装置，是一种与滑块联动的，通过挡板的摆动将手推离开模口的机械式保护装置；摆杆护手装置，又称拨手保护装置，是运用杠杆原理将手拨开的装置；拉手安全装置，是一种用滑轮、杠杆、绳索将操作者的手动作与滑块运动联动的装置。机械式防护装置结构简单、制造方便，但对作业干扰影响较大，操作人员不太喜欢使用，有局限性。

②双手按钮式保护装置。是一种用电气开关控制的保护装置。启动滑块时，强制将人手限制在模外，实现隔离保护。只有操作者的双手同时按下两个按钮时，中间继电器才有电，电磁铁动作，滑块启动。凸轮中开关在下死点前处于开路状态，若中途放开任何一个开关时，电磁铁都会失电，使滑块停止运动，直到滑块到达下死点后，凸轮开关才闭合，这时放开按钮，滑块仍能自动回程。

③光电式保护装置。是由一套光电开关与机械装置组合而成的。它是在冲模前设置各种发光源，形成光束并封闭操作者前侧、上下模具处的危险区。当操作者手停留或误入该区域时，使光束受阻，发出电信号，经放大后由控制线路作用使继电器动作，最后使滑块自动停止或不能下行，从而保证操作者人身安全。光电式保护装置按光源不同，可分为红外光电保护装置和白炽光

电保护装置。

15. 木工平刨刀具主轴转速高，手工送料、工件质地不均匀等因素可构成安全隐患。下列关于木工平刨的设计和操作的说法中，正确的有（　　）。

A. 应有紧急停机装置

B. 刀具主轴为方截面轴

C. 刨削时压力片与刀具刨削点应在同一垂直线上

D. 刨床不带电金属部位应连接保护线

E. 刨削深度不得超过刨床产品规定的数值

【答案】ACDE

【解析】在设计上，就应使木工机械具有完善的安全装置，包括安全防护装置、安全控制装置和安全报警信号装置等。其安全技术要求为：

（1）按照“有轮必有罩、有轴必有套和锯片有罩、锯条有套、刨（剪）切有挡”的安全要求，以及安全器送料的安全要求，对各种木工机械配置相应的安全防护装置。徒手操作者必须有安全防护措施。

（2）对产生噪声、木粉尘或挥发性有害气体的机械设备，应配置与其机械运转相连接的消声、吸尘或通风装置，以消除或减轻职业危害，维护职工的安全和健康。

（3）木工机械的刀轴与电器应有安全联控装置，在装卸或更换刀具及维修时，能切断电源并保持断开位置，以防止误触电源开关或突然供电启动机械，造成人身伤害事故。

（4）针对木材加工作业中的木料反弹危险，应采用安全送料装置或设置分离刀、防反弹安全屏护装置，以保障人身安全。

（5）在装设正常启动和停机操纵装置的同时，还应专门设置遇事故紧急停机的安全控制装置。按此要求，对各种木工机械应制订与其配套的安全装置技术标准。国产定型的木工机械，供货时必须配有完备的安全装置，并供应维修时所需的安全配件，以便在安全防护装置失效后予以更新；对早期进口或自制、非定型、缺少安全装置的木工机械，使用单位应组织力量研制和配置相应的安全装置，使所用的木工机械都有安全装置，特别是对操作者有伤害危险的木工机械。对缺少安全装置或安全装置失效的木工机械，应禁止使用。

木工机械事故中，手压平刨上发生的事故占多数，因此在手压平刨上必须有安全防护装置。

为了安全，手压平刨刀轴的设计与安装须符合下列要求：

（1）必须使用圆柱形刀轴，绝对禁止使用方刀轴。

（2）压力片的外缘应与刀轴外圆相合，当手触及刀轴时，只会碰伤手指皮，不会被切断。

（3）刨刀刃口伸出量不能超过刀轴外径 1.1 mm。

（4）刨口开口量应符合规定。

16. 锻造是一种利用锻压机械对金属坯料施加压力，使其产生塑性变形以获得具有一定机械性能，一定形状和尺寸的加工方法。锻造的主要设备有锻锤、压力机、加热炉等。下列危险有害因素中，属于锻造作业过程中产生的有（　　）。

A. 电磁辐射　　B. 低频噪声和振动　　C. 空气中存在的烟尘

D. 工件的热辐射　　E. 苯浓度超标

【答案】BCD

【解析】锻造作业危险有害因素包括：①火灾及爆炸；②灼烫；③机械伤害；④高处坠落；⑤尘毒危害；⑥噪声振动；⑦高温和热辐射。

17. 安全心理学是研究人在劳动过程中伴随生产工具、机械设备、工作环境、作业人员之间关系而产生的安全需要、安全意识及其反应行动等心理活动的一门科学。气质是安全心理学主要的研究内容之一，下列气质特征中，倾向于性情急躁、主观任性的典型特征有（　　）。

A. 精力旺盛　　B. 行动迟缓　　C. 热情直率　　D. 沉着冷静　　E. 耐心谨慎

【答案】AC

【解析】气质的表现特征有以下 4 种：

(1)精力旺盛、热情直率、刚毅不屈的人也往往易于性情急躁、主观任性；

(2)灵活机智、活泼好动、善于交际、性格开朗的人也往往易于情绪多变、生活散漫、轻举妄动；

(3)安静、稳定、情绪不外露、沉着踏实、从容不迫、耐心谨慎的人也往往易于因循守旧、动作缓慢、沉默寡言；

(4)孤僻寡言、心绪消沉、行动迟缓、自卑退让的人也往往会平易近人、容易相处、谦虚谨慎。

18. 维修性是衡量产品在发生故障或失效时，实施维修难易程度和经济性的固有质量特性，提高产品的维修性可改善其系统效能，减少产品寿命周期费用。为了使机械产品具有良好的维修性，需要进行有效的维修性设计。维修性设计中应考虑的主要问题有（　　）。

A. 可达性　　B. 可靠性　　C. 维修人员的安全

D. 维修人员的操作技能　　E. 零组部件的标准化和互换性

【答案】ACE

【解析】维修性设计是指产品设计时，设计师应从维修的观点出发，保证当产品一旦出故障，能容易地发现故障，易拆、易检修、易安装，即可维修度要高。维修度是产品的固有性质，它属于产品固有可靠性的指标之一。维修度的高低直接影响产品的维修工时、维修费用，影响产品的利用率。下面就维修性设计中应考虑的主要问题作简要介绍。

(1)可达性

所谓可达性是指检修人员接近产品故障部位进行检查、修理操作、插入工具和更换零件等维修作业的难易程度。

(2)零组部件的标准化与互换性

产品设计时应力求选用标准件，以提高互换性，这将会给产品的使用维修带来很大方便。因为标准化零件质量有保证，品种和规格大大减少，于是就可以减少备件库存和资金积压，既能保证供应，又简化管理。

(3)维修人员的安全

产品在结构设计时除考虑操作人员的安全外，还必须考虑维修人员的安全，而这后一项工作往往最容易被人们忽视。

19. 机械伤害的危险性与机械的类型、用途及操纵人员的技能、工作态度密切相关。预防机械伤害包括两方面对策：一是实行机械本质安全；二是保护操作者及有关人员的安全。下列措施中，属于保护操作者及有关人员安全的措施有（　　）。

A. 通过对机器的重新设计，使危险部位更加醒目

B. 通过培训，提高避免伤害的能力

C. 采用多人轮班作业的劳动方式

D. 采取必要的行动增强避免伤害的自觉性

E. 通过培训，提高人们辨别危险的能力

【答案】ABDE

【解析】预防机械伤害的对策包括实现机械本质安全和提高操作人员安全素质：①通过培训来提高人们辨别危险的能力；②通过对机器的重新设计，使危险更加醒目（或者使用警示标志）；

③通过培训，提高避免伤害的能力；④采取必要的行动来避免伤害的自觉性。

20. 冲压(剪)作业是靠压力机械和模具对管材、带材等施加外力，使之变形或分离获得所需冲压件的加工方法。冲压(剪)事故可能发生在冲压(剪)机械的各个部位。冲压(剪)作业的主要危险因素有(　　)。

A. 操作者使用弹性夹钳送进工件

B. 关键零件磨损、变形导致机器动作失控

C. 控制开关失灵导致机器错误动作

D. 模具缺陷导致意外状态

E. 刚性离合器一旦接合运行，将完成冲压(剪)的一个循环

【答案】 BCDE

【解析】 冲压作业的危险主要有：设备结构具有的危险，动作失控，开关失灵，模具的危险。

21. 金属铸造是将熔融的金属注入、压入或吸入铸模的空腔中使之成型的加工方法。铸造作业中存在火灾及爆炸、灼烫、高温和热辐射等多种危险有害因素。因此，铸造作业应有完善的安全技术措施。下列关于浇注作业的安全措施中，正确的有(　　)。

A. 浇注前检查浇包、升降机构、自锁机构、抬架是否完好

B. 所有与铁水接触的工具使用前烘干

C. 浇包盛铁水不得超过容积的 90%

D. 操作工穿戴好防护用品

E. 现场有人统一指挥

【答案】 ABDE

【解析】 浇注作业一般包括烘包、浇注和冷却三个工序。浇注前检查浇包是否符合要求，升降机构、倾转机构、自锁机构及抬架是否完好、灵活、可靠。浇包盛铁水不得太满，不得超过容积的 80%，以免洒出伤人。浇注时，所有与金属溶液接触的工具，如扒渣棒、火钳等均须预热，防止与冷工具接触产生飞溅。

22. 锻造是一种利用锻压机对金属坯料施加压力，使其产生塑性变形以获得具有一定的机械性能、一定形状和尺寸的锻件的加工方法。锻造的主要设备有锻锤、压力机、加热炉等。下列关于锻造设备安全技术措施的说法中，正确的有(　　)。

A. 锻造机械的机架和突出部位不得有棱角

B. 蓄力器应装有安全阀，且安全阀的重锤应位于明处

C. 控制按钮有按钮盒，启动按钮为红色按钮，停车按钮为绿色按钮

D. 启动装置的结构和安装应能防止锻造设备意外开启或自动开启

E. 外露的齿轮传动、摩擦传动、曲柄传递、皮带传动机构有防护罩

【答案】 ADE

【解析】 锻压机械的结构不但要保证设备运行中的安全，而且要能保证安装、拆卸和检修等各项工作的安全；此外，还必须便于调整和更换易损件，便于对在运行中要取下检查的零件进行检查。

锻造设备的安全技术措施详见前面第 10 题答案解析。

23. 机械安全是指机器在预定使用条件下执行其功能和在对其进行运输、安装、调试、运行、维修、拆卸和处理时，不致对操作者造成损伤或危害其健康的能力。机械安全的特性包括(　　)。

A. 系统性　　B. 友善性　　C. 防护性　　D. 局部性　　E. 整体性

【答案】 ABCE

【解析】 现代机械安全应具有以下几方面的特性。

(1)系统性

现代机械的安全应建立在心理、信息、控制、可靠性、失效分析、环境学、劳动卫生、计算机等科学技术基础上,并综合与系统地运用这些科学技术。

(2)防护性

通过对机械危险的智能化设计,应使机器在整个寿命周期内发挥预定功能,包括误操作时,其机器和人身均是安全的,使人对劳动环境、劳动内容和主动地位的提高得到不断改善。

(3)友善性

机械安全设计涉及人和人所控制的机器,它在人与机器之间建立起一套满足人的生理特性、心理特性,充分发挥人的功能的、提高人机系统效率的安全系统,在设计中通过减少操作者的紧张和体力来提高安全性,并以此改善机器的操作性能和提高其可靠性。

(4)整体性

现代机械的安全设计必须全面、系统地对导致危险的因素进行定性、定量分析和评价,整体寻求降低风险的最优设计方案。

24. 施工升降机是提升建筑材料和升降人员的重要设施,如果安全防护装置缺失或失效,容易导致坠落事故。下列关于施工升降机连锁安全装置的说法中,正确的有(　　)。

A. 只有当安全装置关合时,机器才能运转

B. 连锁安全装置出现故障时,应保证人员处于安全状态

C. 只有当机器的危险部件停止运行时,安全装置才能开启

D. 连锁安全装置不能与机器同时开启但能同时闭合

E. 连锁安全装置可采用机械、电气、液压、气动或组合的形式

【答案】ABCE

【解析】本题考查的是连锁安全装置。连锁安全装置的基本原理:只有安全装置关合时,机器才能运转;而只有机器的危险部件停止运动时,安全装置才能开启。连锁安全装置可采取机械、电气、液压、气动或组合的形式。在设计连锁装置时,必须使其在发生任何故障时,都不使人员暴露在危险之中。

25. 砂轮机是机械工厂最常用的机械设备之一,其主要特点是易碎、转速高、使用频繁和易伤人。砂轮在使用时有严格的操作程序和规定,违反操作规程将给操作人员造成伤害。下列关于砂轮机操作要求的说法中,正确的有(　　)。

A. 不许站在砂轮正面操作　　B. 允许在砂轮侧前方操作　　C. 不允许多人共同操作

D. 禁止侧面磨削　　E. 允许砂轮正反转

【答案】ACD

【解析】本题考查的是砂轮机的使用。砂轮机的使用应注意:禁止侧面磨削,不准正面操作,不准共同操作。

26. 人与机器的功能和特性在很多方面有着显著的不同,为充分发挥各自的优点,需要进行人机功能的合理分配。下列工作中,适合机器完成的有(　　)。

A. 快速、高可靠性、高精度的工作

B. 单调、操作复杂、简单决策的工作

C. 持久、笨重的工作

D. 环境条件差、规律性、输出功率大的工作

E. 灵活性差、高干扰、信号检测的工作

【答案】ACD

【解析】本题考查的是人机功能分配原则。人机功能合理分配的原则应该是：笨重的、快速的、持久的、可靠性高的、精度高的、规律性的、单调的、高价运算的、操作复杂的、环境条件差的工作，适合于机器来做；而研究、创造、决策、指令和程序的编排、检查、维修、故障处理及应付不测等工作，适合于人来承担。

27. 在设计阶段无法实现设备的本质安全时，为尽可能降低危险，应设置安全装置。安全装置通过自身的结构功能限制或防止机器的某种危险，例如限制运动速度降低工作噪声等。设置安全装置时需要考虑的因素包括(　　)。

A. 对机器可靠性的影响　　B. 强度、刚度、稳定性和耐久性

C. 作业的可视性　　D. 消除产生危险的原因

E. 对其他危险的控制

【答案】ABCE

【解析】选项D中消除产生危险的原因是在设计阶段实现设备的本质安全时需要考虑的因素。

28. 金属切削机床是用切削方法将毛坯加工成机器零件的设备，其危险因素包括静止部件的危险因素和运动部件的危险因素，如控制不当，就可能导致伤害事故的发生。为避免金属切削机床机械伤害事故发生，常采用的安全措施有(　　)。

A. 零部件装卡牢固　　B. 用专用工具，戴护目镜

C. 尾部安装防弯装置　　D. 及时维修安全防护、保护装置

E. 操作人员须远离机床

【答案】ABCD

【解析】安全措施需要既能够保障操作人员的安全，又不影响设备正常运转与人员操作。选项A能够防止零部件装卡不牢引发的机械伤害；选项B能够保障操作人员眼部安全；选项C防弯装置能够防止因切削物料变形、突出引发的机械伤害；选项D能够保障安全措施的正常使用。

29. 电加热熔炼炉冷却水管漏水，若接触到高温金属熔液极易引起爆炸。为预防此类爆炸事故发生，应采取的措施有(　　)。

A. 设置水冷却系统泄漏监测和报警装置

B. 设置防止水进入炉内的安全设施

C. 定期维护、检修设备

D. 泄爆口应确保释放压力的速度能保证炉体结构不受损

E. 贮存坑周边应设置栅栏或加盖保护，坑内应无积水、积油

【答案】ABCE

【解析】题干中要求的是事故预防阶段应采取的措施，选项D不属于事故预防阶段的措施。

30. 维修性设计是指产品设计时，应当从维修的观点出发，若产品一旦出现故障时能容易地发现故障，易拆、易检修、易安装，即可维修度要高。下列因素中，属于维修性设计中应考虑的主要因素是(　　)。

A. 可达性　　B. 零组部件的标准化和互换性

C. 维修的时间　　D. 维修的费用

E. 维修人员的安全

【答案】ABE

【解析】机械设备的维修性须考虑可达性，即检维修人员能够方便针对故障区域进行检维修，同时需要保障维修人员的安全。在机械设备进行检维修时，应保证零部件的标准化和互换

性，以提高机械设备的检维修效率。因此，选项A、B、E正确。机械设备的维修时间及维修费用与故障点、故障大小、故障严重程度、机械设备种类等有关。

31. 旋转机械的运动部分是最容易造成卷入危险的部位，为此，应针对不同类型的机械采取不同的防护措施以减少卷入危险的发生。下列针对机械转动部位的防卷入措施的要求中，正确的有(　　)。

A. 无凸起光滑的轴旋转时存在将衣物挂住，并将其缠绕进去的危险，故应在其暴露部分安装护套

B. 对于有凸起部分的转动轴，其凸起物能挂住衣物和人体，故这类轴应做全面固定封闭罩

C. 对于辊轴交替驱动辊式输送机，应在运动辊轴的上游安装防护罩

D. 对于对旋式轧辊，即使相邻轧辊的间距很大，也有造成手臂等被卷入的危险，应设钳型罩防护

E. 通过牵引辊送料时，为防止卷入，应采取在开口处安装钳型条、减小开口尺寸的方式进行防护

【答案】AB

【解析】选项C错误，对于辊轴交替驱动辊式输送机一般分为左侧或右侧型，防护罩的具体位置应设置在作业人员工作的作业面处。选项E错误，牵引辊送料时，不得以缩小开口尺寸的方式进行送料，牵引辊之间要保障一定接触距离以便能够进行传动。选项A和选项B正确，根据《机械设备防护标准》的相关规定，所有的轴端安装防护装置，转动机械的防护罩包括转动机械的全部外露转动部分的防护罩，含转动机械的联轴器、传动皮带、机械密封等处(或盘根)的所有转动部分。选项D存在争议，对旋轧辊工作原理是使材料通过轧辊压制改变原来的形状，一般保证送料的安全距离，轧辊转动的两侧端部应设置防护罩进行保护，而非全部防护起来。

32. 砂轮装置由砂轮、主轴、卡盘、垫片、紧固螺母组成。砂轮装置安全防护的重点是砂轮，砂轮的安全与主轴和卡盘等组成部分的安全技术措施直接相关。下列针对砂轮主轴和卡盘的安全要求中，正确的有(　　)。

A. 卡盘与砂轮侧面的非接触部分应有小于1.5 mm的间隙

B. 一般用途砂轮卡盘直径不得小于砂轮直径的1/3

C. 主轴端部螺纹应足够长，保证整个螺母旋入压紧

D. 主轴螺纹部分延伸到紧固螺母的压紧面内，但不得超过砂轮最小厚度内孔长度的1/2

E. 砂轮主轴螺纹旋向与砂轮工作时旋转方向相同

【答案】BC

【解析】选项A错误，卡盘与砂轮侧面的非接触部分应有不小于1.5 mm的足够间隙。选项D错误，砂轮主轴螺纹部分必须延伸到压紧螺母的压紧面内，但不得超过设计允许使用的最小厚度砂轮内孔长度的二分之一。选项E错误，砂轮主轴螺纹旋向与砂轮工作时旋转方向相反。这是为了防止砂轮在工作时砂轮缩紧螺帽松动脱落而造成伤害，也是为了砂轮在工作时一旦产生较大的摩擦阻力，砂轮片越转越紧而不会松动。

33. 在人和危险源之间构成安全保护屏障是安全防护装置的基本功能，为此，安全防护装置应满足与其保护功能相适应的要求。下列对安全防护装置的要求中，正确的有(　　)。

A. 安全防护装置在机器的使用寿命内应能良好地执行其功能并保证其可靠性

B. 安全防护装置零部件应有足够的强度和刚度

C. 安全防护装置应容易拆卸

D. 采用安全防护装置可以增加操作难度或强度

E. 安全防护装置不应增加任何附加危险

【答案】 ABE

【解析】 选项C错误，安全防护装置应安装可靠，不易拆卸。选项D错误，不因采用安全防护装置而增加操作难度或强度。

34. 根据人与机器各方面特性的差别，可以有效地进行人机功能的分配，进而高效地实现系统效能。关于依据人机特点进行功能分配的说法，正确的有（　　）。

A. 机器的持续性、可靠性优于人，故可将需要长时间、可靠作业的事交由机器处理

B. 人的环境适应性优于机器，故难以将一些恶劣、危险环境下的工作赋予机器完成

C. 机器探测物理化学因素的精确程度优于人，但在处理柔性物体或多因素联合问题上的能力较差

D. 人能运用更多不同的通道接收信息，并能更灵活地处理信息，机器则常按程序处理问题

E. 传统机器的学习和归纳能力不如人类，因此，对复杂问题的决策，目前仍需要人的干预

【答案】 ACDE

【解析】 根据人机特性的比较，为了充分发挥各自的优点，人机功能合理分配的原则应该是：笨重的、快速的、持久的、可靠性高的、精度高的、规律性的、单调的、高阶运算的、操作复杂的、环境条件差的工作，适合于机器来做；而研究、创造、决策、指令和程序的编排、检查、维修、故障处理及应付不测等工作，适合于人来承担。选项B错误，在特定的技术要求下，可以使某些机械在特殊的环境下进行工作。

35. 区别于3D打印造型，金属铸造是一种传统的金属热加工造型工艺，主要包括砂处理、造型、金属熔炼、浇铸、铸件处理等工序。关于铸造工艺安全健康措施的说法，正确的有（　　）。

A. 铸造工艺用球磨机的旋转滚筒应设在全密闭罩内

B. 铸造车间应布置在厂区不释放有害物质的生产建筑物的上风侧

C. 铸造用熔炼炉的烟气净化设备宜采用干式高效除尘器

D. 铸造工艺用压缩空气的气罐、气路系统应设置限位、连锁和保险装置

E. 铸造工艺用颚式破碎机的上部直接给料，落差小于1 m时，可只做密闭罩而不排风

【答案】 ADE

【解析】 选项A正确，球磨机的旋转滚筒应设在全密闭罩内。选项D正确，压缩空气的气罐、气路系统应设置限位、连锁和保险装置。选项E正确，颚式破碎机上部，直接给料，落差小于1 m时，可只做密闭罩而不排风；不论上部有无排风，当下部落差大于等于1 m时，下部均应设置排风密封罩。选项B错误，铸造车间应安排在高温车间、动力车间的建筑群内，建在厂区其他不释放有害物质的生产建筑的下风侧。选项C错误，电弧炉的烟气净化设备宜采用干式高效除尘器。

第二章　电气安全技术

大纲要求：

电气安全技术。运用电气安全相关技术和标准，辨识、分析、评价作业场所和作业过程中存在的电气安全风险，解决防触电、防静电、防雷击、电气防火防爆和其他电气安全技术问题。

一、单项选择题

基础训练

1. 生产过程中产生的静电电压的最高值能达到(　　)以上。

A. 数十伏　　B. 数百伏　　C. 数千伏　　D. 数万伏

2. 电气设备的避雷器是防止(　　)危险的防雷装置。

A. 直击雷　　B. 静电感应雷　　C. 电磁感应雷　　D. 雷电波入侵

3. 在相同的电流强度条件下，就致人死亡的可能性大小而言，最危险的电流是(　　)。

A. 工频电流　　B. 高频电流　　C. 直流电流　　D. 冲击电流

4. 变电所必须有一个完整的接地系统，其接地电阻应符合不同用途、不同电压的电气设备接地要求的(　　)。

A. 最大值　　B. 最小值　　C. 平均值　　D. 任意值

5. 最容易引发电网污闪事故的天气条件是(　　)。

A. 大雨　　B. 大风　　C. 浓雾　　D. 高温

6. 起重机驾驶室照明安全电压为(　　)V。

A. 66　　B. 24 和 36　　C. 110　　D. 154

7. TN 系统相当于传统的(　　)系统。

A. 工作接地　　B. 保护接地　　C. 重复接地　　D. 保护接零

8. TN 系统用于配电变压器低压中性点(　　)的配电系统。

A. 经电抗器接地　　B. 经高阻抗接地　　C. 直接接地　　D. 不接地

9. 某电动机保护接地装置的接地电阻为 2 Ω。该电动机漏电，流过其接地装置的最大接地电流为 8 A。当电阻为 1000 Ω 的人站在地面接触该电动机时，可能发生最严重的情况是(　　)。

A. 使该人发生心室纤维性颤动　　B. 使该人不能脱离带电体

C. 使该人有电击感觉　　D. 使该人受到严重烧伤

10. 手工电弧焊的触电事故比较多见，而且多发生在更换焊条的操作中。这是因为交流弧焊机的空载输出电压多为(　　)V。

A. 220～380　　B. 110～220　　C. 60～75　　D. 25～35

11. 某保护接地装置的接地电阻为 3 Ω，流过该接地装置的最大接地故障电流为 10 A，如果接触该设备的人的人体电阻为 1000 Ω，则在故障情况下流过人体的最大电流约为(　　)。

A. 30 mA　　B. 13 A　　C. 10 A　　D. 30 A

12. 用于防止人身触电事故的漏电保护装置应优先选用高灵敏度保护装置。高灵敏度保护装置的额定漏电动作电流不应超过(　　)mA。

A. 150　　B. 100　　C. 50　　D. 30

13. 防爆型电气设备有隔爆型、增安型、充油型、充砂型、本质安全型、正压型、无火花型等类型。本质安全型设备的标志是(　　)。

A. i　　B. e　　C. d　　D. p

14. 在建筑施工工地,必须采用(　　)配电及防护系统。

A. TN-S　　B. TN-C-S　　C. TN-C　　D. TT

15. 火灾危险环境分为有可燃液体存在的 21 区、有可燃粉体或纤维存在的 22 区和有可燃固体存在的 23 区。23 区固定安装电器的防护等级不得低于(　　)。

A. IP21　　B. IP22　　C. IP32　　D. IP44

16. 电气检修工作中,曾多次发生过违章送电导致检修人员伤亡的恶性事故。为了防止异常送电造成事故,可采取综合的技术措施和组织措施。下列有关送电的做法中,错误的是(　　)。

A. 严格执行工作票制度和监护制度

B. 严格按照计划工作时间送电

C. 在被检修装置外侧装临时接地线

D. 在被检修装置的电源开关上挂"禁止合闸,有人工作"的标志牌

17. 对于工频电流,人的感知电流为 0.5～1 mA、摆脱电流为 5～10 mA、室颤电流约为 50 mA。某事故现场如右图所示,电动机接地装置的接地电阻为 2 Ω;该电动机漏电,流过其接地装置的接地电流为 5 A,地面十分潮湿。如果电阻 1000 Ω 的人站在地面接触该电动机时,可能发生最严重的情况是(　　)。

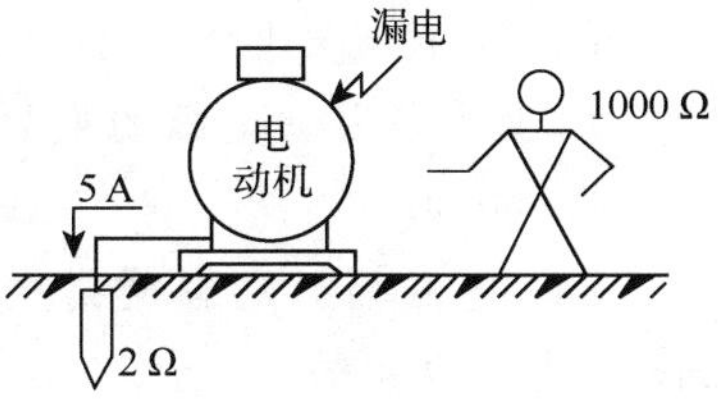

A. 引起该人发生心室纤维性颤动　　B. 使该人不能脱离带电体

C. 使该人有电击的感觉　　D. 使该人受到严重烧伤

18. 常见低压电器分为控制电器和保护电器。其中,有的低压电器用来隔离电源,有的用来正常接通和分断电路,有的用来切断短路电流。下列图所示的低压电器中,具有切断短路电流能力的是(　　)。

接触器

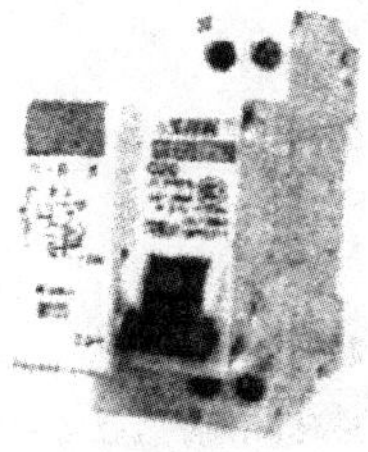
断路器

热继电器

时间继电器

A. 接触器　　B. 断路器　　C. 热继电器　　D. 时间继电器

19. 电力电缆线路主要由电力电缆、终端接头、中间接头及支撑件组成,电力电缆敷设有严格要求。下列关于电力电缆敷设要求的说法中,错误的是(　　)。

A. 电缆穿过爆炸危险环境等级不同的区域之间的隔离墙时,应当用非燃性材料严密堵塞

B. 应当将电缆线路敷设在爆炸危险性较小的位置

C. 直接埋地敷设的电缆可以采用有防腐措施的非铠装电缆

D. 电缆进入电缆沟、建筑物、开关柜处应予封堵

20. 电气火灾造成的损失在全部火灾中占据首要位置。电气设备的危险温度和电火花及电弧是引起电气火灾的直接原因。下列电气线路和电气设备的状态中，可能引起电气火灾的是(　　)。

A. 绝缘电线表面温度达到 50℃

B. 电线绝缘层内导体(芯线)受到损伤后有效截面变小

C. 运行中电动机的温度和温升都达到额定值

D. 灯泡表面烫手

21. 低压配电即防护系统的 TN 系统就是传统的保护接零系统。TN 系统的字母“T”表示配电变压器中性点直接接地，字母“N”表示设备金属外壳经保护线(PE 线与 PEN 线)连接到配电变压器的中性点。TN 系统中的 TN-S 系统指的是(　　)系统。

A. PE 线与 N 线全部分开的保护接零

B. 干线部分 PE 线与 N 线共用的保护接零

C. PE 线与 N 线前段共用后段分开的保护接零

D. 接地保护

22. 在保护接零系统中，保护导体的截面面积必须合格。当 PE 线与相线材料相同时，如相线截面面积为 16 mm^2，则 PE 线截面面积不得小于(　　)mm^2。

A. 4　　B. 6　　C. 10　　D. 16

23. 电火花是电极间的击穿放电；大量电火花汇集起来即构成电弧。电火花和电弧是引起火灾的重要原因。电弧的引燃能力很强，通常情况下，电弧的最高温度可达(　　)℃以上。

A. 4000　　B. 6000　　C. 8000　　D. 5000

24. 电磁辐射危害是指电磁波形式的能量辐射造成的危害。辐射电磁波是指频率(　　)Hz 以上的电磁波。

A. 50　　B. 1000　　C. 10 k　　D. 100 k

25. 摆脱电流是确定电流通过人体的一个重要界限。对于工频电流有效值，摆脱电流大约为(　　)。

A. 5～10 mA　　B. 50 mA　　C. 500 mA　　D. 1 A

26. 具有安全电压的电气设备是(　　)类设备。

A. Ⅲ　　B. Ⅱ　　C. Ⅰ　　D. 0Ⅰ

27. 工艺过程中产生的静电的最大危险是(　　)。

A. 给人以电击　　B. 引起过负载　　C. 引起爆炸　　D. 降低产品质量

28. 爆炸性气体、蒸气按(　　)分为ⅡA 级、ⅡB 级、ⅡC 级。

A. 引燃温度　　B. 爆炸极限

C. 最小点燃电流比和最大试验安全间隙　　D. 闪点

29. 本质安全型防爆设备或部件的标志是(　　)。

A. d　　B. e　　C. p　　D. i

30. 当接地故障电流为 20 A，电气设备保护接地的接地电阻为 4 Ω 时，故障对地电压为(　　)V。

A. 20　　B. 40　　C. 80　　D. 160

31. 制造、使用或贮存爆炸危险物质，且电火花不易引起爆炸，或不致造成巨大破坏和人身

伤亡的建筑物属于第(　　)类防雷建筑物。

A. 一　　B. 二　　C. 三　　D. 四

32. 电焊作业过程中,不常见的事故是(　　)。

A. 电击　　B. 弧光伤害　　C. 物体打击　　D. 火灾

33. 关于变配电站的设置,下列说法中,正确的是(　　)。

A. 地下变压器室的门应为防火门

B. 地下变配电站可装设油浸式变压器

C. 柱上可安装 800 kV·A 的电力变压器

D. 柱上变压器的底部距地面高度不应小于 1 m

34. 下列各种电伤中,最严重的是(　　)。

A. 电弧烧伤　　B. 皮肤金属化　　C. 电烙印　　D. 电光眼

35. 电气设备的绝缘电阻用(　　)测量。

A. 功率表　　B. 电压表　　C. 电流表　　D. 兆欧表

36. 雷电不会直接造成的危险和危害是(　　)。

A. 火灾、爆炸　　B. 坠落　　C. 触电　　D. 设备设施损坏

37. 爆炸性气体、蒸气、薄雾按其引燃温度的不同,分为(　　)个组别。

A. 4　　B. 6　　C. 8　　D. 10

38. 防爆型电气设备的隔爆标志用字母(　　)标识。

A. i　　B. d　　C. e　　D. p

39. 在线电压 380 V 的接地系统中,一般要求工作接地电阻不超过(　　)Ω。

A. 16　　B. 12　　C. 8　　D. 4

40. 异步电动机电源线路上熔断器的额定电流按电动机额定电流的 1.5～2.5 倍选取,其安全作用是实现(　　)保护。

A. 短路　　B. 缺相　　C. 漏电　　D. 过载

41. 在低压配电及防护系统中,下图表示(　　)系统。

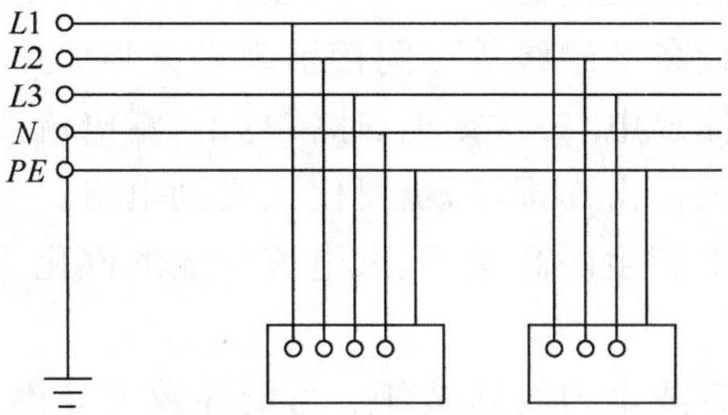

A. TT　　B. TN-S　　C. TN-C-S　　D. TN-C

42. 人的感知电流是指电流通过人体时,引起人有发麻感觉及轻微针刺感的最小电流。就工频电流有效值而言,人的感知电流为(　　)mA。

A. 0.1～0.2　　B. 0.5～1　　C. 10～100　　D. 200～300

43. 保持安全间距是一项重要的电气安全措施。在 10 kV 无遮栏作业中,人体及其所携带工具与带电体之间最小距离为(　　)m。

A. 0.7　　B. 0.5　　C. 0.35　　D. 1

44. 某电气线路正常工作电流为 10 A,线路上 1 s 的发热量为 1 J,即线路上功率损耗为 1 W;短路时,电流剧增为 100 A,则短路时线路上功率损耗为(　　)W。

A. 1　　B. 10　　C. 100　　D. 1000

45. 所有电气装置都必须具备防止电击伤害的直接接触防护和间接接触防护措施。下列防护措施中，属于防止直接接触电击伤害防护措施的是(　　)。

A. 利用避雷器防止雷电侵害　　B. 利用绝缘体对带电体进行封闭和隔离

C. TT 系统　　D. TN 系统

参考答案：

1. D	2. D	3. A	4. B	5. C
6. B	7. D	8. C	9. B	10. C
11. A	12. D	13. A	14. A	15. D
16. B	17. B	18. B	19. C	20. B
21. A	22. D	23. C	24. D	25. A
26. A	27. C	28. C	29. D	30. C
31. B	32. C	33. A	34. A	35. D
36. B	37. B	38. B	39. D	40. D
41. B	42. B	43. A	44. C	45. B

能力提升

1. 雷击有电性质、热性质、机械性质等多方面的破坏作用，并产生严重后果，对人的生命、财产构成很大的威胁。下列各种危险危害中，不属于雷击危险危害的是(　　)。

A. 引起变压器严重过负载　　B. 烧毁电力线路

C. 引起火灾和爆炸　　D. 使人遭受致命电击

【答案】A

【解析】雷电具有雷电流幅值大(可达数十千安至数百千安)、雷电流陡度大(可达 50 kA/μs)、冲击性强、冲击过电压高(可达数百千伏至数千千伏)的特点。雷电有电性质、热性质、机械性质等多方面的破坏作用，均可能带来极为严重的后果。

(1)火灾和爆炸。直击雷放电的高温电弧、二次放电、巨大的雷电流、球雷侵入可直接引起火灾和爆炸，冲击电压击穿电气设备的绝缘等可间接引起火灾和爆炸。

(2)触电。积云直接对人体放电、二次放电、球雷打击、雷电流产生的接触电压和跨步电压可直接使人触电；电气设备绝缘因雷击而损坏，也可使人遭到电击。

(3)设备和设施毁坏。雷击产生的高电压、大电流伴随的汽化力、静电力、电磁力可毁坏重要电气装置和建筑物及其他设施。

(4)大规模停电。电力设备或电力线路破坏后可能导致大规模停电。

2. 电磁辐射是以波的形式传送电磁能量，辐射电磁波的波长大致为 10 mm～3000 m。辐射电磁波的频率一般在(　　)kHz 以上。

A. 1　　B. 10　　C. 100　　D. 500

【答案】C

【解析】电磁辐射危害是指电磁波形式的能量辐射造成的危害。辐射电磁波指频率100 kHz 以上的电磁波。高频电磁波除对人体有伤害外，还能造成感应放电和高频干扰。各种无线电设备均可能产生电磁辐射。高频金属加热设备(如高频淬火设备、高频焊接设备)、高频介质加热设备(如高频热合机、绝缘材料干燥设备)也是有电磁辐射危险的设备。

3. 油浸纸绝缘电缆是火灾危险性比较大的电气装置。电缆起火的原因有外部原因和内部原因。下列电缆线路起火的原因中，属于外部原因的是（　　）。

A. 电缆终端头密封不良，受潮后发生击穿短路

B. 电缆终端头端子连接松动，打火放电

C. 破土动工时破坏电缆并使其短路

D. 电缆严重过载，发热量剧增，引燃表面积尘

【答案】 C

【解析】 (1)电缆本身故障引起电缆着火

根据统计的案例资料，电缆本身故障引发的火灾事故数量占整个电缆火灾事故的 1/3 左右，电缆故障原因有以下几种类型：

①电缆头制作质量不良致电缆头爆炸起火。

②电缆经长期运行绝缘老化击穿短路起火。

③电缆敷设条件恶劣（高温或积水）致绝缘下降短路起火。

④电缆受外力机械损伤致绝缘破坏短路起火。

⑤电缆长期过负荷运行，或保护（开关）装置不能及时切除负载短路电流致绝缘过热，损坏造成电缆短路起火。

⑥充油电缆漏油引起着火。

(2)电缆外部着火引燃电缆导致电缆火灾事故

在电力生产系统中这类事故占电缆火灾事故的 2/3 左右。事故原因大致可分为以下几种类型：

①煤粉沉积自燃或被烤燃着火波及电缆着火。

②汽机、锅炉油（含燃油、润滑、控制油系统）着火，殃及电缆着火。

③制粉系统爆炸导致电缆着火。

④电、气焊割金属熔渣引燃电缆。

⑤电气设备故障起火导致电缆着火。

⑥其他杂物起火导致电缆着火。

案例资料表明，积粉和油系统着火引起的电缆火灾事故次数较多，占全部电缆火灾事故的 2/5 左右，且后果大都严重，必须引起高度重视。

4. 良好的绝缘是保证电气设备安全运行的重要条件。各种电气设备的绝缘电阻必须定期试验。下列几种仪表中，可用于测量绝缘电阻的仪表应该是（　　）。

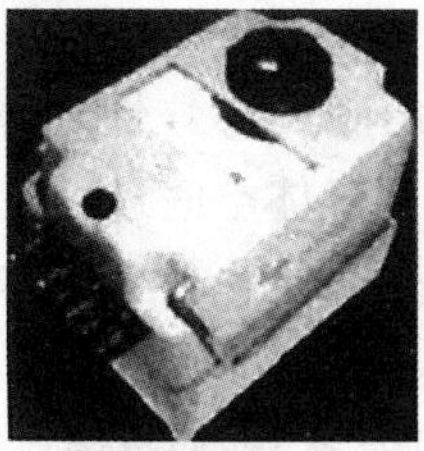

接地电阻测量仪

模拟式万用表

兆欧表

数字式万用表

A. 接地电阻测量仪　B. 模拟式万用表　C. 兆欧表　D. 数字式万用表

【答案】 C

【解析】 绝缘是用绝缘物把带电体封闭起来。电气设备的绝缘应符合其相应的电压等级、环境条件和使用条件。电气设备的绝缘不得受潮，表面不得有粉尘、纤维或其他污物，不得有裂纹或放电痕迹，表面光泽不得减退，不得有脆裂、破损，弹性不得消失，运行时不得有异味。绝缘的电气指标主要是绝缘电阻。绝缘电阻用兆欧表测量。任何情况下绝缘电阻不得低于每伏工作电压 1000 Ω，并应符合专业标准的规定。

5. 保护接零的安全原理是当电气设备漏电时形成单相短路，促使线路上的短路保护元件迅速动作，切断漏电设备的电源。因此，保护零线必须有足够的截面。当相线截面为 10 mm^2 时，保护零线的截面不应小于(　　)mm^2。

A. 2.5　　B. 4　　C. 6　　D. 10

【答案】D

【解析】当PE线与相线材料相同时，PE线可以按下表选取。除应采用电缆芯线或金属护套作保护线之外，有机械防护的PE线不得小于2.5 mm^2，没有机械防护的不得小于4 mm^2。铜质PEN线截面积不得小于10 mm^2，铝质的不得小于16 mm^2。如系电缆芯线，则不得小于4 mm^2。

保护零线截面选择表

相线截面 S_L/mm^2	保护零线最小截面 S_{PE}/mm^2
$S_L \leqslant 16$	S_L
$16 < S_L \leqslant 35$	16
$S_L > 35$	$S_L/2$

6. 漏电保护又称为剩余电流保护。漏电保护是一种防止电击导致严重后果的重要技术手段。但是，漏电保护不是万能的。下列触电状态中，漏电保护不能起保护作用的是(　　)。

A. 人站在木桌上同时触及相线和中性线

B. 人站在地上触及一根带电导线

C. 人站在地上触及漏电设备的金属外壳

D. 人坐在接地的金属台上触及一根带电导线

【答案】A

【解析】漏电保护装置主要用于防止接触电击，也用于防止漏电火灾和监测一相接地故障。电流型漏电保护装置以漏电电流或触电电流为动作信号。动作信号经处理后带动执行元件动作，促使线路迅速分断。

7. 爆炸危险场所电气设备的类型必须与所在区域的危险等级相适应。因此，必须正确划分区域的危险等级。对于气体、蒸气爆炸危险场所，正常运行时预计周期性出现或偶然出现爆炸性气体、蒸气或薄雾的区域应将其危险等级划分为(　　)区。

A. 0　　B. 1　　C. 2　　D. 20

【答案】B

【解析】气体、蒸气爆炸危险环境：

(1)0区是指正常运行时连续出现或长时间出现或短时间频繁出现的爆炸性气体、蒸气或薄雾的区域。除了装有危险物质的封闭空间(如密闭的容器、储油罐等内部气体空间)外，很少存在0区。

(2)1区是指正常运行时可能出现(预计周期性出现或偶然出现)的爆炸性气体、蒸气或薄雾的区域。

(3)2区是指正常运行时不出现，即使出现也只可能是短时间偶然出现的爆炸性气体、蒸气或薄雾的区域。

8. 建筑物防雷分类是按照建筑物的重要性、生产性质、遭受雷击的可能性和后果的严重性进行的。在建筑物防雷类别的划分中，电石库应划分为第(　　)类防雷建筑物。

A. 一　　B. 二　　C. 三　　D. 四

【答案】A

【解析】建筑物按火灾和爆炸的危险性、人身伤亡的危险性、政治经济价值分为3类。不同类别的建筑物有不同的防雷要求。

(1)第一类防雷建筑物。指制造、使用或储存炸药、火药、起爆药、火工品等大量危险物质,遇电火花会引起爆炸,从而造成巨大破坏或人身伤亡的建筑物。如火药制造车间、乙炔站、电石库、汽油提炼车间等。

(2)第二类防雷建筑物。指对国家政治或国民经济有重要意义的建筑物,以及制造、使用和储存爆炸危险物质,但电火花不易引起爆炸,或不致造成巨大破坏和人身伤亡的建筑物。

(3)第三类防雷建筑物。指除第一类、第二类防雷建筑物以外需要防雷的建筑物。

9. 工艺过程中所产生的静电有多种危险,必须采取有效的互相结合的安全技术措施和安全管理措施进行预防。下列关于预防静电危险的措施中,错误的做法是(　　)。

A. 降低工艺速度　　B. 增大相对湿度

C. 高绝缘体直接接地　　D. 应用抗静电添加剂

【答案】C

【解析】静电最为严重的危险是引起爆炸和火灾。因此,静电安全防护主要是对爆炸和火灾的防护。这些措施对于防止静电电击和防止静电影响生产也是有效的。

(1)环境危险程度控制。

(2)工艺控制。

(3)接地:接地的作用主要是消除导体上的静电。金属导体应直接接地。为了防止火花放电,应将可能发生火花放电的间隙跨接连通起来,并予以接地。注意高绝缘体直接接地是不能预防静电危险的。

(4)增湿。

(5)抗静电添加剂。

(6)静电中和器。

(7)加强静电安全管理。

10. 针对直击雷、电磁感应雷、静电感应雷、雷电行进波(冲击波)所带来的不同的危害方式,人们设计了多种防雷装置。下列防雷装置中,用于直击雷防护的是(　　)。

A. 阀型避雷器　　B. 易击穿间隙　　C. 电涌保护器　　D. 避雷针(接闪杆)

【答案】D

【解析】直击雷防护:第一类防雷建筑物、第二类防雷建筑物、第三类防雷建筑物的易受雷击部位、遭受雷击后果比较严重的设施或堆料、高压架空电力线路、发电厂和变电站等,应采取防直击雷的措施。装设避雷针、避雷线、避雷网、避雷带是直击雷防护的主要措施。

11. 绝缘油是可燃液体,储存电气设备的绝缘油在高温电弧作用下汽化和分解,喷出大量油雾和可燃气体。在一定条件下能引起空间爆炸。因此,对储油电气设备应特别注意其防火防爆间距。下列图所示的储油电气设备中,内部有油的电气设备是(　　)。

干式变压器

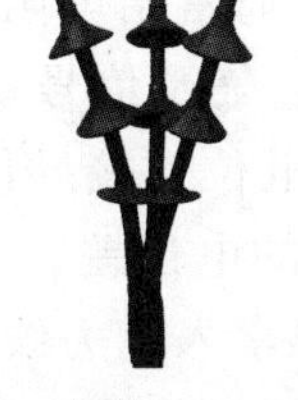

电缆头

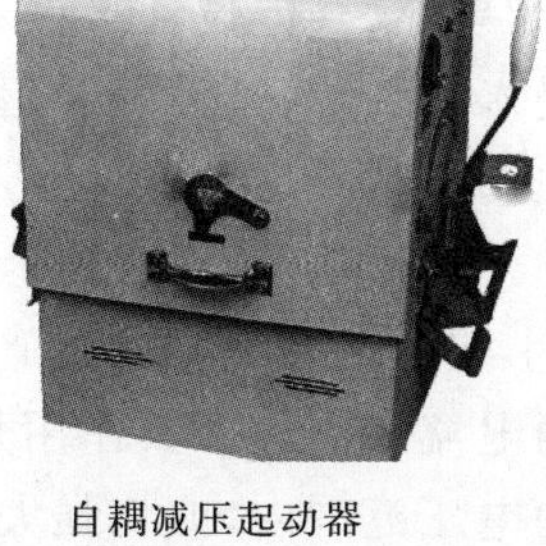

自耦减压起动器

电动机

A. 干式变压器　　B. 电缆头　　C. 自耦减压起动器　　D. 电动机

【答案】C

【解析】干式变压器、电缆头和电动机内部都没有油，但在温度过高或其他因素下也可以发生爆炸。自耦减压起动器内部有大量用于散热、绝热、防止内部元件和燃料老化以及内部发生故障时熄灭电弧作用的绝缘油。

12. 产生静电的方式有很多种，当带电雾滴或粉尘撞击导体时，会产生静电，这种静电产生的方式属于(　　)。

A. 接触-分离起电　　B. 破断起电　　C. 感应起电　　D. 电荷迁移

【答案】D

【解析】静电的起电方式：①接触-分离起电；②破断起电；③感应起电；④电荷迁移。

13. 安全电压额定值的选用要根据使用环境和使用方式等因素确定。对于金属容器内、特别潮湿处等特别危险环境中使用的手持照明灯应采用的安全电压是(　　)V。

A. 12　　B. 24　　C. 36　　D. 42

【答案】A

【解析】安全电压额定值的选用：根据使用环境、人员和使用方式等因素确定。例如，特别危险环境中使用的手持电动工具应采用 42 V 特低电压；有电击危险环境中使用的手持照明灯和局部照明灯应采用 36 V 或 24 V 特低电压；金属容器内、特别潮湿处等特别危险环境中使用的手持照明灯应采用 12 V 特低电压；水下作业等场所应采用 6 V 特低电压。

14. 有一种防雷装置，当雷电冲击波到来时，该装置被击穿，将雷电流引入大地，而在雷电冲击波过去后，该装置自动恢复绝缘状态，这种装置是(　　)。

A. 接闪器　　B. 接地装置　　C. 避雷针　　D. 避雷器

【答案】D

【解析】建筑物防雷装置是指用于对建筑物进行雷电防护的整套装置，由外部防雷装置和内部防雷装置组成。

(1)外部防雷装置。是指用于防直击雷的防雷装置，由接闪器、引下线和接地装置组成。①接闪器。接闪杆(以前称为避雷针)、接闪带(以前称为避雷带)、接闪线(以前称为避雷线)、接闪网(以前称为避雷网)以及金属屋面、金属构件等均为常用的接闪器。接闪器是利用其高出被保护物的地位，把雷电引向自身，起到拦截闪击的作用，通过引下线和接地装置，把雷电流泄入大地，保护被保护物免受雷击。②引下线。是连接接闪器与接地装置的圆钢或扁钢等金属导体，用于将雷电流从接闪器传导至接地装置。引下线应满足机械强度、耐腐蚀和热稳定的要求。防直击雷的专设引下线距建筑物出入口或人行道边沿不宜小于 3 m。③接地装置。是接地体和接地线的总和，用于传导雷电流并将其流散入大地。除独立接闪杆外，在接地电阻满足要求的前提下，防雷接地装置可以和其他接地装置共用。防雷接地电阻通常指冲击接地电阻。

(2)内部防雷装置。由屏蔽导体、等电位连接件和电涌保护器等组成。对于变配电设备，常采用避雷器作为防止雷电波侵入的装置。①屏蔽导体。通常指电阻率小的良导体材料，如建筑物的钢筋及金属构件；电气设备及电子装置金属外壳；电气及信号线路的外设金属管、线槽、外皮、网、膜等。②等电位连接件。包括等电位连接带、等电位连接导体等。利用其可将分开的装置、诸导电物体连接起来以减小雷电流在它们之间产生的电位差。③电涌保护器(SPD)。指用于限制瞬态过电压和分泄电涌电流的器件。其作用是把窜入电力线、信号传输线的瞬态过电压限制在设备或系统所能承受的电压范围内，或将强大的雷电流泄流入地，防止设备或系统遭受闪电电涌冲击而损坏。④避雷器。避雷器是用来防护雷电产生的过电压沿线路侵入变配电所或建筑物内，以免危及被保护电气设备的绝缘。

15. 高压开关种类很多，其中既能在正常情况下接通和分断负荷电流，又能借助继电保护装置在故障情况下切断短路电流的高压开关是（　　）。

A. 高压隔离开关　　B. 高压连锁装置

C. 高压断路器　　D. 高压负荷开关

【答案】C

【解析】高压开关主要包括：①高压断路器。高压断路器是高压开关设备中最重要、最复杂的开关设备。高压断路器有强力灭弧装置，既能在正常情况下接通和分断负荷电流，又能借助继电保护装置在故障情况 F 切断过载电流和短路电流。②高压隔离开关。高压隔离开关简称刀闸。隔离开关没有专门的灭弧装置，不能用来接通和分断负荷电流，更不能用来切断短路电流。隔离开关主要用来隔断电源，以保证检修和倒闸操作的安全。③高压负荷开关。高压负荷开关有比较简单的灭弧装置，用来接通和断开负荷电流。负荷开关必须与有高分断能力的高压熔断器配合使用，由熔断器切断短路电流。高压负荷开关分断负荷电流时有强电弧产生，因此，其前方不得有可燃物。

16. 兼防直接接触和间接接触电击的措施有安全电压、剩余电流动作保护。其中，剩余电流动作保护的工作原理是（　　）。

A. 通过电气设备上的保护接触线把剩余电流引入大地

B. 由零序电流互感器获取漏电信号，经转换后使线路开关跳闸

C. 保护接地经剩余电流和构成接地短路从而导致熔断器熔断以切断供电电源

D. 剩余电流直接促使电气线路上的保护元件迅速动作断开供电电源

【答案】B

【解析】在电路正常的情况下，通过 TA（电流互感器）一次侧电流的相量和等于零，TA 铁芯中磁通的相量和也为零，TA 二次侧不产生感应电动势，剩余电流动作保护装置不动作，系统保持正常供电。当电路发生漏电或有人触电时，漏电电流的存在使通过 TA 一次侧各相负荷电流的相量和不再等于零，即产生了剩余电流。此时，TA 铁芯中磁通的相量和也不再为零，即在铁芯中出现了交变磁通。由此，使 TA 二次侧线圈产生感应电动势，即得到漏电信号。经中间环节对此漏电信号进行处理和比较，当达到预定值时，漏电脱扣器动作，驱动主开关 QF 自动跳闸，从而迅速切断被保护电路的供电电源，实现保护。

17. 直接接触电击是人体触及正常状态下带电的带电体时发生的电击。预防直接接触电击的正确措施是（　　）。

A. 绝缘、屏护和间距　　B. 保护接地、屏护

C. 保护接地、保护接零　　D. 绝缘、保护接零

【答案】A

【解析】绝缘、屏护和间距是直接接触电击的基本防护措施。其主要作用是防止人体触及或过分接近带电体造成触电事故以及防止短路、故障接地等电气事故。

18. 电气装置运行时产生的危险温度、电火花（含电弧）是引发电气火灾的两大类原因。电火花的温度高达数千摄氏度，是十分危险的引火源。下列常用低压电器中，正常运行和正常操作时不会在空气中产生电火花的电器是（　　）。

A. 螺旋式熔断保险　　B. 接触器

C. 空气断路器　　D. 继电器

【答案】A

【解析】电火花是电极间的击穿放电。大量电火花汇集起来即构成电弧，电弧温度高达8000 ℃。电火花和电弧不仅能引起可燃物燃烧，还能使金属熔化、飞溅，构成二次引燃源。电火花分为工作火花和事故火花。工作火花指电气设备正常工作或正常操作过程中产生的电火花。例如，刀开关、断路器、接触器、控制器接通和断开线路时会产生电火花；插销拔出或插入时产生的火花；直流电动机的电刷与换向器的滑动接触处、绕线式异步电动机的电刷与滑环的滑动接触处也会产生电火花。事故火花是线路或设备发生故障时出现的电火花，包括短路、漏电、松动、接地、断线、分离时形成的电火花及变压器、多油断路器等高压电气设备绝缘表面发生的闪络等。事故火花还包括由外部原因产生的雷电火花、静电火花、电磁感应火花等。

19. 下列关于雷电破坏性的说法中，错误的是(　　)。

A. 直击雷具有机械效应、热效应

B. 闪电感应不会在金属管道上产生雷电波

C. 雷电劈裂树木系雷电流使树木中的气体急剧膨胀成水汽化所导致

D. 雷击时电视和通信受到干扰，源于雷击产生的静电场突变和电磁辐射

【答案】B

【解析】直接击于建筑物、其他物体、大地或外部防雷装置上，产生电效应、热效应和机械效应的雷电称为直击雷。直击雷和闪电感应都能在架空线路、电缆线路或金属管道上产生沿线路或管道的两个方向迅速传播的闪电电涌(即雷电波)侵入。雷电的电性质和机械性质破坏作用包括：雷击产生的静电场突变和电磁辐射，干扰电视电话通信，甚至使通信中断；巨大的雷电流通过被击物，使被击物缝隙中的气体剧烈膨胀，缝隙中的水分也急剧蒸发汽化为大量气体，导致被击物破坏或爆炸。

20. 接地保护和接零保护是防止间接接触电击的基本技术措施。其类型有 IT 系统(不接地配电网、接地保护)、TT 系统(接地配电网、接地保护)、TN 系统(接地配电网、接零保护)。存在火灾爆炸危险的生产场所，必须采用(　　)系统。

A. TN-C　　B. TN-C-S　　C. TN-S-C　　D. TN-S

【答案】D

【解析】有爆炸危险、火灾危险性大及其他安全要求高的场所应采用 TN-S 系统；厂内低压配电的场所及民用楼房应采用 TN-C-S 系统；触电危险性小、用电设备简单的场合可采用 TN-C 系统。

21. 安全电压是在一定条件下、一定时间内不危及生命安全的电压。我国标准规定的工频安全电压等级有 42 V、36 V、24 V、12 V 和 6 V(有效值)。不同用电环境、不同种类的用电设备应选用不同的安全电压。在有触电危险的环境中所使用的手持照明灯电压不得超过(　　)V。

A. 12　　B. 24　　C. 36　　D. 42

【答案】C

【解析】特别危险环境中使用的手持电动工具应采用 42 V 特低电压；有电击危险环境中使用的手持照明灯和局部照明灯应采用 36 V 或 24 V 特低电压；金属容器内、特别潮湿处等特别危险环境中使用的手持照明灯应采用 12 V 特低电压；水下作业等场所应采用 6 V 特低电压。

22. 下图是探照灯柱的图示。为了防雷，在原有探照灯柱上加设了一支避雷针(接闪杆)，后来又安装了监控设备。现状态不符合安全要求的装置是(　　)。

A. Ⓓ和Ⓔ　　B. Ⓒ和Ⓐ　　C. Ⓑ和Ⓓ　　D. Ⓑ和Ⓒ

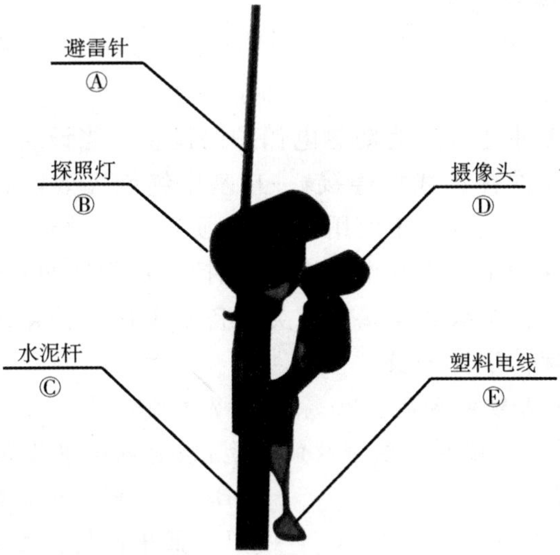

【答案】A

【解析】摄像头与探照灯的距离过近，塑料电线的材料、长度、安装等不符合安全标准。

23. 接地是静电危害的最基本措施，它的目的是使工艺设备与大地之间构成电气上的泄漏通路，将产生在工艺过程的静电泄漏于大地，防止静电的积聚。下列做法中，不符合静电接地技术要求的是(　　)。

A. 将现场所有不带电的金属件连接成整体

B. 装卸工作开始前先连接接地线，装卸工作结束后才能拆卸接地线

C. 使防静电接地电阻越小越好

D. 防静电接地在一定情况下可与电气设备的接地共用

【答案】C

【解析】接地的作用主要是消除导体上的静电。金属导体应直接接地。为了防止火花放电，应将可能发生火花放电的间隙跨接连通起来，并予以接地。防静电接地电阻原则上不超过1 MΩ即可；对于金属导体，为了检测方便，可要求接地电阻不超过 100～1000 Ω。对于产生和积累静电的高绝缘材料，宜通过 10^6 Ω 或稍大一些的电阻接地。

24. 下列关于直接接触电击防护的说法中，正确的是(　　)。

A. 耐热分级为 A 级的绝缘材料，其使用极限温度高于 B 级绝缘材料

B. 屏护遮栏下边缘离地不大于 0.5 m 即可

C. 低压电路检修时所携带的工具与带电体之间间隔不小于 0.1 m

D. 起重机械金属部分离 380 V 电力线的间距大于 1 m 即可

【答案】C

【解析】耐热分级为 A 级的绝缘材料的极限温度为 105℃，低于 B 级绝缘材料的极限温度 130℃。屏护遮拦高度不应低于 1.7 m，下部边缘离地不应超过 0.1 m。低压电路检修时，人体及其所携带工具与带电体之间的距离不得小于 0.1 m。起重机具至线路导线间的最小距离，1 kV 及 1 kV 以下者不应小于 1.5 m，10 kV 者不应小于 2 m。

25. 电气设备的防触电保护可分成 5 类，各类设备使用时对附加安全措施的装接要求不同。下列关于电气设备装接保护接地的说法中，正确的是(　　)。

A. 0Ⅰ类设备必须装接保护接地

B. Ⅰ类设备可以装接也允许不装接保护接地

C. Ⅱ类设备必须装接保护接地

D. Ⅲ类设备应装接保护接地

【答案】A

【解析】0类设备仅靠基本绝缘作为防触电保护的设备。当设备有能触及的可导电部分时，该部分不与设施固定布线中的保护线相连接，一旦基本绝缘失效，则安全性完全取决于使用环境。这就要求设备只能在不导电环境中使用，比如木质地板和墙壁，环境干燥的场所等。0Ⅰ类设备和Ⅰ类设备的防触电保护不仅靠基本绝缘，还包括一种附加的安全措施，即将能触及的可导电部分与设施固定布线中的保护线相连接。Ⅱ类设备不采用保护接地的措施，也不依赖于安装条件。Ⅲ类设备不须具有保护接地手段。

26. 某工地发生一起重大触电事故。20余名工人抬瞭望塔经过10 kV架空线下方时发生强烈放电，导致多人触电死亡。按照触电事故的类型，该起触电事故属于(　　)。

A. 低压直接接触电击　　B. 高压直接接触电击

C. 高压间接接触电击　　D. 低压间接接触电击

【答案】C

【解析】间接接触电击，指在设备或线路故障状态下原本正常情况下不带电的设备外露可导电部分或设备以外的可导电部分变成了带电状态，人体与上述故障状态下带电的可导电部分触及而形成的电击。

27. 电气装置内部短路时可能引起爆炸，有的还可能本身直接引发空间爆炸。下列图所示的4种电气设备中、爆炸危险性最大，而且可能酿成空间爆炸的是(　　)。

直流电动机

低压断路器

油浸式变压器

干式变压器

A. 直流电动机　　B. 低压断路器　　C. 油浸式变压器　　D. 干式变压器

【答案】C

【解析】充油设备的绝缘油在高温电弧作用下汽化和分解，喷出大油雾和可燃气体，还可引起空间爆炸。

28. 雷电是大气中的一种放电现象，具有雷电流幅值大、雷电流陡度大、冲击性强、冲击电压高等特点。下列关于雷电破坏作用的说法中正确的是(　　)。

A. 破坏电力设备的绝缘　　B. 引起电气设备过负荷

C. 造成电力系统过负荷　　D. 引起电动机转速异常

【答案】A

【解析】雷电破坏高压输电系统，毁坏发电机、电力变压器等电气设备的绝缘，烧断电线或劈裂电杆，造成大规模停电事故。

29. 对地电压指带电体与零电位大地之间的电位差。右图为TT系统[即配电变压器低压中性点(*N*点)直接接地，用电设备(*M*)的外壳也直接接地的系统]示意图。已知低压中性点接地电阻 $R_N=2.2\ \Omega$、设备外壳接地电阻 $R_M=2.8\ \Omega$、配电线路相电压 $U=220$ V。当用电设备发生金属性漏电(即接触电阻接近于

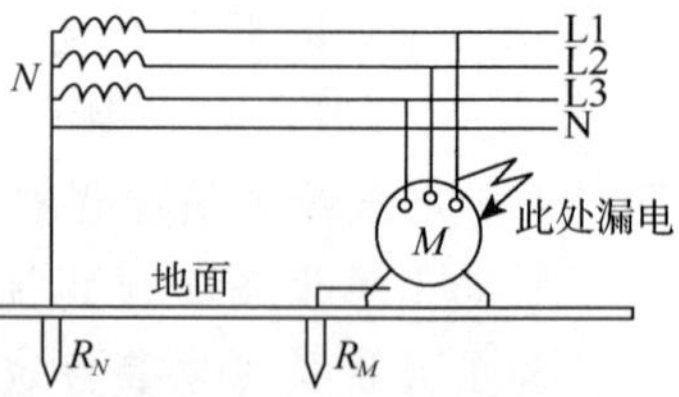

零)时,该设备对地电压为(　　)V。

A. 220　　B. 123.2　　C. 96.8　　D. 36

【答案】B

【解析】两电阻串联 220×2.8/(2.2+2.8)=123.2(V)。

30. 直击雷、闪电感应(雷电感应、感应雷)、球形雷(球雷)、雷击电磁脉冲都可能造成严重事故。下列关于避雷针安全作用的描述中,正确的是(　　)。

A. 避雷针能防闪电静电感应　　B. 避雷针能防直击雷

C. 避雷针能防闪电电磁感应　　D. 避雷针能防雷击电磁脉冲

【答案】B

【解析】接闪杆以前称为避雷针。直接雷防护的主要措施是装设接闪杆、架空接闪线或网。

31. 为防止静电危害,在装、卸油现场,应将所有正常时不带电的导体连通成整体并接地。下图是装油鹤管的示意图。下列装油操作步骤,正确的是(　　)。

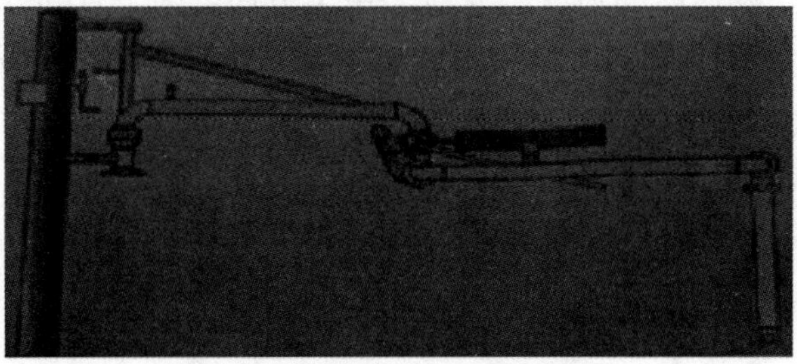

A. 先接地后开始装油,结束时先断开接地线后停止装油

B. 先接地后开始装油,结束时先停止装油后断开接地线

C. 先开始装油后接地,结束时先停止装油后断开接地线

D. 先开始装油后接地,结束时先断开接地线后停止装油

【答案】B

【解析】接地是防静电危害的最基本措施,它的目的是使工艺设备与大地之间构成电气上的泄漏通路,将产生在工艺过程的静电泄漏于大地,防止静电的积聚。在静电危险场所,所有属于静电导体的物体必须接地。

凡用来加工、储存、运输各种易燃液体、易燃气体和粉体的设备都必须接地。工厂或车间的氧气、乙炔等管道必须连成一个整体,并予以接地。可能产生静电的管道两端和每隔 200～300 m 处均应接地。平行管道相距 10 cm 以内时,每隔 20 m 应用连接线互相连接起来。管道与管道或管道与其他金属物件交叉或接近,其间距离小于 10 cm 时,也应互相连接起来。

汽车槽车、铁路槽车在装油之前,应与储油设备跨接并接地;装、卸完毕先拆除油管,后拆除跨接线和接地线。

因为静电泄漏电流很小,所有单纯为了消除导体上静电的接地,其防静电接地电阻原则上不超过 1 MΩ 即可;但出于检测方便等考虑,规程要求接地电阻不应大于 100 Ω。

32. 绝缘是防止直接接触电击的基本措施之一,电气设备的绝缘电阻应经常检测。绝缘电阻用兆欧表测定。下列关于绝缘电阻测定的做法中,正确的是(　　)。

A. 在电动机满负荷运行的情况下进行测量　　B. 在电动机空载运行的情况下进行测量

C. 在电动机断开电源情况下进行测量　　D. 在电动机超负荷运行的情况下进行测量

【答案】C

【解析】兆欧表主要由作为电源的手摇发电机(或其他直流电源)和作为测量机构的磁电式

比率计(双动线圈比率计)组成。测量时实际上是给被测物加上直流电压,测量其通过的泄漏电流。在表的盘面上读到的是经过换算的绝缘电阻值。

33. 漏电保护又称剩余电流保护,在保障用电安全方面起着重要作用。运行中的漏电保护装置必须保持在完好状态。右图为一微型漏电保护断路器。图中圆圈内的按钮是(　　)。

A. 复位按钮　　B. 试验按钮

C. 分闸按钮　　D. 合闸按钮

【答案】B

【解析】剩余电流动作保护装置的运行和管理:

为了确保剩余电流动作保护装置的正常运行,必须加强运行管理。剩余电流动作保护装置投入运行后,运行管理单位应建立相应的管理制度,并建立动作记录。

对使用中的剩余电流动作保护装置应定期用试验按钮检查其动作特性是否正常。

雷击活动期和用电高峰期应增加试验次数。用于手持电动工具和移动式电气设备和不连续使用的剩余电流动作保护装置,应在每次使用前进行试验。因各种原因停运的剩余电流动作保护装置再次使用前,应进行通电试验,检查装置的动作情况是否正常。对已发现的有故障的剩余电流动作保护装置应立即更换。

34. 下图表示人的室颤电流与电流持续时间的关系。该图表明,当电流持续时间超过心脏搏动周期时,人的室颤电流约为(　　)。

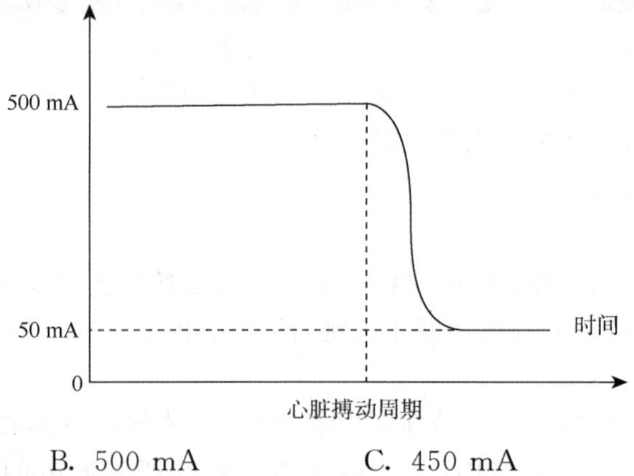

A. 550 mA　　B. 500 mA　　C. 450 mA　　D. 50 mA

【答案】D

【解析】本题考查的是触电。当电流持续时间超过心脏周期时,室颤电流仅为 50 mA 左右;当持续时间短于心脏周期时,室颤电流为数百毫安。

35. 雷电放电,特别是积云对地面设施等物件的放电可能导致火灾和爆炸、人身伤亡、设施毁坏、系统停电等严重事故。下列关于雷电危险性的说法中,错误的是(　　)。

A. 雷电电压极高、能量极大,每次放电持续时间也很长

B. 闪电感应(雷电感应、感应雷)能引起爆炸

C. 球形雷(球雷)能引起火灾

D. 在装有电视天线的独立住宅内看电视也存在遭受雷击的危险

【答案】A

【解析】本题考查的是雷电危害中的热性质的破坏作用。直击雷放电的高温电弧能直接引燃邻近的可燃物;巨大的雷电流通过导体能够烧毁导体;使金属熔化、飞溅引发火灾或爆炸。球

雷侵入可引起火灾。雷电电压极高、能量极大，每次放电持续时间比较短，一般不超过 500 μs。

36. 爆炸性粉尘环境是指在一定条件下，粉尘、纤维或飞絮的可燃物质与空气形成的混合物被点燃后，能够保持燃烧自行传播的环境，根据粉尘、纤维或飞絮的可燃性物质与空气形成的混合物出现的频率和持续时间及粉尘厚度进行分类，将爆炸性危险环境分为(　　)。

A. 00 区、01 区、02 区　　B. 10 区、11 区、12 区

C. 20 区、21 区、22 区　　D. 30 区、31 区、32 区

【答案】C

【解析】本题考查的是危险物质及危险环境。根据粉尘、纤维或飞絮的可燃性物质与空气形成的混合物出现的频率和持续时间及粉尘层厚度进行分类，将爆炸性粉尘环境分为 20 区、21 区和 22 区。

37. 绝缘是预防直接接触电击的基本措施之一，必须定期检查电气设备的绝缘状态并测量绝缘电阻，电气设备的绝缘电阻除必须符合专业标准外，还必须保证在任何情况下均不得低于(　　)。

A. 每伏工作电压 100 Ω　　B. 每伏工作电压 1000 Ω

C. 每伏工作电压 10 kΩ　　D. 每伏工作电压 1 MΩ

【答案】B

【解析】本题考查的是直接接触电击防护措施。任何情况下绝缘电阻不得低于每伏工作电压 1000 Ω，并应符合专业标准的规定。

38. 一天傍晚，大风刮断了 10 kV 架空线中的一根导线，断线落在一个麦秸垛附近。这时正好有两名村民从附近经过，看到断线闪着火花，村民怕把麦秸垛引燃，就急忙向麦秸垛跑去。两人跑到断落导线附近时双双倒地，经抢救无效死亡。这起事故经调查认定为触电事故。下列关于该事故原因的说法中，正确的是(　　)。

A. 10 kV 高压断线落地造成事故，属于高压电击造成触电

B. 两名村民直接跑过去造成事故，属于直接接触电击造成的触电

C. 两名村民跑过去形成了跨步电压，属于跨步电压电击造成的触电

D. 两名村民跑过去还没有触碰到 10 kV 断线就摔倒，属于间接接触电击造成的触电

【答案】C

【解析】跨步电压电击，指站立或行走的人体，受到出现于人体两脚之间的电压即跨步电压作用所引起的电击。跨步电压是当带电体接地，电流经接地线流入埋于土壤中的接地体，又通过接地体传向周围大地时，在接地周围土壤电阻上产生的电压梯度形成的。

39. 在异常情况下，电缆可能起火，也可能发生爆炸，且可能不局限于一条线发生爆炸。下列电缆中，火灾和爆炸危险性最大的是(　　)。

A. 橡胶绝缘电力电缆　　B. 塑料绝缘电力电缆

C. 油浸纸绝缘电力电缆　　D. 通信电缆

【答案】C

【解析】火灾案例表明，有的绝缘材料直接被电引燃；有的绝缘材料在高温作用下，发生自燃；有的绝缘材料在高温作用下加速了老化进程，导致热击穿短路，产生电弧将其引燃。油相较于橡胶和塑料绝缘的火灾危险性大，而选项 D 电缆中只通弱电信号，安全性更高。

40. 雷电是大气中的一种放电现象，具有电性质、热性质和机械性质三方面的破坏作用。下列雷电造成的破坏现象中，属于热性质破坏作用的是(　　)。

A. 破坏高压输电系统，毁坏发电机、变压器、断路器等电气设备的绝缘

B. 二次放电的火花引起火灾或爆炸

C. 巨大的雷电流通过被击物时,在被击物缝中的气体剧烈膨胀,缝隙中的水分也急剧蒸发汽化,致使被击物破坏或爆炸

D. 巨大的雷电流通过导体烧毁导体,使金属熔化、飞溅,引起火灾或爆炸

【答案】D

【解析】雷电本质是超高温电弧,本身就具备热性质。另外,雷电具备超大的电流值,其通过导热来不及释放,瞬间使其融化。其破坏作用包括:直击雷放电的高温电弧能直接引燃邻近的可燃物,巨大的雷电流瞬间通过导体能够烧毁导体;使金属熔化、飞溅引发火灾或爆炸;球雷侵入可引起火灾。

41. 静电危害是由静电电荷或静电场能量引起的。静电电压可能高达数十千伏以上,容易产生放电火花。下列关于静电危害的说法中,正确的是(　　)。

A. 静电能量极大,可能会直接致人死亡

B. 在某些生产过程中,静电的物理现象会妨碍生产,导致产品质量不良

C. 静电刺激使人产生恐惧心理,但不会影响工作效率

D. 静电会产生过量的辐射,可引起中枢神经系统的机能障碍

【答案】B

【解析】生产活动中,相对静止的正电荷或负电荷的积累,产生了静电。静电的能量不大,不会直接使人致命,但是其电压可能高达数十千伏以上,容易发生放电,产生放电火花。其危害包括:①静电放电火花会成为可燃性物质的点火源,造成爆炸和火灾事故。②人体因受到静电电击的刺激,可能引发二次事故,如坠落、跌伤等。此外,对静电电击的恐惧心理还对工作效率产生不利影响。③静电的物理现象会对生产产生妨碍,导致产品质量不良,电子设备损坏。

42. 电气装置故障危害是由于电能或控制信息在传递、分配、转换过程中失去控制产生的。下列关于由电气装置故障造成危害的说法中,正确的是(　　)。

A. 电气装置故障导致异常接地,使地电位升高

B. 电气装置故障产生的危险温度、电火花、电弧等可能引起火灾和爆炸

C. 电气设备受电磁干扰影响通信质量

D. 控制系统硬件或软件的偶然失效造成大面积停电

【答案】B

【解析】电气装置故障造成的危害主要有:①引起火灾和爆炸,如危险温度、电火花、电弧引起火灾和爆炸。②异常带电,指原本不带电的部分因电路故障而异常带电导致触电事故,例如绝缘不良漏电,高压故障接地呈现跨步电压危险。③异常停电,指某些特定场合的异常停电会造成设备损坏和人身伤亡,例如吊装作业、手术、尘毒排风系统、公共安全系统,以及大面积停电带来的损失。④安全相关系统失效,指安全系统因故障导致需要应急动作时无法实现安全功能。

43. 采用不同的接地、接零保护方式的配电系统,如IT系统(保护接地)、TT系统和TN系统(保护接零),属于间接接触电击防护措施。下列关于上述三种系统的说法中,错误的是(　　)。

A. IT系统能够将故障电压限制在安全范围内,但漏电状态并未消失

B. TT系统必须装设剩余电流动作保护装置或过电流保护装置

C. TN系统能够将故障设备的电源断开,消除电击危险

D. TN系统能够将漏电设备上的故障电压降低到安全范围内

【答案】D

【解析】TT系统可以大幅度降低漏电设备上的故障电压,使触电危险性降低到正常范围以

内。另外，由于故障电流不会很大，可能不足以使保护电器动作，故障得不到迅速解除。因此，采用TT系统必须装设剩余电流动作保护装置或过电流保护装置。TN系统的安全原理是当某相带电部分碰连设备外壳时，形成该相对零线的单相短路，短路电流很大，促使线路上的短路保护元件迅速动作，从而把故障设备电源断开，消除电击危险。虽然保护接零也能降低漏电设备上的故障电压，但一般不能降低到安全范围以内，其第一位的安全作用是迅速切断电源。

44. 剩余电流动作保护装置由检测元件、中间环节、执行机构三个基本环节及辅助电源和试验装置构成。下列关于剩余电流动作保护装置功能的说法中，错误的是（ ）。

A. 剩余电流动作保护装置的主要功能是提供间接接触电击保护，也可作为直接接触电击的补充保护

B. 剩余电流动作保护装置的保护功能包括对相线与相线、相线与N线间形成的直接接触电击事故的防护

C. 间接接触电击事故防护有时需要依靠剩余电流动作保护装置的动作来切断电源，实现保护

D. 剩余电流动作保护装置用于间接接触电击事故防护时，应与电网的系统接地型式相配合

【答案】B

【解析】在直接接触电击事故防护中，剩余电流保护装置只作为直接接触电击事故基本防护措施的补充保护措施。从剩余电流动作保护的机理可知，其保护并不包括对相线与相线、相线与N线之间形成的直接接触电击事故的防护。

45. 建筑物按其重要性、生产性质、遭受雷击的可能性和后果的严重性分成三类防雷建筑物。下列建筑物中，属于第二类防雷建筑物的是（ ）。

A. 汽油提炼车间
B. 国家特级和甲级大型体育馆
C. 省级重点文物保护的建筑物
D. 火药制造车间

【答案】B

【解析】第二类防雷建筑物包括：①国家级重点文物保护的建筑物。②国家级的会堂、办公建筑物、大型展览和博览建筑物、大型火车站和飞机场、国宾馆，国家级档案馆、大型城市的重要给水水泵房等特别重要的建筑物。③国家特级计算中心、国际通信枢纽等对国民经济有重要意义的建筑物。④国家特级和甲级大型体育馆。⑤制造、使用或储存火炸药及其制品的危险建筑物，且电火花不易引起爆炸或不致造成巨大破坏和人身伤亡者。⑥具有1区或21区爆炸危险场所的建筑物，且电火花不易引起爆炸或不致造成巨大破坏和人身伤亡者。⑦具有2区或22区爆炸危险场所的建筑物。

46. 为防止雷电对建筑物和雷电产生的过电压沿线路侵入对建筑物内电器设备绝缘的破坏，应当在建筑物和线路上安装防雷装置。下列关于安装防雷装置的说法中错误的是（ ）。

A. 阀型避雷器上端接在架空线路上，下端接地

B. 第一类防雷建筑物的防护直击雷的接闪杆可设置在建筑物上

C. 第一类防雷建筑物应采取防闪电感应的防护措施

D. 第一类、第二类、第三类防雷建筑物均应采取闪电电涌侵入的防护措施

【答案】B

【解析】直击雷防护的主要措施是装设接闪杆、架空接闪线或网。接闪杆分独立接闪杆和附设接闪杆。独立接闪杆是离开建筑物单独装设的，接地装置应当单设。第一类防雷建筑物的直击雷防护，要求装设独立接闪杆、架空接闪线或网。第二类和第三类防雷建筑物的直击雷防护措施，宜采用装设在建筑物上的接闪杆或由其混合组成的接闪器。

47. 静电防护的主要措施包括静电接地、增湿、添加抗静电添加剂、使用静电中和器等几大类。下列关于静电防护措施的说法中，正确的是(　　)。

A. 减少氧化剂含量，混合气体中氧含量不超过10%时即不会引起燃烧

B. 油罐装油时，对于电导率低于50 S/m的液体石油产品，最大流速不应大于10 m/s

C. 工厂、车间的氧气等管道必须连成一个整体，并予以接地

D. 在静电危险场所，穿脱衣物时应注意防止静电危害，并避免剧烈的身体运动

【答案】C

【解析】环境危险程度的控制措施中混合物中氧含量不超过8%时即不会引起燃流，选项A错误。工艺控制中限制物料的运动速度的措施要求石油装油初始流速不应大于1 m/s，当注入口漫没200 mm后，可逐步提高流速，但最大流速不应超过7 m/s，选项B错误。为防止人体静电的危害，禁止在静电危险场所穿脱衣物、帽子及类似物，并避免剧烈的身体运动，选项D错误。静电接地措施要求在静电危险场所，所有属于静电导体的物体必须接地，工厂、车间的氧气等管道必须连成一个整体，并予以接地，选项C正确。

48. 变电站位置的选取应考虑供电、建筑、安全等方面的要求。从安全角度考虑，下列关于变电站选址的说法中，正确的是(　　)。

A. 建在地势低洼处　　B. 避开易燃易爆环境

C. 建在企业的下风侧　　D. 设在人员密集的场所

【答案】B

【解析】变配电站位置应符合供电、建筑、安全的基本原则。从安全角度考虑，变配电站应避开易燃易爆环境；变配电站宜设在企业的上风侧，并不得设在容易沉积粉尘和纤维的环境；变配电站不应设在人员密集的场所。变配电站的选址和建筑应考虑灭火、防蚀、防污、防水、防雨、防雪、防震的要求。地势低洼处不宜建变配电站。变配电站应有足够的消防通道并保持畅通。

49. 兼防直接接触和间接接触电击的措施包括双重绝缘、安全电压、剩余电流动作保护。其中，剩余电流动作保护的工作原理是(　　)。

A. 通过电气设备上的保护接零线把剩余电流引入大地

B. 保护接地经剩余电流构成接地短路从而导致熔断器熔断以后切断电源

C. 由零序电流互感器获取漏电信号，经转换后使线路开关跳闸

D. 剩余电流直接促使电气线路上的保护元件迅速动作断开电源

【答案】C

【解析】剩余电流动作保护装置动作的原理是由零序电流互感器获取漏电信号，经转换后使线路开关跳闸，起到保护的作用。

50. 爆炸性气体环境是指在一定条件下，气体或蒸气可燃性物质与空气形成的混合物。该混合物被点燃后，能够保持燃烧自行传播的环境。根据爆炸性气体混合物出现的频繁程度和持续时间，对爆炸性气体环境危险场所进行分区，油罐外内应划为(　　)。

A. 0区　　B. 1区　　C. 2区　　D. 3区

【答案】C

【解析】2区：指正常运行时不出现，即使出现也只可能是短时间偶然出现爆炸性气体、蒸气或薄雾的区域。例如，油罐外3 m内。

51. 防爆电气设备的标志包含型式、等级、类别和组别，应设置在设备外部主体部分的明显地方，且应在设备安装后能清楚看到。标志“Er d ⅡB T3 Gb”的正确含义是(　　)。

A. 增安型“d”，防护等级为Gb，用于T3类ⅡB组的爆炸性气体环境的防爆电气设备

B. 浇封型“d”，防护等级为 T3，用于 Gb 类ⅡB 组的爆炸性气体环境的防爆电气设备

C. 隔爆型“d”，防护等级为 Gb，用于ⅡB 类 T3 组的爆炸性气体环境的防爆电气设备

D. 本安型“d”，防护等级为ⅡB，用于 T3 类 Gb 组的爆炸性气体环境的防爆电气设备

【答案】C

【解析】常用爆炸性气体环境的防爆电气设备结构型式及符号分别是：隔爆型(d)、增安型(e)、本质安全型(i，对应不同的保护等级分为 ia、ib、ic)。

52. 静电危害是由静电电荷和静电场能量引起的。下列关于生产过程所产生静电的危害形式和事故后果的说法中，正确的是(　　)。

A. 静电电压可能高达数千伏以上，能量巨大，破坏力强

B. 静电放电火花会成为可燃性物质的点火源，引发爆炸和火灾事故

C. 静电可直接使人致命

D. 静电不会导致电子设备损坏，但会妨碍生产，导致产品质量不良

【答案】B

【解析】生产过程中产生静电其能量不大，不会直接使人致命，但是其电压可能高达数十千伏，容易发生放电，产生电火花。在有爆炸和火灾危险的场所，静电放电火花会成为可燃性物质的点火源，引发爆炸和火灾事故。某些生产过程中，静电的物理现象会对生产产生妨碍，导致产品质量不良、电子设备损坏。

53. 电气装置故障危害是由于电能或控制信息在传递、分配、转换过程中失去控制而产生的。当高压系统发生单相接地故障时，在接地处附近呈现出较高的跨步电压，形成触电的危险条件。上述危险状态产生的直接原因是(　　)。

A. 爆炸　　　　B. 异常带电

C. 异常停电　　　　D. 安全相关系统失效

【答案】B

【解析】本题考查的是电气装置故障危害。电气系统中，原本不带电的部分因电路故障而异常带电，可导致触电事故发生。例如，电气设备因绝缘不良产生漏电，使其金属外壳带电；高压故障接地时，在接地处附近呈现出较高的跨步电压，形成触电的危险条件。

54. 保护接地的做法是将电气设备故障情况下可能呈现危险电压的金属部位经接地线、接地体同大地紧密地连接起来。下列关于保护接地的说法中，正确的是(　　)。

A. 保护接地的安全原理是通过高电阻接地，把故障电压限制在安全范围以内

B. 保护接地防护措施可以消除电气设备漏电状态

C. 保护接地不适用于所有不接地配电网

D. 保护接地是防止间接接触电击的安全技术措施

【答案】D

【解析】本题考查间接接触电击防护措施。IT 系统就是保护接地系统。保护接地的做法是将电气设备故障情况下可能呈现危险电压的金属部位经接地线、接地体同大地紧密地连接起来。其安全原理是通过低电阻接地，把故障电压限制在安全范围以内，但应注意漏电状态并未因保护接地而消失。保护接地适用于各种不接地配电网。

55. 雷电是大气中的一种放电现象，具有电性质、热性质和机械性质三方面的破坏作用。下列雷击导致的破坏现象中，属于电性质破坏作用的是(　　)。

A. 直击雷引燃可燃物　　　　B. 雷击导致被击物破坏

C. 毁坏发电机的绝缘　　　　D. 球雷入侵引起火灾

【答案】C

【解析】选项A、D属于雷电的热性质破坏作用;选项B属于雷电的机械性质破坏作用。

56. 兆欧表是测量绝缘电阻的一种仪表。关于使用兆欧表测量绝缘电阻的说法,错误的是(　　)。

A. 被测量设备必须断电

B. 测量应尽可能在设备停止运行、冷却后进行测量

C. 对于有较大电容的设备,断电后还必须充分放电

D. 对于有较大电容的设备,测量后也应进行放电

【答案】B

【解析】选项A正确,绝缘电阻测量需要在物体两侧施加较高的直流电压,通过泄漏电流测算出绝缘电阻,如不断电,则可能造成泄漏电流偏大,影响测量结果。选项C正确,一般电力电缆各缆芯与外皮均有较大的电容,测量前应先断开电缆的电源及负荷,并经过充分放电之后方可进行测量。选项D正确,对于有较大电容的线路和设备,测量终了也应进行放电,放电时间一般不应少于2～3 min。选项B错误,正在使用的设备通常应在刚停止运转时进行测量,以便使测量结果符合运行温度时的绝缘电阻。

57. 良好的绝缘是保证电气设备和线路正常运行的必要条件。绝缘材料上的电场强度高于临界值时,绝缘材料发生破裂或分解,电流急剧增加,完全失去绝缘性能,导致绝缘击穿。关于绝缘击穿的说法,正确的是(　　)。

A. 气体绝缘击穿后绝缘性能会很快恢复

B. 液体绝缘的击穿特性与其纯净度无关

C. 固体绝缘的电击穿时间较长、击穿电压较低

D. 固体绝缘的热击穿时间较短、击穿电压较高

【答案】A

【解析】选项B错误,液体电介质的击穿特性与其纯净度有关,一般认为纯净液体的击穿与气体的击穿机理相似,由电子碰撞电离最后导致击穿。选项C错误,电击穿的主要特点就是电压的作用时间较短,击穿的电压较高。选项D错误,热击穿的主要特点就是电压作用的时间比电击穿更长,而击穿的电压比电击穿更低。

58. 建筑物防雷分类是指按建筑物的重要性、生产性质、遭受雷击的可能性和后果的严重性所进行的分类。下列建筑物防雷分类中,正确的是(　　)。

A. 电石库属于第三类防雷建筑物

B. 乙炔站属于第二类防雷建筑物

C. 露天钢质封闭气罐属于第一类防雷建筑物

D. 省级档案馆属于第三类防雷建筑物

【答案】D

【解析】电石库、乙炔站均属于第一类防雷建筑,露天钢质封闭气罐属于第二类防雷建筑。

59. 保护导体包括保护接地线、保护接零线和等电位连接线。下列对保护导体截面积的要求中,正确的是(　　)。

A. 没有机械防护的PE线截面积不得小于10.0 mm^2

B. 有机械防护的PE线截面积不得小于2.5 mm^2

C. 铜质PEN线截面积不得小于16.0 mm^2

D. 铝质PEN线截面积不得小于25.0 mm^2

【答案】B

【解析】除应采用电缆芯线或金属护套作保护线之外，有机械防护的 PE 线截面积不得小于 2.5 mm^2，没有机械防护的不得小于 4 mm^2，铜质 PEN 线不得小于 10 mm^2，铝质的不得小于 16 mm^2。如系电缆芯线，则不得小于 4 mm^2。

60. 变压器的中性点不接地系统采取的保护接地系统简称 IT 系统，适用于各种不接地配电网，如某些 1～10 kV 配电网，煤矿井下低压配电网等。在 380 V 不接地低压系统中，保护接地电阻最大不应超过(　　)。

A. 10 Ω　　B. 2 Ω　　C. 1 Ω　　D. 4 Ω

【答案】D

【解析】保护接地适用于各种不接地配电网，如某些 1～10 kV 配电网，煤矿井下低压配电网等。在这类配电网中，凡由于绝缘损坏或其他原因而可能呈现危险电压的金属部分，除另有规定外，均应接地。在 380 V 不接地低压系统中，一般要求保护接地电阻不大于 4 Ω。当配电变压器或发电机的容量不超过 100 kVA 时，要求接地电阻不大于 10 Ω。

61. 工艺过程中产生的静电可能引起爆炸、火灾、电击，还可能妨碍生产。关于静电防护的说法，错误的是(　　)。

A. 限制管道内物料的运行速度是静电防护的工艺措施

B. 增湿的方法不宜用于消除高温绝缘体上的静电

C. 接地的主要作用是消除绝缘体上的静电

D. 静电消除器主要用来消除非导体上的静电

【答案】C

【解析】选项 A 正确，静电防护的工艺措施包括材料的选用、限制物料的流动速度、加大静电消散过程。选项 B 正确，增湿虽然可以消除高温绝缘体上的静电，但是会因为含水量增大降低绝缘强度，故不宜采用。选项 D 正确，静电消除器可以将气体分子进行电离，产生消除静电所必需的离子。选项 C 错误，接地是防静电危害的最基本措施，它的目的是使工艺设备与大地之间构成电气上的泄漏通路，将产生在工艺过程的静电泄漏于大地，防止静电的积聚。

62. 保护接零是为了防止电击事故而采取的安全措施。在变压器的中性点接地系统中，当某相带电体触碰设备外壳时，可能造成电击事故。关于保护接零的说法，正确的是(　　)。

A. 保护接零能将漏电设备上的故障电压降低到安全范围以内，但不能迅速切断电源

B. 保护接零既能将漏电设备上的故障电压降低到安全范围以内，又能迅速切断电源

C. 保护接零既不能将漏电设备上的故障电压降低到安全范围以内，也不能迅速切断电源

D. 保护接零一般不能将漏电设备上的故障电压降低到安全范围以内，但可以迅速切断电源

【答案】D

【解析】保护接零的安全原理是当某相带电部分碰连设备外壳时，形成该相对零线的单相短路，短路电流促使线路上的短路保护元件迅速动作，从而把故障设备电源断开，消除电击危险。虽然保护接零也能降低漏电设备上的故障电压，但一般不能降低到安全范围以内。其第一位的安全作用是迅速切断电源。

63. 漏电保护装置在触电防护中使用非常普遍，主要用于防止直接接触电击和间接接触电击。关于漏电保护器动作跳闸的说法，错误的是(　　)。

A. 手电钻漏电导致漏电保护器动作跳闸，属于直接接触电击跳闸

B. 电吹风漏电导致漏电保护器动作跳闸，属于间接接触电击跳闸

C. 手指触碰配电箱接线柱导致漏电保护器动作跳闸，属于直接接触电击跳闸

D. 手指误塞入插座导致漏电保护器动作跳闸，属于直接接触电击跳闸

【答案】A

【解析】本题考查直接接触电击和间接接触电击的区别。直接接触电击是设备本身就带电而引发的电击事故；间接接触电击是设备本来不带电，但是由于某种原因带电而引发的电击事故。

64. 电气设备的外壳防护等级用"IP＋数字＋数字"表示。下列对标志含义的解释中，正确的是（　　）。

A. "IP45"表示"防止工具接近危险部件，防止直径不小于2.5 mm固体异物，防喷水"

B. "IP34"表示"防止工具接近危险部件，防止直径不小于2.5 mm固体异物，防淋水"

C. "IP65"表示"防止直径不小于1.0 mm的金属线接近危险部件，尘密，防短时间浸水"

D. "IP51"表示"防止直径不小于1.0 mm的金属线接近危险部件，防尘，防止垂直方向滴水"

【答案】D

【解析】参考标准规范中关于第一位特征数字和第二位特征数字的防护等级说明。

二、多项选择题

基础训练

1. 就危害程度而言，雷电灾害是仅次于暴雨洪涝、气象地质灾害的第三大气象灾害。我国每年有将近1000人遭雷击死亡。雷击的破坏性与其特点有紧密关系。下列有关雷电特点的说法中，正确的有（　　）。

A. 雷电流幅值可达数十千安至数百千安

B. 每一次雷击放电的能量都很大

C. 雷击时产生的冲击电压很高

D. 雷电流陡度很大，即雷电流随时间上升的速度很高

E. 每次雷电放电的时间很短

2. 生产工艺过程中所产生静电的最大危险是引起爆炸。因此，在爆炸危险环境必须采取严密的防静电措施。下列各项措施中，属于防静电措施的有（　　）。

A. 安装短路保护和过载保护装置

B. 将作业现场所有不带电的金属连成整体并接地

C. 限制流速

D. 增加作业环境的相对湿度

E. 安装不同类型的静电消除器

3. 雷击的破坏性与其特点有紧密关系。雷击的特点有（　　）。

A. 雷电流幅值大　　B. 冲击电压低　　C. 作用时间长

D. 冲击电压高　　E. 雷电流陡度大

4. 下列事故中，属于电气事故的包括（　　）。

A. 雷电和静电事故　　B. 电磁辐射事故　　C. 电焊操作引燃事故

D. 触电事故　　E. 电气线路短路事故

5. 下列关于高压开关的切断能力的说法，正确的包括（　　）。

A. 负荷开关能切断负荷电流，不能切断短路电流

B. 负荷开关能切断负荷电流和短路电流

C. 隔离开关能切断负荷电流和短路电流

D. 断路器能切断负荷电流和短路电流

E. 隔离开关不能切断负荷电流和短路电流

6. 电气设备外壳接保护线是最基本的安全措施之一。下列电气设备外壳接保护线的低压系统中,允许应用的系统有(　　)。

A. TN-S系统　　B. TN-C-S系统　　C. TN-C系统

D. TN-S-C系统　　E. TT系统

7. 在生产过程中,由于物体的运动和带电体的感应,生产设备上有可能带有静电。若作用于人体,有可能使操作者误操作。下列关于生产过程中消除静电的措施中正确的有(　　)。

A. 生产设备接地　　B. 增加局部环境相对湿度80%以上

C. 给可产生静电的金属管道接地　　D. 使用静电中和器

E. 加入抗静电添加剂

8. 为便于对不同的危险物质采取有针对性的防范措施,将危险物质分成三类。下列物质中,属Ⅲ类爆炸危险物质的有(　　)。

A. 爆炸性气体　　B. 爆炸性粉尘　　C. 矿井甲烷(CH_4)

D. 爆炸性纤维　　E. 爆炸性飞絮

9. 绝缘材料有多项性能指标,其中电性能是重要指标之一。下列性能指标中,属于电性能指标的有(　　)。

A. 绝缘电阻　　B. 耐压强度　　C. 耐弧性能　　D. 介质损耗　　E. 泄漏电流

参考答案:

1. ACDE	2. BCDE	3. ADE	4. ABDE	5. ADE
6. ABCE	7. ACDE	8. BDE	9. ABCD	

能力提升

1. 触电事故分为电击和电伤。电击是电流直接作用于人体所造成的伤害;电伤是电流转换成热能、机械能等其他形式的能量作用于人体造成的伤害。人触电时,可能同时遭到电击和电伤。电击的主要特征有(　　)。

A. 致命电流小

B. 主要伤害人的皮肤和肌肉

C. 人体表面受伤后留有大面积明显的痕迹

D. 受伤害的严重程度与电流的种类有关

E. 受伤害程度与电流的大小有关

【答案】ADE

【解析】触电事故是由电流及其转换成的其他形式的能量造成的事故。触电事故分为电击和电伤。电击是电流直接作用于人体所造成的伤害。电伤是电流转换成热能、机械能等其他形式的能量作用于人体造成的伤害。通常所说的触电指的是电击。电击分为直接接触电击和间接接触电击。前者是触及正常状态下带电的带电体时发生的电击,也称为正常状态下的电击;后者是触及正常状态下不带电,而在故障状态下意外带电的带电体时发生的电击,也称为故障状态下的电击。电流对人体的伤害程度是与通过人体电流的大小、种类、持续时间、通过途径及人体状况等多种因素有关。

电伤分为电弧烧伤、电流灼伤、皮肤金属化、电烙印、机械性损伤、电光眼等伤害。电弧烧伤是由弧光放电造成的烧伤,是最危险的电伤。电弧温度高达8000 ℃,可造成大面积、大深度的烧伤,甚至烧焦、烧毁四肢及其他部位。

2. 由电气引燃源引起的火灾和爆炸在火灾、爆炸事故中占有很大的比例。电气设备在异常状态产生的危险温度和电弧(包括电火花)都可能引燃成灾甚至直接引起爆炸。下列电气设备的异常状态中,可能产生危险温度的有(　　)。

A. 线圈发生短路　　B. 集中在某一点发生漏电　　C. 电源电压过低

D. 在额定状态下长时间运行　E. 在额定状态下间歇运行

【答案】ABC

【解析】产生危险温度的原因:

(1)短路。发生短路时,电流增大为正常时的数倍乃至数十倍,而产生的热量又与电流的平方成正比,使得温度急剧上升,产生危险温度。雷电放电电流极大,有类似短路电流但比短路电流更为强烈的热效应,也可产生危险温度。

(2)接触不良。不可拆卸的接点连接不牢、焊接不良或接头处夹有杂物,可拆卸的接头连接不紧密或由于振动而松动,可开闭的触头没有足够的接触压力或表面粗糙不平等,均可能增大接触电阻,产生危险温度。特别是不同种类金属连接处,由于它们的理化性能不同,连接将逐渐恶化,产生危险温度。

(3)严重过载。过载量太大或过载时间太长,可产生危险温度。

(4)铁芯过热。电气设备铁芯短路、线圈电压过高、通电后不能吸合,可产生危险温度。

(5)散热失效。电气设备散热油管堵塞、通风道堵塞、安装位置不当、环境温度过高或距离外界热源太近,使散热失效,可产生危险温度。

(6)接地及漏电。接地电流和集中在某一点的漏电电流,可引起局部发热,产生危险温度。

(7)机械故障。电动机、接触器被卡死,电流增加数倍,可产生危险温度。

(8)电压波动太大。电压过高,除使铁芯发热增加外,对于恒电阻负载,还会使电流增大,增加发热;电压过低,除使电磁铁吸合不牢或吸合不上外,对于恒功率负载,还会使电流增大,增加发热。两种情况都可产生危险温度。

3. 电击分为直接接触电击和间接接触电击,针对这两类电击应采取不同的安全技术措施。下列技术措施中,对预防直接接触电击有效的有(　　)。

A. 应用安全电压的设备(Ⅲ类设备)　　B. 应用加强绝缘的设备(Ⅱ类设备)

C. 将电气设备的金属外壳接地　　D. 与带电体保持安全距离

E. 将带电体屏蔽起来

【答案】ADE

【解析】直接接触电击预防技术:

(1)绝缘

绝缘是用绝缘物把带电体封闭起来。电气设备的绝缘应符合其相应的电压等级、环境条件和使用条件。电气设备的绝缘不得受潮,表面不得有粉尘、纤维或其他污物,不得有裂纹或放电痕迹,表面光泽不得减退,不得有脆裂、破损,弹性不得消失,运行时不得有异味。绝缘的电气指标主要是绝缘电阻。绝缘电阻用兆欧表测量。任何情况下绝缘电阻不得低于每伏工作电压1000 Ω,并应符合专业标准的规定。

(2)屏护

屏护是采用遮栏、护罩、护盖、箱闸等将带电体同外界隔绝开来。屏护装置应有足够的尺寸。应与带电体保持足够的安全距离:遮栏与低压裸导体的距离不应小于0.8 m;网眼遮栏与裸导体之间的距离,低压设备不宜小于0.15 m,10 kV设备不宜小于0.35 m。屏护装置应安装牢固。

金属材料制成的屏护装置应可靠接地(或接零),遮栏、栅栏应根据需要挂标示牌。遮栏出入口的门上应根据需要安装信号装置和连锁装置。

(3)间距

间距是将可能触及的带电体置于可能触及的范围之外。带电体与地面之间、带电体与树木之间、带电体与其他设施和设备之间、带电体与带电体之间均需保持一定的安全距离。安全距离的大小决定于电压高低、设备类型、环境条件和安装方式等因素。架空线路的间距须考虑气温、风力、覆冰和环境条件的影响。在低压操作中,人体及其所携带工具与带电体的距离不应小于0.1 m。

此外,双重绝缘、安全电压及剩余电流动作保护可兼防直接接触和间接接触电击的措施。

4. 电击分为直接接触电击和间接接触电击,针对电击的类型应当采取相应的安全技术措施。下列说法中,属于间接接触电击的有(　　)。

A. 电动机漏电,手指直接碰到电动机的金属外壳

B. 起重机碰高压线,挂钩工人遭到电击

C. 电动机接线盒盖脱落,手持金属工具碰到接线盒内的接线端子

D. 电风扇漏电,手背直接碰到风扇的金属护网

E. 检修工人手持电工刀割破带电的导线

【答案】BCE

【解析】根据电击时所触及的带电体是否为正常带电状态,电击分为直接接触电击和间接接触电击两类。①直接接触电击。指在电气设备或线路正常运行条件下,人体直接触及了设备或线路的带电部分所形成的电击。②间接接触电击。指在设备或线路故障状态下,原本正常情况下不带电的设备外露可导电部分或设备以外的可导电部分变成了带电状态,人体与上述故障状态下带电的可导电部分触及而形成的电击。

5. 电气火灾爆炸是由电气引燃源引起的火灾和爆炸。电气引燃源中形成危险温度的原因有:短路、过载、漏电、散热不良、机械故障、电压异常、电磁辐射等。下列情形中,属于因过载和机械故障形成危险温度的有(　　)。

A. 电气设备或线路长期超设计能力超负荷运行

B. 交流异步电动机转子被卡死或者轴承损坏

C. 运行中的电气设备发生绝缘老化和变质

D. 电气线路或设备选型和设计不合理

E. 交流接触器分断时产生电火花

【答案】ABD

【解析】形成危险温度的典型情况如下:①短路。指不同的电位的导电部分之间包括导电部分对地之间的低阻性短接。发生短路时,线路中电流增大为正常时的数倍乃至数十倍,由于载流导体来不及散热,温度急剧上升,除对电气线路和电气设备产生危害外,还形成危险温度。短路的暂态过程会产生很大的冲击电流,在流过设备的瞬间产生很大的电动力,造成电气设备损坏。电气设备安装和检修中的接线和操作错误,可能引起短路;运行中的电气设备或线路发生绝缘老化、变质;或受过度高温、潮湿、腐蚀作用;或受到机械损伤等而失去绝缘能力,可能导致短路。由于外壳防护等级不够,导电性粉尘或纤维进入电气设备内部,也可能导致短路。因防范措施不到位,小动物、霉菌及其他植物也可能导致短路。由于雷击等过电压、操作过电压的作用,电气设备的绝缘可能遭到击穿而短路。②过载。电气线路或设备长时间过载也会导致温度异常上升,形成引燃源。过载的原因主要有如下几种情况。电气线路或设备设计选型不合理,或没有考虑足

够的裕量,以致在正常使用情况下出现过热。电气设备或线路使用不合理,负载超过额定值或连续使用时间过长,超过线路或设备的设计能力,由此造成过热。设备故障运行造成设备和线路过负载,如三相电动机单相运行或三相变压器不对称运行均可能造成过负载。电气回路谐波能使线路电流增大而过载。如三相四线制电路三次及其奇数倍谐波电流会引起中性线过载危险。③漏电。电气设备或线路发生漏电时,因其电流一般较小,不能促使线路上的熔断器的熔丝动作。一般当漏电电流沿线路比较均匀地分布,发热量分散时,火灾危险性不大。而当漏电电流集中在某一点时,可能引起比较严重的局部发热,引燃成灾。④接触不良。电气线路或电气装置中的电路连接部位是系统中的薄弱环节,是产生危险温度的主要部位之一。电气接头连接不牢、焊接不良或接头处夹有杂物,都会增加接触电阻而导致接头过热。刀开关、断路器、接触器的触点、插销的触头等,如果没有足够的接触压力或表面粗糙不平等,均可能增大接触电阻,产生危险温度。对于铜、铝接头,由于铜和铝的理化性能不同,接触状态会逐渐恶化,导致接头过热。⑤铁芯过热。对于电动机、变压器、接触器等带有铁芯的电气设备,如果铁芯短路(片间绝缘破坏)或线圈电压过高,由于涡流损耗和磁滞损耗增加,使铁损增大,将造成铁芯过热并产生危险温度。⑥散热不良。电气设备在运行时必须确保具有一定的散热或通风措施。如果这些措施失效,如通风道堵塞、风扇损坏、散热油管堵塞、安装位置不当、环境温度过高或距离外界热源太近等,均可能导致电气设备和线路过热。⑦机械故障。由交流异步电动机拖动的设备,如果转动部分被卡死或轴承损坏,造成堵转或负载转矩过大,都会因电流显著增大而导致电动机过热。交流电磁铁在通电后,如果衔铁被卡死,不能吸合,则线圈中的大电流持续不降低,也会造成过热。由电气设备相关的机械摩擦导致的发热。⑧电压异常。相对于额定值,电压过高和过低均属电压异常。电压过高时,除使铁芯发热增加外,对于恒阻抗设备,还会使电流增大而发热。电压过低时,除可能造成电动机堵转、电磁铁衔铁吸合不上,使线圈电流大大增加而发热外,对于恒功率设备,还会使电流增大而发热。⑨电热器具和照明器具。其正常情况下的工作温度就可能形成危险温度,如:电炉电阻丝工作温度为 800 ℃,电熨斗为 500～600 ℃,白炽灯灯丝为 2000～3000 ℃,100 W 白炽灯泡表面为 170～220 ℃。⑩电磁辐射能量。在连续发射或脉冲发射的射频(9 kHz～60 GHz)源的作用下,可燃物吸收辐射能量可能形成危险温度。

6. 电流的热效应、化学效应、机械效应对人体的伤害有电烧伤、电烙印、皮肤金属化等多种。下列关于电流伤害的说法中,正确的有(　　)。

A. 不到 10 A 的电流也可能造成灼伤

B. 电弧烧伤也可能发生在低压系统

C. 短路时开启式熔断器熔断,炽热的金属微粒飞溅出来不至于造成灼伤

D. 电光性眼炎表现为角膜炎、结膜炎

E. 电流作用于人体使肌肉非自主地剧烈收缩可能产生伤害

【答案】ABDE

【解析】电伤分为电弧烧伤、电流灼伤、皮肤金属化、电烙印、机械性损伤、电光眼等伤害。

电弧烧伤是由弧光放电造成的烧伤,是最危险的电伤。电弧温度高达 8000 ℃,可造成大面积、大深度的烧伤,甚至烧焦、烧毁四肢及其他部位。选项 C 错误。短路时开启式熔断器熔断,炽热的金属微粒飞溅出来会造成灼伤。

7. 电气装置运行中产生的危险温度、电火花和电弧是导致电气火灾爆炸的重要因素。下列关于电气引燃源的说法中,正确的有(　　)。

A. 变压器、电动机等电气设备铁芯涡流损耗异常增加,将造成铁芯温度升高,产生危险温度

B. 短路电流流过电气设备时,主要产生很大的电动力,造成设备损坏,而不会产生危险温度

C. 三相四线制电路中，节能灯、微波炉、电焊机等电气设备产生的三次谐波容易造成中性线过载，带来火灾隐患

D. 铜、铝接头经过长期带电运行，接触状态会逐渐恶化，导致接头过热，形成引燃源

E. 雷电过电压、操作过电压会击穿电气设备绝缘，并产生电弧

【答案】 ACDE

【解析】 电气设备正常运行时发热和温度都限制在一定的范围内，但在异常情况下可能产生危险温度。产生危险温度的原因详见前面第 5 题答案解析。

电火花是电极间的击穿放电，大量电火花汇集起来即构成电弧，电弧温度高达 8000 ℃。电火花和电弧不仅能引起可燃物燃烧，还能使金属熔化、飞溅，构成二次引燃源。

电火花分为工作火花和事故火花。工作火花指电气设备正常工作或正常操作过程中产生的电火花。例如，刀开关、断路器、接触器、控制器接通和断开线路时会产生电火花；插销拔出或插入时产生的火花；直流电动机的电刷与换向器的滑动接触处、绕线式异步电动机的电刷与滑环的滑动接触处也会产生电火花。

事故火花是线路或设备发生故障时出现的电火花，包括短路、漏电、松动、接地、断线、分离时形成的电火花及变压器、多油断路器等高压电气设备绝缘表面发生的闪络等。事故火花还包括由外部原因产生的雷电火花、静电火花、电磁感应火花等。

8. 根据能量转移论的观点，电器危险因素是由于电能非正常状态形成的。触电是电气危险因素之一，触电分为电击和电伤两种伤害形式。下列关于电击、电伤的说法中，错误的有(　　)。

A. 大部分触电死亡既有电击的原因也有电伤的原因

B. 电击是电流直接作用于人体或电流转换为其他形态的能量作用于人体造成的伤害

C. 电伤是电流直接作用于人体造成的伤害

D. 电击都发生在低压电气设备上，电伤都发生在高压设备上

E. 单纯的电伤不会致人死亡

【答案】 BCDE

【解析】 电击是电流通过人体，刺激机体组织，使肌体产生针刺感、压迫感、打击感、痉挛、疼痛、血压异常、昏迷、心律不齐、心室颤动等造成伤害的形式。严重时会破坏人的心脏、肺部、神经系统的正常工作，形成危及生命的伤害。电伤是电流的热效应、化学效应、机械效应等对人体所造成的伤害。伤害多见于机体的外部，往往在机体表面留下伤痕。能够形成电伤的电流通常比较大。电伤的危险程度决定于受伤面积、受伤深度、受伤部位等。

9. 电气装置的危险温度以及电气装置上发生电火花或电弧是两个重要的电气引燃源。电气装置的危险温度指超过其设计运行温度的异常温度。下列图所示 5 种电气装置中，正常运行与操作时会在空气中产生电火花的有(　　)。

节能灯

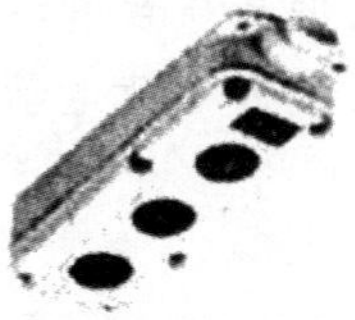
控制按钮

插座

接触器

绝缘电线

A. 节能灯　B. 控制按钮　C. 插座　D. 接触器　E. 绝缘电线

【答案】 BCD

【解析】 电火花和电弧分为工作电火花及电弧、事故电火花及电弧。

(1)工作电火花及电弧。指电气设备正常工作或正常操作过程中所产生的电火花。例如,刀开关、断路器、接触器、控制器接通和断开线路时会产生电火花;插销拔出或插入时的火花;直流电动机的电刷与换向器的滑动接触处、绕线式异步电动机的电刷与滑环的滑动接触处也会产生电火花等。切断感性电路时,断口处火花能量较大,危险性也较大。当该火花能量超过周围爆炸性混合物的最小引燃能量时,即可能引起爆炸。

(2)事故电火花及电弧。包括线路或设备发生故障时出现的火花。如绝缘损坏、导线断线或连接松动导致短路或接地时产生的火花;电路发生故障,熔丝熔断时产生的火花;沿绝缘表面发生的闪络等。

10. 正确划分爆炸危险区域的级别和范围是电气防爆设计的基本依据之一。下列关于爆炸危险区域划分的说法中,正确的有(　　)。

A. 固定顶式油罐内部油面上方的空间应划分为爆炸气体环境 0 区

B. 正常运行时偶然释放爆炸性气体的空间可划分为爆炸性气体 1 区

C. 正常运行时偶尔且只能短时间释放爆炸性气体的空间不划分为爆炸性气体环境

D. 良好、有效的通风可降低爆炸性环境的危险等级

E. 爆炸性气体密度大于空气密度时,应提高地沟、凹坑内爆炸性环境的危险等级

【答案】ABDE

【解析】选项 C 所指空间应划分为爆炸性气体环境 2 区。

11. 杨某带电修理照明插座时,电工改锥前端造成短路,眼前亮光一闪,改锥掉落地上,杨某手部和面部有灼热感,流泪不止。他遭到的电气伤害有(　　)。

A. 直接接触电击　B. 间接接触电击　C. 电弧烧伤　D. 灼伤　E. 电光性眼炎

【答案】CD

【解析】本题考查的是电伤。本题亮光一闪造成的灼热感属于灼伤,流泪不止并不是结膜发炎,所以不选电光性眼炎。

12. 电气装置的危险温度以及电气装置上发生的电火花或电弧是两个重要的电气引燃源。电气装置的危险温度指超过其设计运行温度的异常温度。电气装置的下列状态中,能产生危险温度的有(　　)。

A. 日光灯镇流器散热不良　B. 电气接点接触压力不够　C. 电动机电源电压过高

D. 电动机空载运行　E. 18 W 节能灯连续点燃 4 小时

【答案】ABC

【解析】本题考查的是电气火灾和爆炸。选项 A 属于散热不良,选项 B 属于接触不良,选项 C 属于电压异常。

13. 线路电压偏高和电压偏低都可能带来不良后果,下列关于电压偏高引起危险的说法中,正确的是(　　)。

A. 电压偏高导致照明线路电流过大　B. 电压偏高导致电动机铁芯过热

C. 电压偏高导致交流接触不能吸合　D. 电压偏高导致电动机停转

E. 电压偏高导致变压器铁芯过热

【答案】ABE

【解析】本题考查的是电气火灾和爆炸。电压过高时,除使铁芯发热增加外,对于恒阻抗设备,还会使电流增大而发热。电压过低时,除可能造成电动机停转、电磁铁衔铁吸合不上,使线圈电流大大增加而发热外,对于恒功率设备,还会使电流增大而发热。

14. 漏电保护器是一种防止触电的自动化电器,对于防止直接接触电击和间接接触电击都

有作用。下列设备中，必须安装使用漏电保护器的有（ ）。

A. 宾馆房间的电源插座　　B. 游泳池的电气设备　　C. 高压电气设备

D. 移动式电焊机　　E. 幼儿园用电设备

【答案】ABDE

【解析】本题考查的是用电设备和低压电器。高压用电设备必须采用保护接地或者保护接零。有金属外壳的Ⅰ类移动式电气设备和手持式电动工具，安装在潮湿或强腐蚀等恶劣场所的电气设备，建筑施工工地的施工电气设备，临时性电气设备，宾馆客房内的插座，触电危险性较大的民用建筑物内的插座，游泳池或浴池类场所的水中照明设备，安装在水中的供电线路和电气设备，以及医院中直接接触人体的医用电气设备（胸腔手术室的除外）等均应安装漏电保护装置。

15. 起重机械触电事故是指从事起重操作和检修作业的人员，因触电而导致人身伤亡的事故，为防止此类事故，主要应采取的防护措施有（ ）。

A. 照明使用安全电压　　B. 与带电体保持安全距离　　C. 保护线可靠连接

D. 电源滑触线断电　　E. 加强屏护

【答案】ABE

【解析】本题考查的是起重机械触电事故。触电安全防护措施：

（1）保证安全电压。为保证人体触电不至于造成严重伤害与伤亡，触电的安全电压必须在 50 V 以下。目前起重机应采用低压安全操作，常采用的安全低压操作电压为 36 V 或 42 V。

（2）保证绝缘的可靠性。起重机电气系统虽有绝缘保护措施，但是环境温度、湿度、化学腐蚀、机械损伤，以及电压变化等都会使绝缘材料减小电阻值，或者出现因绝缘材料老化造成漏电的现象，因此，必须经常用摇表（兆欧上的某些无法加装绝缘装置的部分表）测量检查各种绝缘环节的可靠性。

（3）加强屏护保护。对起重机上的某些无法加装绝缘装置的部分，如馈电的裸露滑触线等，必须加设护栏、护网等屏护设施。

（4）严格保证配电最小安全净距。起重机电气的设计与施工必须规定出保证配电安全的合理距离。

（5）保证接地与接零的可靠性。电气设备一旦漏电，起重机的金属部分就会带有一定电压，作业人员若触及起重机金属部分就可能发生触电事故。如果接地和接零措施安全可靠，就可以防止这类触电事故。

（6）加强漏电触电保护。除了在起重机电气系统中采用电压型漏电保护装置、零序电流型漏电保护装置和泄漏电流型漏电保护装置来防止漏电之外，还应设有绝缘站台（司机室采用木制或橡胶地板），规定作业人员穿戴绝缘鞋等进行操作与检修。

16. 电火花是电极间的击穿放电，是电气引燃源的主要形式之一。电火花分为工作电火花和事故电火花两类。下列情况产生的电火花中，属于事故电火花的有（ ）。

A. 导线连接松动或绝缘损坏导致短路或接地时产生的火花

B. 刀开关、断路器、接触器、控制器接通和断开线路时产生的火花

C. 绕线式异步电动机的电刷与滑环的接触处产生的火花

D. 沿绝缘表面发生的闪络

E. 雷电直接放电及二次放电火花

【答案】AD

【解析】刀开关、断路器、接触器、控制器接通和断开线路时产生的火花为相关设备在正常工

作过程中产生的火花，不可避免，不属于事故电火花；绕线式异步电动机的电刷与滑环的接触为正常工作过程中的电火花；未引起事故的雷电直接放电及二次放电火花不属于事故电火花。

17. 当电缆发生短路、过载、局部过热、电火花或电弧等故障状态时，所产生的热量将远远超过正常状态。电缆火灾的常见起因有(　　)。

A. 电缆接头的中间接头因压接不紧、焊接不良和接头材料选择不当，导致运行中发热

B. 电缆绝缘损坏导致绝缘击穿发生电弧

C. 电缆头故障使绝缘物自燃

D. 堆积在电缆上的粉尘起火

E. 局部放电引起的电缆过热

【答案】ABCD

【解析】电缆基本结构由线芯、绝缘层、屏蔽层和保护层四个部分组成。局部放电容易导致绝缘层被击穿，是产生断电的主要原因。

18. 异步电动机的火灾危险性源于其内部或外部因素，诸如制造缺陷、运行故障、管理不善等。下列因素中，可能导致异步电动机火灾的有(　　)。

A. 电源电压波动、频率过低

B. 电动机电流保护整定值偏小

C. 电机运行中发生过载、堵转

D. 电机绝缘破坏，发生相间短路

E. 绕组断线或接触不良

【答案】ACDE

【解析】异步电动机的火灾危险性是由其内部和外部的诸如制造工艺和操作运行等种种原因造成的。其原因主要有：电源电压波动、频率过低；电机运行中发生过载、堵转、扫膛(转子与定子相碰)；电机绝缘破坏，发生相间、匝间短路；绕组断线或接触不良；选型和启动方式不当等。

19. 良好的绝缘是保证电气设备和线路正常运行的必要条件，选择绝缘材料应视其环境适应性而定。下列情形中，可能造成绝缘破坏的有(　　)。

A. 石英绝缘在常温环境中使用

B. 矿物油绝缘中杂质过多

C. 陶瓷绝缘长期在风吹日晒环境中使用

D. 聚酯漆绝缘在高电压作用环境中使用

E. 压层布板绝缘在霉菌侵蚀的环境中使用

【答案】BCDE

【解析】选项A错误，石英绝缘在常温环境中使用不会造成绝缘破坏。绝缘破坏：绝缘受潮、承受超过绝缘规定的温升、外界机械损伤、过电压击穿等。机械性损伤：外界损伤，车辆碾压损伤，设备的砸伤，操作不当引起的拉伤。物理性损伤：过度卷曲，拉伸，绝缘角质损伤，膨胀，冷缩。电气性损伤：谐波过电压，造成的绝缘击穿；导体长期过热，造成的绝缘老化。化学性损伤：导体绝缘长期暴晒在阳光、空气中造成的氧化，导体绝缘长期在水中导致的绝缘分解，降低耐压程度，或置于腐蚀性气体或液体中导致的绝缘损坏和长期高温环境下的热辐射导致的绝缘碳化等。

20. 在保护接零系统中，对于配电线路、供给手持式电动工具或移动式电气设备的线路，故障持续时间的要求各不相同。下列对线路故障持续时间的要求中，正确的有(　　)。

A. 对于配电线路，故障持续时间不宜超过5.0 s

B. 仅供给固定式电气设备的线路，故障持续时间不宜超过8.0 s

C. 手持式电动工具的220 V的线路，故障持续时间不应超过0.4 s

D. 移动式电动工具的380 V的线路，故障持续时间不应超过0.2 s

E. 移动式电动工具的220 V的线路，故障持续时间不应超过1.0 s

【答案】 AC

【解析】 对于相线对地电压 220 V 的 TN 系统，手持式电气设备和移动式电气设备末端线路或插座回路的短路保护元件应保证故障持续时间不超过 0.4 s，配电线路或固定式电气设备的末端线路应保证故障持续时间不超过 5.0 s。

第三章　特种设备安全技术

大纲要求：

特种设备安全技术。运用特种设备安全相关技术和标准，辨识、分析、评价特种设备和作业过程中存在的安全风险，解决锅炉、压力容器（含气瓶）、压力管道、电梯、起重机械、场（厂）内专用机动车辆、客运索道、大型游乐设施等特种设备安全技术问题。

一、单项选择题

基础训练

1. 按照《特种设备安全监察条例》的规定，电梯应至少每15日进行一次（　　）。

A. 载荷试验　　B. 清洁、润滑、调整和检查

C. 型式试验　　D. 定期监督检验

2. 按照《特种设备安全监察条例》的规定，特种设备安全技术档案包括（　　）。

A. 安全附件的设计文件　　B. 特种设备日常使用状况记录

C. 特种设备操作人员的工作业绩档案　　D. 特种设备操作人员考核档案

3. 压力容器气密试验又称为致密性试验或泄漏试验，对（　　）介质的压力容器，必须进行气密试验。

A. 高温　　B. 高压

C. 毒性强度为高度危害　　D. 腐蚀

4. 在特种设备无损检测方法中，（　　）对埋藏的气孔、夹渣等体积型缺陷检出率高。

A. 超声波检测　　B. 射线检测　　C. 磁粉检测　　D. 渗透检测

5. 标准《气瓶颜色标志》(GB 7144)对气瓶的颜色、字样和色环做了严格的规定，氯气瓶的颜色一般为（　　）色。

A. 天蓝　　B. 黄　　C. 黑　　D. 草绿

6. 下述（　　）不属于锅炉安全附件。

A. 水泵阀门　　B. 安全阀　　C. 水位表　　D. 压力表

7. 检测时与工件不接触，不仅可以探伤，而且可以揭示尺寸变化和材料特性的检测方法是（　　）。

A. 磁记忆检测　　B. 磁粉检测　　C. 渗透检测　　D. 涡流检测

8. 乙炔瓶充装时，其充装压力和充装流速应满足（　　）。

A. 充装压力不得大于2.5 MPa、充装气体体积流量应小于0.015 $m^3/(h \cdot L)$

B. 充装压力不得大于2 MPa、充装气体体积流量应小于0.015 $m^3/(h \cdot L)$

C. 充装压力不得大于2.5 MPa、充装气体体积流量应小于0.15 $m^3/(h \cdot L)$

D. 充装压力不得大于2 MPa、充装气体体积流量应小于0.15 $m^3/(h \cdot L)$

9. 蒸汽锅炉出口饱和蒸汽的温度随其压力的升高而（　　）。

A. 不确定　B. 降低　C. 不变　D. 升高

10. 按照《压力容器安全技术监察规程》的规定，安全状况等级为1～2级的压力容器，内外部检验的期限为每(　　)年至少1次。

A. 1　B. 3　C. 6　D. 4

11. 按照《蒸汽锅炉安全技术监察规程》的规定，额定蒸发量大于或等于(　　)t/h的锅炉，应装设高低水位报警器、低水位连锁保护装置。

A. 1　B. 2　C. 4　D. 5

12. 在用起重机械安全定期监督检验周期为(　　)年。

A. 2　B. 1　C. 3　D. 0.5

13. 超载保护装置是起重机保护措施之一，(　　)一般使用起重量限制器和力矩限制器来共同实施超载保护。

A. 门式起重机　B. 流动式起重机

C. 动臂变幅式塔式起重机　D. 小车变幅式起重机

14. 在锅炉的锅筒或潮湿的烟道内工作使用电灯照明时，照明电压不得超过(　　)V。

A. 12　B. 32　C. 24　D. 220

15. 对大型游乐设施使用单位的安全保证负责人具有特殊要求，但不包括(　　)。

A. 持有特种设备安全监督管理部门颁发的相应资质证书

B. 3年以上管理工作经历或工程师以上任职资格

C. 熟悉本单位各类游乐设施的技术性能

D. 掌握相关法律法规知识

16. 建立电梯的档案卡片是电梯安全管理的内容之一，下列不属于电梯档案卡片内容的是(　　)。

A. 电梯电气布置图　B. 电梯的额定载重量

C. 电梯的电动机额定功率　D. 电梯操纵方式

17. 锅炉发生了“汽水共腾”事故之后，过热蒸汽温度(　　)。

A. 上升　B. 不确定　C. 不变　D. 下降

18. 根据《特种设备安全监察条例》，下列设备中，属于特种设备的是(　　)。

A. 挖掘机　B. 大型车床　C. 铁路机车　D. 汽车起重机

19. 在压力容器中并联组合使用安全阀和爆破片时，安全阀的开启压力应(　　)爆破片的标定爆破压力。

A. 略低于　B. 等于　C. 略高于　D. 高于

20. 某游客在游乐园内乘坐观光缆车，缆车启动后感到恐惧，用力敲打舱壁要求停车。此时，缆车操作人员应当(　　)。

A. 立即停车，让乘客跳下座舱　B. 继续运行，转完一圈后再停下来

C. 立即停车并反转，将乘客疏散下来　D. 放慢速度，继续运行

21. 爆破帽是压力容器安全附件的一种，其爆破压力误差较小，泄放面积较小，多用于(　　)容器。

A. 高压　B. 超高压　C. 中压　D. 低压

22. 依据《起重机械安全规程》(GB 6067—2010)，下列装置中，露天工作于轨道上的门座式起重机应装设的是(　　)。

A. 偏斜调整和显示装置　B. 防后倾装置

C. 防风防爬装置　　D. 回转锁定装置

23. 在使用瓶装液化石油气过程中，为了保证安全，下列做法中，正确的是(　　)。

A. 尽量将瓶内气体用尽　　B. 倒尽瓶内的残液

C. 将气瓶倒置　　D. 留有一定的剩余气体

24. 对运行中的压力容器，应由专职操作人员进行经常性检查。检查内容主要包括工艺条件、设备状况和(　　)等。

A. 安全装置　　B. 周围环境　　C. 工作介质　　D. 容器附件

25. 锅炉操作人员在对某新安装锅炉进行了全面检查，确认锅炉处于完好状态后，启动锅炉的正确步骤是(　　)。

A. 上水、点火升压、煮炉、烘炉、暖管与并汽

B. 上水、烘炉、煮炉、点火升压、暖管与并汽

C. 暖管与并汽、烘炉、煮炉、上水、点火升压

D. 煮炉、烘炉、上水、点火升压、暖管与并汽

26. 水在锅炉管道中流动时，因速度突然变化导致压力瞬间增大，形成压力波并在管道中传播而引起的事故是(　　)。

A. 水击事故　　B. 汽水共腾事故　　C. 爆管事故　　D. 水蒸气爆炸事故

27. 仓库内的气瓶放置应整齐，戴好瓶帽；立放时，要妥善固定；横放时，头部朝同一方向，垛高不应超过(　　)层。

A. 3　　B. 4　　C. 5　　D. 6

28. 压力容器内高压气体迅速膨胀并高速释放内在能量的现象是(　　)爆炸现象。

A. 化学　　B. 物理　　C. 超压　　D. 水蒸气

29. 根据《特种设备安全监察条例》，特种设备是指涉及生命安全、危险性较大的锅炉、压力容器、压力管道等。下列各组设备中，均属于特种设备的是(　　)。

A. 防爆电器、起重机械、客运索道、大型游乐设施

B. 电梯、客运索道、大型游乐设施、冶金机械

C. 电梯、起重机械、客运索道、大型游乐设施

D. 电梯、起重机械、锻压机械、大型游乐设施

30. 根据无损检测方法的原理、特点和适用范围判断，如果对一台材料为奥氏体不锈钢的压力容器筒体纵焊缝进行表面缺陷的检测，宜采用(　　)检测方法。

A. 涡流　　B. 声发射探伤　　C. 磁粉　　D. 渗透

31. 根据射线检测的特点，射线检测对(　　)缺陷检出率高。

A. 裂纹　　B. 夹渣　　C. 未熔合　　D. 白点

32. 氧气瓶充装时，充装人员的手套、服装、工具等均不得沾有(　　)。

A. 水泥　　B. 水　　C. 油脂　　D. 石粉

33. 起重机吊载接近或达到额定值，或起吊危险物(液态金属，有害物，易燃易爆物)前，应认真检查制动器，并用(　　)试吊。

A. 小高度，长行程　　B. 小高度，短行程　　C. 大高度，短行程　　D. 大高度，长行程

34. 为防止锅炉炉膛爆炸，启动燃气锅炉的顺序为(　　)。

A. 送风—点燃火炬—送燃料　　B. 送风—送燃料—点燃火炬

C. 点燃火炬—送风—送燃料　　D. 点燃火炬—送燃料—送风

35. 下列有关压力容器检验的阐述中，不安全的是(　　)。

A. 实施检验前，确认扶梯、平台、脚手架、射线防护等符合安全作业要求，放置了安全警戒标志

B. 设备内部介质已放空，对其内部残留的易燃介质用空气进行置换

C. 关闭所有连接被检查设备的阀门，用盲板隔断所有液体、气体或蒸汽的来源

D. 检验人员进入压力容器内部时，外部有人进行监护

36. 《蒸汽锅炉安全技术监察规程》规定，制造锅炉受压元件的金属材料必须是(　　)。

A. 沸腾钢　　B. 半镇静钢　　C. 镇静钢　　D. 耐热钢

37. 锅炉属于承压类特种设备，其常用的安全附件有安全阀、压力表、水位计、温度测量装置、保护装置、防爆门和锅炉自动控制装置等，下列装置或设施中，属于锅炉安全附件的是(　　)。

A. 引风机　　B. 排污阀或放水装置

C. 单向截止阀　　D. 省煤器

38. 下列关于锅炉缺水事故的叙述中，不正确的是(　　)。

A. 锅炉严重缺水会使锅炉蒸发受热面管子过热变形甚至烧塌

B. 锅炉严重缺水会使受热面钢材过热或过烧，降低或丧失承载能力

C. 锅炉缺水应立即上水，防止受热面钢材过热或过烧

D. 相对容水量较大的小型锅炉缺水时，应首先判断缺水程度，然后酌情予以不同的处理

39. 永久气体气瓶充装量，按照(　　)的原则确定。

A. 气瓶内气体的压力在基准温度下应不超过其公称工作压力；在最高使用温度下应不超过气瓶的许用压力

B. 气瓶内气体的压力在基准温度下应不超过其公称工作压力；在温度高于最高使用温度5 ℃时，压力不超过气瓶的许用压力

C. 气瓶内气体的压力在基准温度下应不超过其公称工作压力的90%；在最高使用温度下应不超过气瓶的许用压力

D. 气瓶内气体的压力在基准温度下应不超过其公称工作压力的90%；在温度高于最高使用温度5 ℃时，压力不超过气瓶的许用压力

40. 锅炉按用途分为(　　)、工业锅炉、生活锅炉、机车锅炉、船舶锅炉等。

A. 电站锅炉　　B. 高压锅炉　　C. 沸腾炉　　D. 蒸汽锅炉

41. 安全阀、爆破片都是压力容器的安全泄压装置。爆破片与安全阀相比，具有(　　)的特点。

A. 结构简单，泄压反应快，密封性能好，适应性差

B. 结构简单，密封性能好，适应性强，泄压反应慢

C. 泄压反应快，密封性能好，适应性强，结构复杂

D. 结构简单，泄压反应快，密封性能好，适应性强

42. 根据《压力容器安全技术监察规程》对压力容器的分类，第三类压力容器里低温液体储存容器的容积(　　)。

A. 小于5 m^3　　B. 不限制　　C. 大于3 m^3　　D. 大于5 m^3

43. 从安全角度考虑，起重机设计时不须满足的条件是(　　)。

A. 金属结构和机械零部件应具有足够的强度、刚性和抗弯曲能力

B. 整机必须具有必要的抗倾覆稳定性

C. 原动机具有满足作业性能要求的功率，制动装置提供必需的制动力矩

D. 连续调整额定起重量

44. 下列无损检测方法中，属于动态无损检测方法的是（　　），它可以连续监测设备内部缺陷发展的全过程。

A. 射线检测　　B. 涡流检测　　C. 磁粉检测　　D. 声发射探伤

45. 不属于锅炉正常运行中监督调节范围的是（　　）。

A. 锅炉水位　　B. 锅炉气压　　C. 烟气流速　　D. 燃烧状态

46. 气瓶安全泄压装置包括（　　）。

A. 爆破片、易熔塞、安全阀、压力表

B. 爆破片、易熔塞、爆破片-易熔塞复合装置、压力表

C. 爆破片、易熔塞、安全阀、爆破片-易熔塞复合装置

D. 爆破片、易熔塞、安全阀、爆破片-安全阀复合装置

47. 关于锅炉检修前的准备工作，不正确的做法是（　　）。

A. 当锅水温度降到 80 ℃以下时，把被检验锅炉上的各种门孔打开

B. 把被检验锅炉上蒸汽等管道与其他锅炉相应管道的通路隔断

C. 被检验锅炉的燃烧室要与总烟道隔断

D. 打开烟道闸门

48. 按照《特种设备质量监督与安全监察规定》（国家质量技术监督局令第 113 号）的要求，在用电梯的检验周期为（　　）年。

A. 0.5　　B. 1　　C. 2　　D. 3

49. 气密试验又称为致密性试验或泄漏试验。对碳素钢和低合金钢制作的压力容器，其试验用的气体的温度应不低于（　　）℃。

A. 0　　B. 1　　C. 3　　D. 5

50. 压力容器的最高工作压力，多指在（　　）情况下，容器顶部可能出现的最高压力。

A. 非正常操作　　B. 正常操作　　C. 特殊　　D. 各种

51. 压力容器在（　　）时，要加强焊接管理，为保证焊接质量，应按规范要求进行热处理和探伤。

A. 制造、安装、使用　　B. 制造、使用、改造

C. 安装、修理、使用　　D. 制造、修理、改造

52. 下列锅炉安全附件中，不属于保护装置的是（　　）。

A. 超温报警和连锁装置　　B. 排水阀或温度测量装置

C. 高、低水位报警及连锁装置　　D. 锅炉熄火装置

53. 压力容器安全阀与爆破片装置并联组合时，对爆破片标定爆破压力与安全阀开启压力的要求是（　　）。

A. 爆破片的标定爆破压力不得超过容器的设计压力，安全阀的开启压力应略低于爆破片的标定爆破压力

B. 爆破片的标定爆破压力应略高于容器的设计压力，安全阀的开启压力应略低于爆破片的标定爆破压力

C. 爆破片的标定爆破压力不得超过容器的设计压力，安全阀的开启压力应略高于爆破片的标定爆破压力

D. 爆破片的标定爆破压力应略高于容器的工作压力，安全阀的开启压力应略高于爆破片的标定爆破压力

54. 在特种设备检测中,无损检测适合于构件的(　　)检查。

A. 直观　　B. 内部缺陷　　C. 耐腐性　　D. 承载能力

55. 钢材硬度与含碳量的关系是(　　)。

A. 含碳量与其硬度值无关　　B. 含碳量越大,其硬度越低

C. 含碳量越小,其硬度越高　　D. 含碳量越大,其硬度越高

56. 锅炉压力容器定期检验,是指在设备的设计使用期限内,每隔一定的时间对其承压部件和安全装置进行(　　)。

A. 材料性能试验　　B. 破坏性检查

C. 检查和型式试验　　D. 检查或做必要的试验

57. 压力容器在运行中出现下列情况时,不应当立即让容器紧急停止运行的是(　　)。

A. 容器的操作压力或壁温接近安全操作规程规定的极限值

B. 容器的承压部件出现裂纹、鼓包变形、焊缝或可拆连接处泄漏

C. 安全装置全部失效,连接管件断裂,紧固件损坏

D. 高压容器的信号孔或警报孔泄漏

58. 按照有关规定,负责气瓶改装的单位是(　　)。

A. 质量监督部门　　B. 气瓶检验单位

C. 使用单位安全科　　D. 安全生产监督管理部门

59. 锅炉结渣,指灰渣在高温下黏结于受热面、炉墙、炉排之上并越积越多的现象。结渣使锅炉(　　)。

A. 受热面吸热能力减弱,降低了锅炉的出力和效率

B. 受热面吸热能力增加,降低了锅炉的出力和效率

C. 受热面吸热能力减弱,提高了锅炉的出力和效率

D. 受热面吸热能力增加,提高了锅炉的出力和效率

60. 盛装有毒液体的压力容器破裂后,大量液体瞬间汽化,其体积可增大(　　)倍。

A. 1～3　　B. 10～30　　C. 100～300　　D. 1000～3000

61. 一台设计压力为 10 MPa 的 200 m^3 氮气球罐,按照《压力容器安全技术监察规程》的要求,其压力容器类别应划分为(　　)。

A. 第一类压力容器　　B. 第二类压力容器

C. 第三类压力容器　　D. 第四类压力容器

62. 位置的限制与调整装置是起重机的安全装置之一。下列装置,不是位置的限制与调整装置的是(　　)。

A. 上升极限位置限制器　　B. 运行极限位置限制器

C. 偏斜调整和显示装置　　D. 起重量限制器和零位保护器

63. 某企业有一台 10 m^3 盛装液氨的储罐。按照《压力容器安全技术监察规程》的规定,该储罐的压力容器类别应为(　　)压力容器。

A. 第一类　　B. 第二类

C. 第三类　　D. 不属于安全监察范围的

64. 电梯中防止电梯超速和断绳的保护装置是(　　)。

A. 限速器　　B. 安全钳　　C. 曳引轮　　D. 缓冲器

65. 根据超声波检测原理,下列关于超声波检测适用的叙述中,正确的是(　　)。

A. 适宜检验厚度较厚的工件,不适用于复合材料、棒材和锻件试件

B. 适宜检验厚度较厚的工件,适用于角焊缝、棒材和锻件等试件

C. 适宜检验厚度较薄的工件,适用于复合材料、棒材和锻件试件

D. 适宜检验厚度较薄的工件,不适用于复合材料、棒材和锻件试件

66. 当游乐设施滑行车因故障停在拖动斜坡的最高点时,正确的事故应急措施是(　　)。

A. 将乘客从车尾开始,依次向前进行疏散

B. 将乘客从车中间开始,向车尾、再向车头依次进行疏散

C. 将乘客从车头开始,依次向后进行疏散

D. 通知乘客立即下车

67. 下列检测方法中,(　　)可以连续监测设备内部缺陷发展的全过程,属动态无损检测方法。

A. 涡流检测　　B. 磁粉检测　　C. 渗透检测　　D. 声发射检测

68. 对于设计(　　)大于或等于 2 m/s,或者运行高度距地面高于 2 m 的载人大型游乐设施,应纳入质量技术监督部门的安全监察范围。

A. 平均运行角速度　B. 平均运行线速度　C. 最小运行线速度　D. 最大运行线速度

69. 锅炉压力容器定期检验是指在设备的设计使用期限内,(　　)。

A. 每隔一定的时间对设备的承压部件进行检查,或做必要的试验

B. 每隔一定的时间对设备的承压部件和安全装置进行检查,或做必要的试验

C. 按固定的日期对设备的安全装置进行检查,或做必要的试验

D. 按固定的日期对设备的承压部件和安全装置进行检查,或做必要的试验

70. 高压液化气体的充装量,是以(　　)来计量。

A. 液化气体的充装系数　　B. 充装结束时的温度

C. 充装结束时的压力　　D. 充装结束时的温度和压力

71. 气瓶储存不当易引发爆炸、燃烧、中毒等恶性事故。下列气瓶存储要求,错误的是(　　)。

A. 入库的空瓶与实瓶应分别放置,并有明显标志

B. 卧放的气瓶最高堆放层数是 8 层,相邻两层气瓶的头部朝向不同方向

C. 库内相对湿度最高为 80%

D. 临近定期检验日期的气瓶存放在一起,并在栅栏的牌子上注明定期检验的日期

72. 锅炉检修中应注意用电安全,在锅筒和潮湿的烟道内检验而用电灯照明时,照明电压不应超过(　　)V。

A. 24　　B. 36　　C. 48　　D. 110

73. 电梯保护装置是为防人员被剪切和坠落而设计的。下列关于其保护功能的叙述中,正确的是(　　)。

A. 电梯运行时轿门和层门同时被打开,电梯应就近停靠层站,并通知专业人员到场;当轿厢不在层站时,在站层门外不能将层门打开

B. 电梯运行时轿门和层门其中一扇被打开,应通知专业人员到场;当轿厢不在层站时,乘客在站层门外可用紧急开锁钥匙将层门打开

C. 电梯运行时轿门和层门中任一扇被打开,电梯立即停止运行;当轿厢不在层站时,乘客在站层门外可用紧急开锁钥匙将层门打开

D. 电梯运行时轿门和层门中任一扇被打开,电梯立即停止运行;当轿厢不在层站时,在站层门外不能将层门打开

74. 锅炉是指利用各种燃料、电能或者其他能源，将所盛装的液体加热，并对外输出热能的设备。按载热介质分类，将出口介质高于 120 ℃高温水的锅炉称为(　　)。

A. 蒸汽锅炉　　B. 热水锅炉　　C. 中温锅炉　　D. 高温锅炉

75. 叉车液压系统的高压油管一旦发生破裂将会危害人身安全，因此，要求叉车液压系统的高压胶管、硬管和接头至少能够承受液压回路 3 倍的工作压力。对叉车液压系统中高压胶管进行的试验项目是(　　)。

A. 抗拉试验　　B. 爆破试验　　C. 弯曲试验　　D. 柔韧性试验

参考答案：

1. B	2. B	3. C	4. B	5. D
6. A	7. D	8. A	9. D	10. C
11. B	12. A	13. D	14. C	15. B
16. A	17. D	18. D	19. A	20. C
21. B	22. C	23. D	24. A	25. B
26. A	27. C	28. B	29. C	30. D
31. B	32. C	33. B	34. A	35. B
36. C	37. B	38. C	39. A	40. A
41. D	42. D	43. D	44. D	45. C
46. C	47. D	48. B	49. D	50. B
51. D	52. B	53. A	54. B	55. D
56. D	57. A	58. B	59. A	60. C
61. C	62. D	63. C	64. B	65. B
66. C	67. D	68. D	69. B	70. A
71. B	72. A	73. D	74. B	75. B

能力提升

1. 锅炉缺水是锅炉运行中最常见的事故之一。尤其当出现严重缺水时，常常会造成严重后果。如果对锅炉缺水处理不当，可能导致锅炉爆炸，当锅炉出现严重缺水时，正确的处理方法是(　　)。

A. 立即给锅炉上水　　B. 立即停炉　　C. 进行“叫水”操作　　D. 加强水循环

【答案】B

【解析】严重缺水导致爆炸：锅炉的主要承压部件如锅筒、封头、管板、炉胆等，不少是直接受火焰加热的。锅炉一旦严重缺水，上述主要受压部件得不到正常冷却，甚至被烧，金属温度急剧上升甚至被烧红。这样的缺水情况是严禁加水的，应立即停炉。如给严重缺水的锅炉上水，往往酿成爆炸事故。长时间缺水干烧的锅炉也会爆炸。防止这类爆炸的主要措施也是加强运行管理。

发现锅炉缺水时，应首先判断是轻微缺水还是严重缺水，然后酌情予以不同的处理。通常判断缺水程度的方法是“叫水”。“叫水”的操作方法是：打开水位表的放水旋塞冲洗汽连管及水连管，关闭水位表的汽连管旋塞，关闭放水旋塞。如果此时水位表中有水位出现，则为轻微缺水。如果通过“叫水”水位表内仍无水位出现，说明水位已降到水连管以下甚至更严重，属于严重缺水。轻微缺水时，可以立即向锅炉上水，使水位恢复正常。如果上水后水位仍不能恢复正常，应立即停炉检查。严重缺水时，必须紧急停炉。在未判定缺水程度或者已判定属于严重缺水的情况下，严禁给锅炉上水，以免造成锅炉爆炸事故。“叫水”操作一般只适用于相对容水量较大的小型锅炉，不适用于相对容水量很小的电站锅炉或其他锅炉。对相对容水量小的电站锅炉或其他锅炉，以及最高火界在水连管以上的锅壳锅炉，一旦发现缺水，应立即停炉。

2. 锅炉结渣是指灰渣在高温下黏结于受热面、炉墙、炉排之上并越积越多的现象。结渣会使受热面吸热能力减弱，降低锅炉的出力和效率。下列措施中能预防锅炉结渣的是（　　）。

A. 控制炉膛出口温度，使之不超过灰渣变形温度

B. 降低煤的灰渣熔点

C. 提高炉膛温度，使煤粉燃烧后的细灰呈飞腾状态

D. 加大水冷壁间距

【答案】 A

【解析】 锅炉结渣预防。预防结渣的主要措施有：

(1)在设计上要控制炉膛燃烧热负荷，在炉膛中布置足够的受热面，控制炉膛出口温度，使之不超过灰渣变形温度；合理设计炉膛形状，正确设置燃烧器，在燃烧器结构性能设计中充分考虑结渣问题；控制水冷壁间距不要太大，把炉膛出口处受热面管间距拉开；炉排两侧装设防焦集箱等。

(2)在运行上要避免超负荷运行；控制火焰中心位置，避免火焰偏斜和火焰冲墙；合理控制过量空气系数和减少漏风。

(3)对沸腾炉和层燃炉，要控制送煤量，均匀送煤，及时调整燃料层和煤层厚度。

(4)发现锅炉结渣要及时清除。清渣应在负荷较低、燃烧稳定时进行，操作人员应注意防护和安全。

3. 倾翻事故是自行式起重机的常见事故。下列情形中，容易造成自行式起重机倾翻事故的是（　　）。

A. 没有车轮止垫　　B. 没有设置固定锚链

C. 悬臂伸长与规定起重量不符　　D. 悬臂制造装配有缺陷

【答案】 C

【解析】 倾翻事故是自行式起重机的常见事故，自行式起重机倾翻事故大多是由起重机作业前支撑不当引发，如野外作业场地支撑地基松软，起重机支腿未能全部伸出等。起重量限制器或起重力矩限制器等安全装置动作失灵、悬臂伸长与规定起重量不符、超载起吊等因素也都会造成自行式起重机倾翻事故。

4. 为保证压力容器安全运行，通常设置安全阀、爆破片等安全附件。下列关于安全阀、爆破片设置要求的说法中，不正确的是（　　）。

A. 安全阀与爆破片并联组合时，安全阀开启压力应略低于爆破片的标定爆破压力

B. 安全阀与爆破片并联组合时，爆破片的标定爆破压力不得超过容器的设计压力

C. 安全阀出口侧串联安装爆破片时，容器内介质应不含胶着物质

D. 安全阀进口与容器间串联安装爆破片时，爆破片破裂后泄放面积应小于安全阀的进口面积

【答案】 D

【解析】 安全阀与爆破片装置的组合。安全阀与爆破片装置并联组合时，爆破片的标定爆破压力不得超过容器的设计压力。安全阀的开启压力应略低于爆破片的标定爆破压力。

当安全阀进口和容器之间串联安装爆破片装置时，应满足下列条件：①安全阀和爆破片装置组合的泄放能力应满足要求；②爆破片破裂后的泄放面积应不小于安全阀进口面积，同时应保证爆破片破裂的碎片不影响安全阀的正常动作；③爆破片装置与安全阀之间应装设压力表、旋塞、排气孔或报警指示器，以检查爆破片是否破裂或渗漏。

当安全阀出口侧串联安装爆破片装置时，应满足下列条件：①容器内的介质应是洁净的，不含有胶着物质或阻塞物质；②安全阀的泄放能力应满足要求；③当安全阀与爆破片之间存在背压时，阀门仍能在开启压力下准确开启；④爆破片的泄放面积不得小于安全阀的进口面积；⑤安全

阀与爆破片装置之间应设置放空管或排污管，以防止该空间的压力累积。

5. 锅炉压力容器在正式使用前，必须登记、建档、取得使用证。负责登记及审查批准的当地政府部门是(　　)。

A. 工商行政管理部门　　B. 国家税务部门

C. 安全生产监察机构　　D. 特种设备安全监察机构

【答案】D

【解析】登记建档：锅炉压力容器在正式使用前，必须到当地特种设备安全监察机构登记，经审查批准入户建档、取得使用证方可使用。使用单位也应建立锅炉压力容器的设备档案，保存设备的设计、制造、安装、使用、修理、改造和检验等过程的技术资料。

6. 压力容器器壁内部常常存在着不易发现的各种缺陷。为及时发现这些缺陷并进行相应的处理，需采用无损检测的方法进行检验。无损检测的方法有多种，如超声波检测、射线检测、涡流检测、磁粉检测。其中，对气孔、夹渣等体积性缺陷检出率高，适宜检测厚度较薄工件的检测方法是(　　)。

A. 超声波检测　　B. 射线检测　　C. 磁粉检测　　D. 涡流检测

【答案】B

【解析】(1)超声波检测

①超声波检测原理。超声波是一种超出人听觉范围的高频率机械振动波。超声波在同一均匀介质中传播时速度不变，传播方向也不变，如果传播过程中遇到另一种介质，就会发生反射、折射或绕射的现象。制造容器使用的钢材可视为均匀介质，如果内部存在缺陷，则缺陷会使超声波产生反射现象，根据反射波幅的大小、方位，就能判断和测定缺陷的存在。

②超声波检测特点。超声波检测对面积性缺陷的检出率较高，而体积性缺陷检出率较低；适宜检验厚度较大的工件；适用于各种试件，包括对接焊缝、角焊缝、板材、管材、棒材、锻件以及复合材料等；检验成本低、速度快，检测仪器体积小、质量轻，现场使用方便；检测结果无直接见证记录；对位于工件厚度方向上的缺陷定位较准确；材质、晶粒度对检测有影响。

(2)射线检测

①射线检测原理。射线照射在工件上，透射后的射线强度根据物质的种类、厚度和密度而变化，利用射线的照相作用、荧光作用等特性，将这个变化记录在胶片上，经显影后形成底片的黑度变化，根据底片黑度的变化可了解工件内部结构状态，达到检查出缺陷的目的。

②射线检测的特点。用这种检查方法可以获得缺陷直观图像，定性准确，对长度、宽度尺寸的定量也较准确；检测结果有直接记录，可以长期保存；对体积型缺陷(气孔、夹渣类)检出率高，对面积性缺陷(裂纹、未熔合类)如果照相角度不适当，容易漏检；适宜检验厚度较薄的工件，不适宜较厚的工件；适宜检验对接焊缝，不适宜检验角焊缝以及板材、棒材和锻件等；对缺陷在工件中厚度方向的位置、尺寸(高度)的确定较困难；检测成本高、速度慢；射线对人体有害。

(3)磁粉检测

①磁粉检测原理。铁磁性材料被磁化后，其内部产生很强的磁感应强度，磁力线密度增大几百倍到几千倍。如果材料中存在不连续，磁力线会发生畸变，部分磁力线有可能逸出材料表面，从空间穿过，形成漏磁场。因空气的磁导率远低于零件的磁导率，使磁力线受阻，一部分磁力线挤到缺陷的底部，一部分穿过裂纹，一部分排挤出工件的表面后再进入工件。后两部分磁力线形成磁性较强的漏磁场。如果这时在工件上撒上磁粉，漏磁场就会吸附磁粉，形成与缺陷形状相近的磁粉堆积从而显示缺陷。我们称这种堆积为磁痕。当裂纹方向平行于磁力线的传播方向时，磁力线的传播不会受到影响，这时缺陷也不可能检出。

②磁粉检测特点。磁粉检测适宜铁磁材料探伤，不能用于非铁磁材料；可以检出表面和近表面缺陷，不能用于检测内部缺陷；检测灵敏度很高，可以发现极细小的裂纹以及其他缺陷；检测成本很低，速度快；工件的形状和尺寸有时因难以磁化而对探伤有影响。

(4)涡流检测

①涡流检测原理。在工件中的涡流方向与给试件加交流电磁场的线圈(称为初级线圈或激励线圈)的电流方向相反。而涡流产生的交流磁场又使得激励线圈中的电流增加。假如涡流变化，这个增加的部分(反作用电流)也变化，测定这个变化，可得到工件表面的信息。

②涡流检测的特点。检测时与工件不接触，所以检测速度很快，易于实现自动化检测；涡流检测不仅可以探伤，而且可以揭示尺寸变化和材料特性，例如电导率和磁导率的变化，利用这个特点可综合评价容器消除应力热处理的效果，检测材料的质量以及测量尺寸；受集肤效应的限制，很难发现工件深处的缺陷；缺陷的类型、位置、形状不易估计，需辅以其他无损检测的方法来进行缺陷的定位和定性；不能用于绝缘材料的检测。

7. 锅炉的正常停炉是预先计划内的停炉。停炉操作应按规定的次序进行，以免造成锅炉部件的损坏，甚至引发事故。锅炉正常停炉的操作次序应该是(　　)。

A. 先停止燃料供应，随之停止送风，再减少引风

B. 先停止送风，随之减少引风，再停止燃料供应

C. 先减少引风，随之停止燃料供应，再停止送风

D. 先停止燃料供应，随之减少送风，再停止引风

【答案】A

【解析】停炉：正常停炉是预先计划内的停炉。停炉中应注意的主要问题是防止降压降温过快，以避免锅炉部件因降温收缩不均匀而产生过大的热应力。停炉操作应按规程规定的次序进行。大体上说，锅炉正常停炉的次序应该是先停燃料供应，随之停止送风，减少引风；与此同时，逐渐降低锅炉负荷，相应地减少锅炉上水，但应维持锅炉水位稍高于正常水位。对于燃气、燃油锅炉，炉膛停火后，引风机至少要继续引风 5 min。锅炉停止供汽后，应隔断与蒸汽母管的连接，排气降压。为保护过热器，防止其金属超温，可打开过热器出口集箱疏水阀适当放气。降压过程中，司炉人员应连续监视锅炉，待锅内无气压时，开启空气阀，以免锅内因降温形成真空。

8. 起重机械定期检验是指在使用单位进行经常性日常维护保养和自行检查的基础上，由检验机构进行的全面检验。《起重机械定期检验规则》规定，起重机械定期检验应当进行性能试验，首检后每隔 1 个检验周期应进行 1 次的试验项目是(　　)。

A. 静载荷试验　　B. 动荷载试验　　C. 额定载荷试验　　D. 超载试验

【答案】C

【解析】《起重机械定期检验规则》第五条第二款，性能试验中的额定载荷试验、静载荷试验、动载荷试验项目，首检和首次定期检验时必须进行；额定载荷试验项目，以后每间隔 1 个检验周期进行 1 次。

9. 锅炉是一种密闭的压力容器。在高温高压下工作，可能引发锅炉爆炸的原因包括水循环遭破坏、水质不良、长时间低水位运行、超温运行和(　　)。

A. 超时运行　　B. 超压运行　　C. 减压运行　　D. 排气管自动排放

【答案】B

【解析】锅炉事故发生原因包括：①超压运行。如安全阀、压力表等安全装置失灵，或者在水循环系统发生故障，造成锅炉压力超过许用压力，严重时会发生锅炉爆炸。②超温运行。由于烟气流差或燃烧工况不稳定等原因，使锅炉出口汽温过高、受热面温度过高，造成金属烧损或发生爆管事

故。③锅炉水位过低会引起严重缺水事故。锅炉水位过高会引起满水事故,长时间高水位运行,还容易使压力表管口结垢而堵塞,使压力表失灵而导致锅炉超压事故。④水质管理不善。锅炉水垢太厚,又未定期排污,会使受热面水侧积存泥垢和水垢,热阻增大,而使受热面金属烧坏;给水中带有油质或给水呈酸性,会使金属壁过热或腐蚀;碱性过高,会使钢板产生苛性脆化。⑤水循环被破坏。结垢会造成水循环被破坏;锅炉碱度过高,锅筒水面起泡沫、汽水共腾易使水循环遭到破坏。水循环被破坏,锅内的水况紊乱,有的受热面管子将发生倒流或停滞,或者造成“汽塞”,在停滞水流的管子内产生泥垢和水垢堵塞,从而烧坏受热面管子或发生爆炸事故。⑥违章操作。锅炉工的误操作,错误的检修方法和不对锅炉进行定期检查等都可能导致事故的发生。

10. 当压力容器发生超压超温时,下列应急措施中,正确的是(　　)。

A. 停止进料,对有毒易燃易爆介质,应打开放空管,将介质通过接管排至安全地点

B. 停止进料,关闭放空阀门

C. 逐步减少进料,关闭放空阀门

D. 逐步减少进料,对有毒易燃易爆介质,应打开放空管,将介质通过接管排至安全地点

【答案】A

【解析】压力容器事故应急措施:①压力容器发生超压超温时要马上切断进汽阀门;对于反应容器停止进料;对于无毒非易燃介质,要打开放空管排汽;对于有毒易燃易爆介质要打开放空管,将介质通过接管排至安全地点。②如果属超温引起的超压,除采取上述措施外,还要通过水喷淋冷却以降温。③压力容器发生泄漏时,要马上切断进料阀门及泄漏处前端阀门。④压力容器本体泄漏或第一道阀门泄漏时,要根据容器、介质不同使用专用堵漏技术和堵漏工具进行堵漏。⑤易燃易爆介质泄漏时,要对周边明火进行控制,切断电源,严禁一切用电设备运行,并防止静电产生。

11. 为防止压力容器发生爆炸和泄漏事件,在设计上,应采用合理的结构,如全焊透结构、能自由膨胀结构等,以避免应力集中、几何突变,针对设备使用情况,在强度计算及安全阀排量计算时,符合标准的材料应选用塑性和(　　)较好的材料。

A. 刚度　　B. 脆性　　C. 韧性　　D. 应力

【答案】C

【解析】防止压力容器发生爆炸、泄漏事故,在设计上采取的措施:应采用合理的结构,如采用全焊透结构,能自由膨胀等,避免应力集中、几何突变。针对设备使用工况,选用塑性、韧性较好的材料。强度计算及安全阀排量计算符合标准。

12. 起重机械操作过程中要坚持“十不吊”原则。在下列情形中,不能起吊的是(　　)。

A. 起重机装有音响清晰的喇叭、电铃信号装置,在起重臂、吊钩、平衡重等转动体上标有鲜明的色彩标志

B. 起吊载荷达到起重机额定载荷的90%时,应先将重物吊离地面200～300 mm后,检查起重机的安全性、吊索的可靠性、重物的平稳性、绑扎的牢固性,确认后起吊

C. 对关键、重要的货物,为防止吊装绳脱钩,应派人系好安全带、抓牢吊钩随重物一道安全吊至工位

D. 吊运小口径钢管,按标记绑扎位置起吊,吊索与钢管的夹角为50°

【答案】C

【解析】起重机械操作过程中要坚持“十不吊”原则:①指挥信号不明或乱指挥不吊;②物体质量不清或超负荷不吊;③斜拉物体不吊;④重物上站人或有浮置物不吊;⑤工作场地昏暗,无法看清场地、被吊物及指挥信号不吊;⑥遇有拉力不清的埋置物时不吊;⑦工件捆绑、吊挂不牢不吊;⑧重物棱角处与吊绳之间未加衬垫不吊;⑨结构或零部件有影响安全工作的缺陷或损伤时不

吊；⑩钢(铁)水装得过满不吊。

13. 锅炉压力容器的制造单位，必须具备保证产品质量所必需的加工设备、技术力量、检验手段和管理水平，生产相应种类的锅炉或者压力容器必须取得(　　)。

A. ISO 14000 环境管理体系证书　　B. 特种设备制造许可证

C. HSE 管理体系证书　　D. ISO 9000 质量管理体系证书

【答案】B

【解析】锅炉压力容器使用许可厂家的合格产品。国家对锅炉压力容器的设计制造有严格的要求，实行许可生产制度。锅炉压力容器的制造单位，必须具备保证产品质量所必需的加工设备、技术力量、检验手段和管理水平，并取得特种设备制造许可证，才能生产相应种类的锅炉或者压力容器。购置、选用的锅炉压力容器应是许可厂家的合格产品，并有齐全的技术文件、产品质量合格证明书、监督检验证书和产品竣工图。

14. 安全阀是锅炉上重要的安全附件之一，每月自动排放一次，每周手动排放试验一次，做好记录并签名，应定期检验、定压并铅封完好，定期检验的周期是(　　)。

A. 三个月　　B. 半年　　C. 一年　　D. 二年

【答案】C

【解析】安全阀是锅炉上的重要安全附件之一，它对锅炉内部压力极限值的控制及对锅炉的安全保护起着重要的作用。安全阀应按规定配置，合理安装，结构完整，灵敏、可靠。应每年对其检验、定压一次并铅封完好，每月自动排放试验一次，每周手动排放试验一次，做好记录并签名。

15. 起重机司机安全操作要求：吊载接近或达到额定值，或起吊液态金属、易燃易爆物时，吊运前应认真检查制动器，并(　　)。

A. 用小高度、长行程试吊，确认没有问题后再吊运

B. 用小高度、短行程试吊，确认没有问题后再吊运

C. 缓慢起吊，一次性吊运到位

D. —次性吊运到位

【答案】B

【解析】吊载接近或达到额定值，或起吊危险器(液态金属、有害物、易燃易爆物)时，吊运前认真检查制动器，并用小高度、短行程试吊，确认没有问题后再吊运。

16. 压力容器在运行中，应当紧急停止运行的情况是(　　)。

A. 容器的操作压力即将达到安全操作规程规定的极限值

B. 容器的操作温度即将达到安全操作规程规定的极限值

C. 高压容器的信号孔泄漏

D. 容器接管法兰有渗漏

【答案】C

【解析】压力容器的紧急停止运行。压力容器在运行中出现下列情况时，应立即停止运行：容器的操作压力或壁温超过安全操作规程规定的极限值，而且采取措施仍无法控制，并有继续恶化的趋势；容器的承压部件出现裂纹、鼓包变形、焊缝或可拆连接处泄漏等危及容器安全的迹象；安全装置全部失效，连接管件断裂，紧固件损坏等，难以保证安全操作；操作岗位发生火灾，威胁到容器的安全操作；高压容器的信号孔或警报孔泄漏。

17. 按照《特种设备安全监察条例》的定义，特种设备包括锅炉、压力容器、压力管道等 8 类设备。下列设备中，不属于特种设备的是(　　)。

A. 旅游景区观光车辆　　B. 建筑工地升降机

C. 场(厂)内专用机动车辆　　D. 浮顶式原油储罐

【答案】D

【解析】特种设备中的压力容器是指盛装气体或者液体，承载一定压力的密闭设备。场(厂)内专用机动车辆是指除道路交通、农用车辆以外仅在工厂厂区、旅游景区、游乐场所等特定区域使用的专用机动车辆。

18. 盛装易燃易爆介质的压力容器发生超压超温情况时，应采取应急措施予以处置。下列措施中，错误的是(　　)。

A. 对于反应容器应立即停止进料　　B. 打开放空管，紧急就地放空

C. 通过水喷淋冷却降温　　D. 马上切断透气阀门

【答案】B

【解析】本题考查压力容器事故应急措施，详见前面第10题答案解析。

19. 建筑施工工地有可能发生吊笼坠落事故。发生吊笼坠落事故的主要原因是(　　)。

A. 起升机构的制动器性能失效　　B. 未安装起重量限制器

C. 缓冲器失效　　D. 未安装力矩限制器

【答案】A

【解析】起重量限制器是用来限制起重机的起升机构起吊起重量的安全防护装置。力矩限制器是用来对臂架式起重机的起重力矩(起重量与工作幅度的乘积)进行限制的安全防护装置，有机械式和电子式。缓冲器装置主要是在坠落事故发生以后通过弹簧、液压等吸收撞击能量，缓解轿厢冲击的一种防护装置。制动器是电梯的重要安全装置，能够使运行中的电梯在切断电源时自动把轿厢制停，电梯停止运行时，制动器应能保证在125%的额定载荷情况下，使轿厢保持静止，位置不变。

20. 蒸汽锅炉满水和缺水都可能造成锅炉爆炸。水位计是用于显示锅炉内水位高低的安全附件。下列关于水位计的说法中，错误的是(　　)。

A. 水位计的安装应便于观察

B. 锅炉额定蒸发量为1 t/h的可安装1只水位计

C. 管式水位计应有防护装置

D. 水位计应设置放水管并排至安全地点

【答案】B

【解析】水位计用于显示锅炉内水位的高低。水位计应安装合理，便于观察，且灵敏可靠。每台锅炉至少应装两只独立的水位计，额定蒸发量小于等于0.2 t/h的锅炉可只装一只。水位计应设置放水管并接至安全地点，玻璃管式水位计应有防护装置。

21. 下列关于锅炉水压试验程序的做法中，正确的是(　　)。

A. 缓慢升压至试验压力，至少保持20 min，检查是否有泄漏和异常现象

B. 缓慢升压至试验压力，至少保持20 min，再缓慢降压至工作压力进行检查

C. 缓慢升压至工作压力，检查是否有泄漏和异常现象，继续升压至试验压力，至少保持20 min，再缓慢降压至工作压力进行检查

D. 缓慢升压至工作压力，检查是否有泄漏和异常现象，继续升压至试验压力进行检查，至少保持20 min

【答案】C

【解析】水压试验应当缓慢升压至工作压力，检查是否有泄漏或异常现象；继续升压至试验压力，至少保持20 min，再缓慢降压至工作压力，检查所有参加水压试验的承压部件表面、焊缝、胀

口处是否有渗漏、变形，以及管道、阀门、仪表等连接部位是否有渗漏。

22. 叉车护顶架是为保护司机免受重物落下造成伤害而设置的安全装置。下列关于叉车护顶架的说法中，错误的是（　　）。

A. 起升高度超过 1.8 m，必须设置护顶架　　B. 护顶架一般都是由型钢焊接而成

C. 护顶架必须能够遮掩司机的上方　　D. 护顶架应进行疲劳载荷试验检测

【答案】D

【解析】对于叉车等起升高度超过 1.8 m 的工业车辆，必须设置护顶架，以保护司机免受重物落下造成的伤害。护顶架一般都由型钢焊接而成，必须能够遮掩司机的上方，还应保证司机有良好的视野。护顶架应进行静态和动态两种载荷试验检测。

23. 压力容器专职操作人员在容器运行期间应经常检查容器的工作状况，以便及时发现设备的不正常状态。下列检查项目中，属于运行期间检查的是（　　）。

A. 容器及其连接管道的振动情况　　B. 容器材质劣化情况

C. 容器耐压试验　　D. 容器受压元件缺陷扩展情况

【答案】A

【解析】对运行中的容器进行检查，包括工艺条件、设备状况以及安全装置等。在工艺条件方面，主要检查操作压力、操作温度、液位是否在安全操作规程规定的范围内，容器工作介质的化学组成，特别是影响容器安全（如产生应力腐蚀、使压力升高等）的成分是否符合要求。在设备状况方面，主要检查各连接部位有无泄漏、渗漏现象，容器的部件和附件有无塑性变形、腐蚀以及其他缺陷或可疑迹象，容器及其连接管道有无振动、磨损等现象。在安全装置方面，主要检查安全装置以及与安全有关的计量器具是否保持完好状态。

24. 下列关于用两台或多台起重机吊运同一重物的说法中，正确的是（　　）。

A. 吊运过程中保持两台或多台起重机运行同步

B. 若单台超载 5%以内，两台或多台起重机的限定起重载荷需超过起重量的 10%以上

C. 吊运过程中应当保持钢丝绳倾斜，减小钢丝绳受力

D. 吊运时，除起重机司机和司索工外，其他人员不得在场

【答案】A

【解析】有下述情况时，司机不应操作：起重机结构或零部件（如吊钩、钢丝绳、制动器、安全防护装置等）有影响安全工作的缺陷和损伤；吊物超载或有超载可能，吊物质量不清；吊物被埋置或冻结在地下，被其他物体挤压；吊物捆绑不牢，或吊挂不稳，被吊重物棱角与吊索之间未加衬垫；被吊物上有人或浮置物；作业场地昏暗，看不清场地、吊物情况或指挥信号。在操作中不得歪拉斜吊。

用两台或多台起重机调运同一重物时，每台起重机都不得超载。吊运过程应保持钢丝绳垂直，保持同步运行。吊运时，有关负责人员和安全技术人员应在场指挥。

25. 做好压力容器的维护保养工作，可以使容器经常保持完好状态，延长容器使用寿命。下列关于压力容器维护保养内容的说法中，正确的是（　　）。

A. 压力容器加载应缓慢进行　　B. 防止压力容器过载

C. 对运行中的容器进行检查　　D. 保持完好的防腐层

【答案】D

【解析】容器的维护保养主要包括以下几方面的内容：保持完好的防腐层；消除产生腐蚀的因素；消灭容器的“跑、冒、滴、漏”；加强容器在停用期间的维护；经常保持容器的完好状态。

26. 特种设备中，压力管道是指公称直径＞25 mm 并利用一定的压力输送气体或者液体的管道。下列介质中，必须应用压力管道输送的是（　　）。

A. 最高工作压力小于 0.1 MPa 的气体

B. 有腐蚀性、最高工作温度低于标准沸点的液化气体

C. 最高工作温度低于标准沸点的液体

D. 有腐蚀性、最高工作温度高于或者等于标准沸点的液体

【答案】D

【解析】压力管道的使用范围：最高工作压力大于或者等于 0.1 MPa 的气体、液化气体、蒸汽介质或者可燃、易爆、有毒、有腐蚀性、最高工作温度高于或者等于标准沸点的液体介质，且公称直径大于 25 mm 的管道。

27. 水在锅炉管道内流动，因速度突然发生变化导致压力突然发生变化，形成压力波在管道内传播的现象叫水击。水击现象常发生在给水管道、省煤器、过热器、锅筒等部位，会造成管道、法兰、阀门等的损坏。下列关于预防水击事故的措施中，正确的是（　　）。

A. 快速开闭阀门

B. 使可分式省煤器的出口水温高于同压力下饱和温度 40%

C. 暖管前彻底疏水

D. 上锅筒快速进水，下锅筒慢速进汽

【答案】C

【解析】选项 A 正确的说法应是，给水管道和省煤器的阀门启闭不应过于频繁，开闭速度要缓慢；选项 B 正确的说法应是，对可分式省煤器的出水口水温要严格控制，使之低于同压力下的饱和温度 40%；选项 D 正确的说法应是，上锅筒进水速度应缓慢，下锅筒进汽速度也应缓慢。

28. 压力容器的元件开裂、穿孔、密封失效等会造成容器内的介质泄漏。当压力容器发生泄漏时，下列处理方法中，错误的是（　　）。

A. 切断泄漏处相关联的阀门　　B. 堵漏

C. 打开放空管排气　　D. 控制周围明火

【答案】C

【解析】选项 C 属于压力容器超压超温时要进行的措施。压力容器事故应急措施详见前面第 10 题答案解析。

29. 安全附件是为了使压力容器安全运行而安装在设备上的一种安全装置，应根据压力容器自身的特点安装不同的安全附件。在盛装液化气体的钢瓶上，应用最广泛的安全附件是（　　）。

A. 爆破片　　B. 易熔塞　　C. 紧急切断阀　　D. 减压阀

【答案】B

【解析】易熔塞属于“熔化型”（“温度型”）安全泄放装置，它的动作取决于容器壁的温度，主要用于中、低压的小型压力容器，在盛装液化气体的钢瓶中应用更为广泛。

30. 某单位司炉班长巡视时发现一台运行锅炉的水位低于水位表最低水位刻度，同时有人报告锅炉水泵故障，已停止运转多时，司炉班长判断锅炉已缺水，立即按紧急停炉程序进行处置。下列紧急停炉处置方法中，正确的是（　　）。

A. 立即停止添加燃料和送风，减弱引风，同时设法熄灭炉膛内的燃料，灭火后即把炉门、灰门及烟道挡板打开，启动备用泵给锅炉上水

B. 立即停止添加燃料和送风，减弱引风，同时设法熄灭炉膛内的燃料，灭火后即把炉门、灰门及烟道挡板打开，开启空气阀及安全阀快速降压

C. 立即停止添加燃料和送风，加大引风，同时设法熄灭炉膛内的燃料，灭火后即把炉门、灰门及烟道挡板打开，启动备用泵给锅炉上水，并开启空气阀及安全阀快速降压

D. 立即停止添加燃料和送风，减弱引风，同时设法熄灭炉膛内的燃料，灭火后即把炉门、灰门及烟道挡板打开

【答案】D

【解析】严重缺水时，必须紧急停炉。给水泵全部失效或者给水系统故障，不能向锅炉进水。所以选项A、C错误；因缺水紧急停炉时，严禁给锅炉上水，并不得开启空气阀及安全阀快速降压。紧急停炉的操作次序是：立即停止添加燃料和送风，减弱引风；与此同时，设法熄灭炉膛内的燃料，对于一般层燃炉可以用沙土或湿灰灭火，链条炉可以开快挡使炉排快速运转，把红火送入灰坑；灭火后即把炉门、灰门及烟道挡板打开，以加强通风冷却；锅内可以较快降压并更换锅水，锅水冷却至70 ℃左右允许排水。因缺水紧急停炉时，严禁给锅炉上水，并不得开启空气阀及安全阀快速降压。

31. 对一台在用压力容器的全面检查中，检验人员发现容器制造时焊缝存在超标的体积性缺陷。根据检验报告，未发现缺陷发展或扩大。根据压力容器安全状况等级划分规则，该容器的安全状况等级为（　　）级。

A. 2　　B. 3　　C. 4　　D. 5

【答案】B

【解析】在用压力容器的安全质量状况等级划分：

(1)1级：出厂技术资料齐全，设计、制造质量符合有关法规和标准的要求，在法规规定的定期检验周期内，在设计条件下能安全使用。

(2)2级：技术资料基本齐全；设计制造质量基本符合有关法规和标准的要求；根据检验报告，存在某些不危及安全且不易修复的一般性缺陷；在规定的定期检验周期内，在规定的操作条件下能安全使用。

(3)3级：技术资料不够齐全；主体材料、强度、结构基本符合有关法规和标准的要求；制造时存在的某些不符合法规和标准的问题或缺陷，焊缝存在超标的体积性缺陷，根据检验报告，未发现缺陷发展或扩大；其检验报告确定在规定的定期检验周期内，在规定的操作条件下能安全使用。

(4)4级：主体材料不符合有关规定，或材料不明，或虽属选用正确，但已有老化倾向；主体结构有较严重的不符合有关法规和标准的缺陷，强度经校核尚能满足要求；焊接质量存在线性缺陷；根据检验报告，未发现缺陷由于使用因素而发展或扩大；使用过程中产生了腐蚀、磨损、损伤、变形等缺陷，其检验报告确定为不能在规定的操作条件下或在正常的检验周期内安全使用。必须采取相应措施进行修复和处理，提高安全状况等级，否则只能在限定的条件下短期监控使用。

(5)5级：无制造许可证的企业或无法证明原制造单位具备制造许可证的企业制造的压力容器；缺陷严重、无法修复或难于修复、无返修价值或修复后仍不能保证安全使用的压力容器，应予以判废，不得继续作承压设备使用。

32. 起重机械定期检验包括审查技术文件、检查安全保护装置等项目。下列项目中，不属于起重机械定期检验内容的是（　　）。

A. 力矩限制器检查　　B. 液压系统检查

C. 额定载荷试验　　D. 静载荷试验

【答案】D

【解析】起重机的定期检验包括空载试验、额定载荷试验，不包括静载荷试验和动载荷试验，它们属于首次检验的内容。

33. 做好压力容器的日常维护保养工作，可以使压力容器保持完好状态，提高工作效率，延长压力容器使用寿命。下列项目中，属于压力容器日常维护保养项目的是（　　）。

A. 容器及其连接管道的振动检测　　B. 保持完好的防腐层
C. 进行容器耐压试验　　D. 检查容器受压元件缺陷扩展情况

【答案】B

【解析】压力容器的维护保养包括:保持完好的防腐层,消除产生腐蚀的因素,消灭容器的“跑、冒、滴、漏”,加强容器在停用期间的维护,经常保持容器的完好状态。

34. 锅炉蒸发表面(水面)汽水共同升起,产生大量泡沫并上下波动翻腾的现象叫汽水共腾。汽水共腾会使蒸汽带水,降低蒸汽品质,造成过热器结垢,损坏过热器或影响用气设备的安全运行。下列锅炉运行异常状况中,可导致汽水共腾的是(　　)。

A. 蒸汽管道内发生水冲击　　B. 过热蒸汽温度急剧下降
C. 锅水含盐量太低　　D. 负荷增加和压力降低过快

【答案】D

【解析】汽水共腾的原因包括:锅水品质太差,负荷增加和压力降低动过快。

35. 锅炉蒸发表面(水面)汽水共同升起,产生大量泡沫并上下波动翻腾的现象叫汽水共腾。汽水共腾会使蒸汽带水,降低蒸汽品质,造成过热器结垢,损坏过热器或影响用气设备的安全运行。下列处理锅炉汽水共腾的方法中,正确的是(　　)。

A. 加大燃烧力度　　B. 开大主汽阀
C. 加强蒸汽管道和过热器的疏水　　D. 全开连续排污阀,关闭定期排污阀

【答案】C

【解析】本题考查的是特种设备事故的类型。发现汽水共腾时,应减弱燃烧力度,降低负荷,关小主汽阀;加强蒸汽管道和过热器的疏水;全开连续排污阀,并打开定期排阀放水,同时上水,以改善锅水品质;待水质改善、水位清晰时,可逐渐恢复正常运行。

36. 起重机械重物失落事故主要发生在起重卷扬系统中,如脱绳、脱钩、断绳和断钩。下列状况中,可能造成重物失落事故的是(　　)。

A. 钢丝绳在卷筒上的余绳为1圈　　B. 有下降限位保护
C. 吊装绳夹角小于120°　　D. 钢丝绳在卷筒上用压板固定

【答案】A

【解析】本题考查的是特种设备事故的类型。起重机械失落事故主要是发生在起升机构取物缠绕系统中,如脱绳、脱钩、断绳和断钩。每根起升钢丝绳两端的固定也十分重要,如钢丝绳在卷筒上的极限安全圈是否能保证在2圈以上,是否有下降限位保护,钢丝绳在卷筒装置上的压板固定及楔块固定是否安全可靠。另外,钢丝绳脱槽(脱离卷筒绳槽)或脱轮(脱离滑轮),也会造成失落事故。

37. 我国对压力容器的使用管理有严格的要求,使用单位应按相关规定向所在地的质量技术监督部门办理使用登记或变更手续。下列关于压力容器使用或变更登记的说法中,错误的是(　　)。

A. 压力容器在投入使用前或者投入使用后30日内应当申请办理使用登记
B. 压力容器长期停用应当申请变更登记
C. 压力容器移装,变更使用单位应当申请变更登记
D. 压力容器维修后应当申请变更登记

【答案】A

【解析】本题考查的是锅炉压力容器使用安全管理。锅炉压力容器在正式使用前,必须到当地特种设备安全监察机构登记,经审查批准登记建档、取得使用证方可使用。

38. 在盛装危险介质的压力容器上,经常进行安全阀和爆破片的组合设置。下列关于安全

阀和爆破片组合设置的说法中，正确的是(　　)。

A. 并联设置时，爆破片的标定爆破压力不得小于容器的设计压力

B. 并联设置时，安全阀的开启压力应略高于爆破片的标定爆破压力

C. 安全阀出口侧串联安装爆破片时，爆破片的泄放面积不得小于安全阀的进口面积

D. 安全阀进口侧串联安装爆破片时，爆破片的泄放面积应不大于安全阀进口面积

【答案】C

【解析】本题考查的是锅炉压力容器安全附件。安全阀与爆破片装置并联组合时爆破片的标定爆破压力不得超过容器的设计压力。安全阀的开启压力应略低于爆破片的标定爆破压力。当安全阀出口侧串联安装爆破片装置时，爆破片的泄放面积不得小于安全阀的进口面积。

39. 为防止发生炉膛爆炸事故，锅炉点火应严格遵守安全操作规程。下列关于锅炉点火操作过程的说法中，正确的是(　　)。

A. 燃气锅炉点火前应先自然通风 5～10 min，送风之后投入点燃火炬，最后送入燃料

B. 煤粉锅炉点火前应先开动引风机 5～10 min，送入燃料后投入点燃火炬

C. 燃油锅炉点火前应先自然通风 5～10 min，送入燃料后投入点燃火炬

D. 燃气锅炉点火前应先开动引风机 5～10 min，送入燃料后迅速投入点燃火炬

【答案】A

【解析】本题考查的是特种设备事故的类型。防止炉膛爆炸的措施是：点火前，开动引风机给炉膛通风 5～10 min，没有风机的可自然通风 5～10 min，以清除炉膛及烟道中的可燃物质。点燃气、油炉、煤粉炉时，应先送风，之后投入点燃火炬，最后送入燃料。

40. 叉车等车辆的液压系统，一般都使用中高压供油，高压软管的可靠性不仅关系车辆的正常工作，一旦发生破裂将会直接危害人身安全。因此，高压软管必须符合相关标准要求，并通过耐压试验、爆破试验、泄漏试验以及(　　)等试验检测。

A. 脉冲试验、气密试验　　B. 长度变化试验、拉断试验

C. 长度变化试验、脉冲试验　　D. 拉断试验、脉冲试验

【答案】C

【解析】本题考查的是场(厂)内专用机动车辆涉及安全的主要部件。叉车等车辆的液压系统，一般都使用中高压供油，高压油管的可靠性不仅关系车辆的正常工作，而且一旦发生破裂将会危害人身安全。因此高压胶管必须符合相关标准，并通过耐压试验、长度变化试验、爆破试验、脉冲试验、泄漏试验等试验检测。

41. 起重作业挂钩操作要坚持“五不挂”原则。下列关于“五不挂”的说法中，错误的是(　　)。

A. 重心位置不清楚不挂　　B. 易滑工件无衬垫不挂

C. 吊物质量不明不挂　　D. 吊钩位于被吊物重心正上方不挂

【答案】D

【解析】本题考查的是起重机械使用安全技术。挂钩要坚持“五不挂”：起重或吊物质量不明不挂，重心位置不清楚不挂，尖棱利角和易滑工件无衬垫物不挂，吊具及配套工具不合格或报废不挂，包装松散捆绑不良不挂。

42. 压力容器一般泛指工业生产中用于盛装反应、传热、分离等生产工艺过程的气体或溶液，并能承载一定压力的密闭设备。下列关于压力容器压力设计的说法中，正确的是(　　)。

A. 设计操作压力应高于设计压力　　B. 设计压力应高于最高工作压力

C. 设计操作压力应高于最高工作压力　　D. 安全阀起跳压力应高于设计压力

【答案】B

【解析】 本题考查的是压力容器基础知识。压力容器的设计压力值不得低于最高工作压力。

43. 安全阀与爆破片装置都是压力容器的自动泄压装置。为提高安全保护性能，通常将安全阀与爆破片装置组合使用。当安全阀与破片装置并联组合使用时，下列关于安全阀开启压力的说法中，正确的是（　　）。

A. 安全阀开启压力等于压力容器的设计压力

B. 安全阀开启压力低于压力容器的设计压力

C. 安全阀开启压力等于爆破片装置的标定爆破压力

D. 安全阀开启压力略高于爆破片装置的标定爆破压力

【答案】 B

【解析】 安全阀与爆破片装置并联组合时，爆破片的标定爆破压力不得超过容器的设计压力。爆破片的动作具有一次性、不可逆性，安全阀的开启压力应略低于爆破片的标定爆破压力，保证爆破片最后动作。

44. 某采油厂于 2013 年 5 月 10 日购买 1 台液化石油气（LPG）储罐，2016 年 5 月 20 日对该储罐进行首次全面检验，得出检验结论，并出具检验报告，该 LPG 储罐的安全状况等级为 3 级。该储罐下次全面检验周期一般为（　　）。

A. 1～2 年　　B. 2～3 年　　C. 3～6 年　　D. 6～9 年

【答案】 C

【解析】 压力容器一般应当于投用满 3 年时进行首次全面检验，全面检验周期为：①安全状况等级为 1、2 级的，一般每 6 年一次。②安全状况等级为 3 级的，一般 3～6 年一次。③安全状况等级为 4 级的，应当监控使用，累计监控使用时间不得超过 3 年。

45. 压力容器的检验检修具有一定危险性，应该采取安全防护措施保证作业安全。下列关于压力容器检验检修作业安全注意事项的说法中，正确的是（　　）。

A. 检验时不可使用轻便梯

B. 检验照明用电电压应低于 36 V

C. 禁止带压拆装连接部件

D. 盛装易燃介质的压力容器，应采用空气进行置换

【答案】 C

【解析】 压力容器检验检修注意事项包括：①注意通风和监护。②注意用电安全。在容器内检验而用电灯照明时，照明电压不应超过 24 V。检验仪器和修理工具的电源电压超过 36 V 时，必须采用绝缘良好的软线和可靠的接地线。容器内严禁采用明火照明。③禁止带压拆装连接部件。④人孔和检查孔打开后，必须清除所有可能滞留的易燃、有毒、有害气体。压力容器内部空间的气体含氧量应当为 18%～23%（体积比）。

46. 起重机械的首次检验是指起重机械在投入使用前进行的检验。对于采用整机涂装形式出厂的门式起重机，在首次检验中，不需要进行的性能试验是（　　）。

A. 静载荷试验　　B. 动载荷试验　　C. 过孔试验　　D. 额定载荷试验

【答案】 C

【解析】 起重机械定期检验的内容中，性能测试包括空载试验、额定载荷试验。首次检验的内容，除了上述定期检验内容外，还应附加下列性能试验检验项目：静载荷试验、动载荷试验。

47. A 单位司炉班长丁某巡视时发现一台运行锅炉的水位低于水位表最低水位刻度，同时接报锅炉水泵故障并已停止运转。丁某判断锅炉已缺水，立即采取紧急停炉程序进行处置。下列关于紧急停炉处置次序的说法中，正确的是（　　）。

A. 立即停止添加燃料和送风，减弱引风，同时设法熄灭炉膛内的燃料，灭火后即把炉门、灰门及烟道挡板打开，启动备用泵给锅炉上水

B. 立即停止添加燃料和送风，减弱引风，同时设法熄灭炉膛内的燃料，灭火后即把炉门、灰门及烟道挡板打开，以加强通风冷却

C. 立即停止添加燃料和送风，加大引风，同时设法熄灭炉膛内的燃料，灭火后即把炉门、灰门及烟道挡板打开，启动备用泵给锅炉上水

D. 立即停止添加燃料和送风，减弱引风，同时设法熄灭炉膛内的燃料，灭火后即把炉门、灰门及烟道挡板打开，开启空气阀及安全阀快速降压

【答案】B

【解析】紧急停炉的操作次序是：立即停止添加燃料和送风，减弱引风，与此同时设法熄灭炉膛内燃料，层燃炉可以使用沙土和湿灰灭火；灭火后即把炉门、灰门及烟道挡板打开，以加强通风冷却；锅内可以较快降压并更换锅水，锅水冷却至70 ℃左右允许排水。因缺水紧急停炉时，严禁给锅炉上水，并不得开启空气阀及安全阀快速降压。

48. 起重作业必须严格遵守有关安全操作规程。下列关于起重作业安全要求的说法中，正确的是(　　)。

A. 严格按指挥信号操作，对紧急停止信号，无论何人发出，都必须立即执行

B. 司索工主要从事地面工作，如准备吊具、捆绑、挂钩、摘钩等，不得担任指挥任务

C. 作业场地为斜面时，地面人员应站在斜面的下方

D. 有主、副两套起升机构的，在采取相应保障措施的情况下，可以同时利用主、副钩工作

【答案】A

【解析】起重机司机安全操作技术要求严格按指挥信号操作。对紧急停止信号，无论何人发出，都必须立即执行。

49. 做好压力容器的维护保养工作，可以使容器经常保持完好状态，提高工作效率，延长容器使用寿命。下列关于压力容器维护保养做法的说法中，正确的是(　　)。

A. 如只是局部防腐层损坏，可以继续使用压力容器

B. 防止氧气罐腐蚀，最好使氧气经过干燥，或在使用中经常排放容器中的积水

C. 对于临时停用的压力容器，可不清除内部的存储介质

D. 压力容器上的安全装置和计量仪表，定期进行维护，根据需要进行校正

【答案】B

【解析】选项A应保持完好的防腐层；选项C停用的容器，必须将内部的介质排除干净，腐蚀性介质要经过排放、置换、清洗等技术处理；选项D容器上所有的安全装置和计量仪表，应定期进行调整校正使其始终保持灵敏、准确。

50. 锅炉缺水是锅炉运行中最常见的事故之一，如果处置不当常造成严重后果。某公司运行一台相对容水量较大的小型锅炉，锅炉房值班工作人员巡查时发现锅炉水位表内看不到水位，表内发白、发亮。针对该故障应采取的措施是(　　)。

A. 立即向锅炉上水，恢复正常水位　　B. 立即停炉检查，查明缺水原因

C. 判断缺水程度，酌情进行处置　　D. 关闭水位表的放水旋塞，进行“叫水”操作

【答案】D

【解析】锅炉水位表内发白发亮，发现锅炉缺水时，应首先判断是轻微缺水还是严重缺水，然后酌情予以不同的处理。通常判断缺水程度的方法是“叫水”。“叫水”操作：打开水位表放水旋塞冲洗汽连管和水连管；关闭水位表的汽连管旋塞，关闭放水旋塞。如果此时水位表中有水位出

现，则为轻微缺水；如果没有水位出现，属于严重缺水。

51. 某电力工程公司实施农村电网改造工程，需要拔出废旧电线杆重新利用。在施工过程中，施工人员为提高工作效率，使用小型汽车起重机吊拔废旧电线杆。吊装作业中最可能发生的起重机械事故是(　　)。

A. 坠落事故　　B. 倾翻事故　　C. 挤伤事故　　D. 断臂事故

【答案】B

【解析】倾翻事故是自行式起重机的常见事故。自行式起重机倾翻事故大多是由起重机作业前支撑不当引发，如野外作业场地支撑地基松软，起重机支腿未能全部伸出等。起重量限制器或起重力矩限制器等安全装置动作失灵、悬臂伸长与规定起重量不符、超载起吊等因素也会造成自行式起重机倾翻事故。

52. 起重作业的安全与整个操作过程紧密相关，起重机械操作人员在起吊前应确认各项准备工作和周边环境符合安全要求。关于起吊前准备工作的说法，正确的是(　　)。

A. 被吊重物与吊绳之间必须加衬垫　　B. 起重机支腿必须完全伸出并稳固

C. 主、副两套起升机构不得同时工作　　D. 尺寸不同的物品不得混合捆绑

【答案】B

【解析】尖棱利角应该加衬垫，易滑工件应做安全措施，加衬垫是非必须的措施，选项 A 错误；主副两套起升机构不得同时工作，但设计允许的除外，选项 C 错误；形状或尺寸不同的物品不经特殊捆绑不得混吊，选项 D 错误。

53. 起重作业的安全操作是防止起重伤害的重要保证，起重作业人员应严格按照安全操作规程进行作业。关于起重安全操作技术的说法，正确的是(　　)。

A. 不得用多台起重机吊运同一重物

B. 对紧急停止信号，无论何人发出，都必须立即执行

C. 摘钩时可以抖绳摘索，但不允许利用起重机抽索

D. 起升、变幅机构的制动器可以带载调整

【答案】B

【解析】多台起重机吊运同一重物时，每台起重机都不得超载，选项 A 错误；摘钩时不允许抖绳摘索，更不允许利用起重机摘索，选项 C 错误；不得带载调整起升、变幅机构的制动器，或带载增大作业幅度，选项 D 错误。

54. 叉车是一种对成件托盘货物进行装卸、堆垛和短距离搬运的轮式车辆。关于叉车安全使用要求的说法，正确的是(　　)。

A. 严禁用叉车装卸重量不明物件

B. 特殊作业环境下可以单叉作业

C. 运输物件行驶过程中应保持起落架水平

D. 叉运大型货物影响司机视线时可倒开叉车

【答案】D

【解析】当物体质量不明时，应将该物件叉起离地 100 mm 后检查机械稳定性，确认无超载现象后，方可运送，选项 A 错误；不得单叉作业和使用货叉顶货或者拉货，选项 B 错误；物件提升离地后，应将起落架后仰方可行驶，选项 C 错误。

55. 客运索道是指利用动力驱动、柔性绳索牵引箱体等运载工具运送人员的机电设备，包括客运架空索道、客运缆车、客运拖牵索道等。客运索道的运行管理和日常检查、维修是其安全运行的重要保障。下列客运索道安全运行的要求中，正确的是(　　)。

A. 客运索道每天开始运送乘客之前都应进行三次试运转

B. 单线循环固定抱索器客运架空索道一般情况下不允许夜间运行

C. 单线循环式索道上运载工具间隔相等的固定抱索器，应按规定的时间间隔移位

D. 客运索道线路巡视工至少每周进行一次全线巡视

【答案】 C

【解析】 参考《客运架空索道安全规范》(GB 12352)的以下规定：

12.2.2 每天开始运行之前，应彻底检查全线设备是否处于完好状态，在运送乘客之前应进行一次试车，确认安全无误并经值班站长或授权负责人签字后方可运送乘客；

12.2.6 索道需要夜间运行时，在线路、站内或客车上应装设足够的照明设备；

12.3.4 单线循环式索道上运载工具间隔相等的固定抱索器，应按规定的时间间隔移位。

56. 为保证场(厂)内机动车辆的使用安全，使用单位应定期对其进行检查。定期检查包括日检、月检和年检。下列检查中，不属于月检内容的是(　　)。

A. 检查安全装置、制动器、离合器等有无异常

B. 检查重要零部件有无损伤，是否应报废

C. 对护顶架进行静态和动态两种载荷试验

D. 检查电气液压系统及其部件的泄漏情况及工作性能

【答案】 C

【解析】 月检内容包括安全装置、制动器、离合器、电气和液压系统、动力系统和控制器、重要零部件(如吊具、货叉、制动器、铲车、斗及辅具等)。

57. 场(厂)内机动车辆的液压系统中，如果超载或者油缸到达终点油路仍未切断，或者油路堵塞引起压力突然升高，会造成液压系统损坏。因此，液压系统中必须设置(　　)。

A. 安全阀　　B. 切断阀　　C. 止回阀　　D. 调节阀

【答案】 A

【解析】 安全阀用于控制系统最高压力，最常用的是溢流安全阀。

58. 起重机械重物失落事故主要发生在起重卷扬系统中，如脱绳、脱钩、断绳和断钩。下列状况中，可能造成重物失落事故的是(　　)。

A. 钢丝绳在卷筒上的余绳为 1 圈　　B. 有下降限位保护

C. 吊装绳夹角小于 120°　　D. 钢丝绳在卷筒上用压板固定

【答案】 A

【解析】 本题考查的是特种设备事故的类型。起重机械失落事故主要发生在起升机构取物缠绕系统中，如脱绳、脱钩、断绳和断钩。每根起升钢丝绳两端的固定也十分重要，如钢丝绳在卷筒上的极限安全圈是否能保证在 2 圈以上，是否有下降限位保护，钢丝绳在卷筒装置上的压板固定及楔块固定是否安全可靠。另外钢丝绳脱槽(脱离卷筒绳槽)或脱轮(脱离滑轮)，也会造成失落事故。

59. 在压力容器受压元件的内部，常常存在不易发现的缺陷，需要采用无损检测的方法进行探查。射线检测和超声波检测是两种常用于检测材料内部缺陷的无损检测方法。下列关于这两种无损检测方法特点的说法中，错误的是(　　)。

A. 射线检测对面积型缺陷检出率高，对体积型缺陷有时容易漏检

B. 超声波检测易受材质、晶粒度影响

C. 射线检测适宜检验对接焊缝，不适宜检验角焊缝

D. 超声波检测对位于工件厚度方向上的缺陷定位较准确

【答案】A

【解析】射线检测对体积型缺陷(气孔、夹渣类)检出率高,对面积型缺陷(裂纹、未熔合类)如果照相角度不适当,容易漏检。

60. 腐蚀是造成压力容器失效的一个重要因素。对于有些工作介质来说,只有在特定的条件下才会对压力容器的材料产生腐蚀。因此,要尽力消除这种能够引起腐蚀的条件。下列关于压力容器日常保养的说法中,错误的是(　　)。

A. 盛装一氧化碳的压力容器应采取干燥和过滤的方法

B. 盛装压缩天然气的钢制容器只需采取过滤的方法

C. 盛装氧气的碳钢容器应采取干燥的方法

D. 介质含有稀碱液的容器应消除碱液浓缩的条件

【答案】B

【解析】容器的维护保养主要包括以下几方面的内容。

(1)保持完好的防腐层。

(2)消除产生腐蚀的因素,一氧化碳气体只有在含有水分的情况下才能对钢制容器产生应力腐蚀,应尽量采取干燥、过滤等措施;碳钢容器的碱脆需要具备温度、拉伸应力和较高的碱液浓度等条件,介质中含有稀碱液的容器,必须采取措施消除使稀碱液浓缩的条件,如接缝渗漏、器壁粗糙或存在铁锈等多孔性物质等。

(3)消灭容器的"跑、冒、滴、漏",经常保持容器的完好状态;盛装氧气的容器,常因底部积水造成水和氧气交界面的严重腐蚀,要防止这种腐蚀,最好使氧气经过干燥,或在使用中经常排放容器中的积水。

(4)加强容器在停用期间的维护。

(5)经常保持容器的完好状态。

61. 锅炉蒸发表面(水面)汽水共同升起,产生大量泡沫并上下波动翻腾的现象,叫作汽水共腾。汽水共腾的处置措施是(　　)。

A. 全开连续排污阀,并关闭定期排污阀　　B. 减弱燃烧力度,关小主汽阀

C. 停止上水,以减少气泡产生　　D. 增加负荷,迅速降低压力

【答案】B

【解析】造成汽水共腾的原因主要有锅水品质太差或负荷增加或压力降低过快。当发现汽水共腾时,应减弱燃烧力度,降低负荷,关小主汽阀;加强蒸汽管道和过热器的疏水;全开连续排污阀,并打开定期排污阀放水,同时上水,以改善锅水品质;待水质改善、水位清晰时,可逐渐恢复正常运行。

62. 特种设备分为承压类特种设备和机电类特种设备。其中承压类特种设备是指承载定压力的密闭设备或管状设备。下列设备中,属于承压类特种设备的是(　　)。

A. 常压锅炉　　B. 医用氧舱　　C. 原油储罐　　D. 采暖壁挂炉

【答案】B

【解析】承压类特种设备,是指承载一定压力的密闭设备或管状设备,包括锅炉、压力容器(含气瓶)、压力管道。选项A错误,常压锅炉又称无压热水锅炉,一般锅炉顶部通常不承受供热系统的水柱静压力,相当一个开式热水箱;选项C错误,原油储罐一般采用浮顶式储罐,其压力不满足特种设备压力容器的相关参数规定;选项D错误,采暖壁挂炉一般内部以水为介质进行换热,其容积及压力均不满足压力容器的相关参数。

63. 起重机械的位置限制与调整装置是用来限制机构在一定空间范围内运行的安全防护装

置。下列装置中，不属于位置限制与调整装置的是(　　)。

A. 上升极限位置限制器　　B. 运行极限位置限制器

C. 偏斜调整和显示装置　　D. 回转锁定装置

【答案】D

【解析】位置限制与调整装置包括上升极限位置限制器、运行极限位置限制器、偏斜调整和显示装置和缓冲器等。选项D属于安全钩、防后倾装置和回转锁定装置。

64. 沿斜坡牵引的大型游乐设施提升系统，必须设置(　　)。

A. 限时装置　　B. 缓冲装置　　C. 防碰撞装置　　D. 防逆行装置

【答案】D

【解析】根据游乐设施的性能、结构及运行方式的不同，必须设置相应形式的安全装置。其中防逆行装置是沿斜坡牵引的提升系统，必须设有防止载人装置逆行的装置，在最大冲击负荷时必须止逆可靠，止逆安全系数≥4。

65. 管道带压堵漏技术广泛应用于冶金、化工、电力、石油等行业，但因为带压堵漏的特殊性，有些紧急情况不能采取带压堵漏技术进行处理。下列泄漏情形中，不能采取带压堵漏技术措施处理的是(　　)。

A. 受压元件因裂纹而产生泄漏　　B. 密封面和密封元件失效而产生泄漏

C. 管道穿孔而产生泄漏　　D. 焊口有砂眼而产生泄漏

【答案】A

【解析】因裂纹泄漏而又没有防止裂纹扩大措施时，不能进行带压堵漏，否则会因为堵漏掩盖了裂纹的继续扩大而发生严重的破坏性事故。

66. 为便于安全监察、使用管理和检验检测，须将压力容器进行分类。某压力容器盛装介质为氮气，压力为1.0 MPa，容积为1 m^3。根据《固定式压力容器安全技术监察规程》(TSG 21)的压力容器分类图(见下图)，该压力容器属于(　　)。

A. Ⅰ类　　B. Ⅱ类　　C. Ⅲ类　　D. Ⅱ类或Ⅲ类

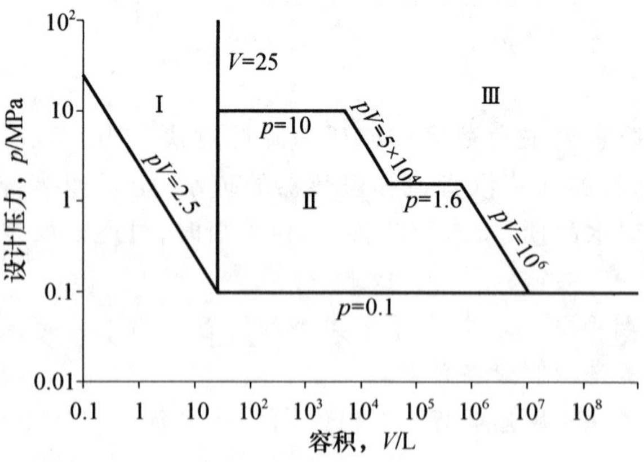

图 A-1　压力容器类别划分图——第一组介质

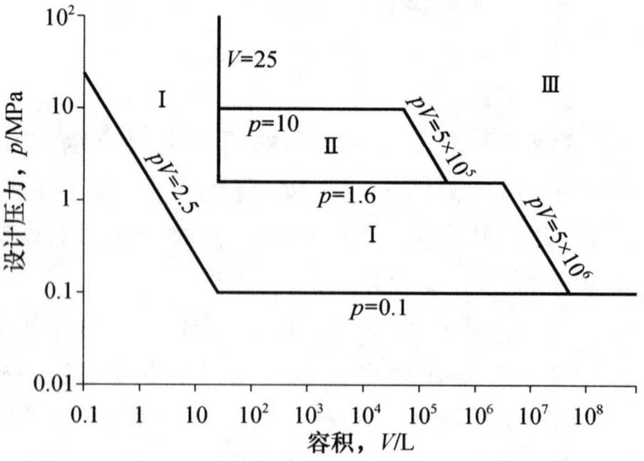

图 A-2　压力容器类别划分图——第二组介质

【答案】A

【解析】首先将压力容器的介质分为两组，第一组介质为毒性程度极度危害、高度危害的化学介质，易燃介质，液化气体；第二组介质由除第一组以外的介质组成，例如毒性程度为中度危害以下的化学介质，包括水蒸气、氮气等。氮气为第二组介质。根据压力和容积确定坐标点，以坐标点所在位置确定等级。故压力1.0 MPa、容积1 m^3应为Ⅰ类。

67. 单线循环脱挂抱索器客运架空索道在吊具距地高度大于(　　)时，应配备缓降器救护工具。

A. 8 m　　B. 15 m　　C. 10 m　　D. 18 m

【答案】B

【解析】单线循环脱挂抱索器客运架空索道在吊具距地高度大于 15 m 时，应配备缓降器救护工具。

68. 起重机操作中遇突然停电，司机的处置措施包括：①把所有控制器手柄放置零位。②拉下保护箱闸刀开关。③若短时间停电，司机可在驾控室耐心等候；若长时间停电，应撬起起升机制动器，放下载荷。④关闭总电源，处置起重机。突然停电故障的正确操作顺序是(　　)。

A. ①—②—④—③　　B. ①—④—③—②

C. ②—③—④—①　　D. ③—②—①—④

【答案】A

【解析】工作中突然断电时，首先应将所有控制器置零。起重机保护箱主要起过电流保护、短路保护以及失压与零位和限位保护，故应拉下保护箱刀闸开关，并关闭总电源，以防突然来电会造成较大的过电压。一般起重机应配置备用电源以把带载物品吊运至地面，若没有备用电源则拉动制动器，以机械式运作将重物放置地面。重新工作前，应先检查起重机工作是否正常，确认安全后方可正常操作。

69. 客运索道一旦出现故障，可能造成人员被困、坠落等事故，客运索道的使用单位应当制定应急预案。关于客运索道应急救援的说法，错误的是(　　)。

A. 救援物资只可在救援时使用，不得挪作他用

B. 自身的应急救援体系要与社会应急救援体系相衔接

C. 至少每两年进行一次应急救援演练

D. 救护设备应按要求存放，并进行日常检查

【答案】C

【解析】选项 C 错误，根据《生产安全事故应急条例》相关规定，各单位、部门要结合实际，有计划、有重点地组织对相关预案的演练，每年至少进行两次，并做好演练过程的记录。

70. 瓶装气体品种多、性质复杂。在储存过程中，气瓶的储存场所应符合设计规范，库房管理人员应熟悉有关安全管理要求。下列对气瓶储存的要求中，错误的是(　　)。

A. 气瓶库房出口不得少于两个

B. 可燃气体的气瓶不得在绝缘体上存放

C. 可燃、有毒、窒息气瓶库房应有自动报警装置

D. 应当遵循先入库的气瓶后发出的原则

【答案】D

【解析】选项 A 正确，气瓶库房的安全出口不得少于两个(面积小的库房可只设一个)。选项 B 正确，可燃性气体气瓶不能在绝缘体上存放，以防静电引起事故。选项 C 正确，对于有毒、可燃或窒息性气体的气瓶库房内，可装设与之相适应的自动报警装置。选项 D 错误，为使先入库或临近检验期限的气瓶优先发出，应尽量将这些气瓶储存在一起，并在栅栏的牌子上注明。

71. 安全阀和爆破片是控制压力容器内部压力极限值的重要安全附件，对压力容器的安全保护起着重要作用。下列对压力容器安全阀或爆破片压力参数的要求中，正确的是(　　)。

A. 安全阀的整定压力一般不小于压力容器的设计压力

B. 爆破片的设计爆破压力一般不大于压力容器的设计压力

C. 爆破片的最小爆破压力不大于压力容器的工作压力

D. 爆破片的设计爆破压力不小于压力容器的最高允许工作压力

【答案】D

【解析】爆破片应在容器内压力等于或高于压力容器的最高允许工作压力时产生动作，因此，其设计爆破压力不应小于压力容器的最高允许工作压力。

72. 运输气瓶应当严格遵守国家有关危险品运输的规定和要求。下列针对气瓶运输安全的要求中，错误的是(　　)。

A. 严禁用自卸汽车运输气瓶　　B. 不得使用电磁起重机吊运气瓶

C. 乙炔和液化石油气可以同车运输　　D. 吊运时不得将气瓶瓶帽作为吊点

【答案】C

【解析】气瓶运输装卸时，必须佩戴好瓶帽、防震圈，轻装轻卸，严禁抛、滑、滚、碰；气瓶不得与可燃气体气瓶同车运输，也不得与任何易燃、易爆物质同车运输。

73. 大跨度门式起重机械应安装防偏斜装置或偏斜指示装置。防偏斜装置或偏斜指示装置有多种形式，其中，安装在靠近门式起重机的柔性支腿处的应是(　　)。

A. 凸轮式防偏斜装置　　B. 钢丝绳—齿条式偏斜指示装置

C. 数字测距式偏斜指示装置　　D. 电动式偏斜指示装置

【答案】A

【解析】凸轮式防偏斜装置是在柔性支腿上固接一个转动臂，通过转动臂带动固定于桥架上的拨叉。当桥架两端支腿出现偏斜时，桥架与支腿发生相对转动，再经转动臂带动叉子，反映给与叉子同轴的凸轮。

74.《烟花爆竹工程设计安全规范》(GB 50161)规定，1.1-1 级建筑物为建筑物内的危险品发生爆炸事故时，其破坏能力相当于 TNT 的厂房和仓库。1.1-2 级建筑物为建筑物内的危险品发生爆炸事故时，其破坏能力相当于黑火药的厂房和仓库。进行(　　)工序的厂房属于 1.1-1 级。

A. 爆竹类装药　　B. 吐珠类装(筑)药

C. 礼花弹类包装　　D. 黑火药造粒

【答案】A

【解析】爆竹类装药工序危险性较大，属于 1.1-1 级建筑物。

二、多项选择题

基础训练

1. 锅炉安全附件包括(　　)。

A. 安全阀　　B. 水位表　　C. 压力表

D. 电表　　E. 温度测量装置

2. 特种设备是指涉及生命安全、危险性较大的(　　)。

A. 锅炉和压力容器　　B. 压力管道　　C. 电梯和起重机械

D. 大型游乐设施和客运索道　E. 大型货车

3. 为了检测承压类特种设备构件内部的缺陷，通常采用无损探伤法。下列检测方法中，属于无损探伤的有(　　)。

A. 射线检测　　B. 渗透检测　　C. 爆破试验　　D. 涡流检测　　E. 耐压试验

4. 起重机械重物失落事故是指起重作业中，吊载、吊具等重物从空中坠落所造成的人身伤亡和设备毁坏的事故。下列事故中，属于起重机械重物失落事故的有(　　)。

A. 维修工具坠落事故　B. 脱绳事故　C. 脱钩事故
D. 断绳事故　E. 吊钩断裂事故

5. 压缩空气储气罐是具有爆炸危险的容器，为加强储气罐安全管理，其出厂资料必须有(　　)。
A. 生产厂家简介　B. 质量合格证　C. 受压元件强度说明
D. 安全阀排放量说明　E. 安装使用说明书

6. 锅炉在运行过程中，可能造成锅炉发生爆炸事故的原因有(　　)。
A. 安全阀损坏或装设错误
B. 主要承压部件出现裂纹、严重变形、腐蚀、组织变化
C. 燃料发热值变低
D. 长时间严重缺水干烧
E. 锅炉严重结垢

7. 根据快开门式压力容器的工作特点，判断下列情况中容易造成快开门式压力容器发生人身伤亡事故的是(　　)。
A. 容器长期在最高工作压力下运行　B. 容器长期在高温环境下运行
C. 容器端盖经常开启　D. 容器在卸压未尽前打开端盖
E. 容器端盖未完全闭合就升压

8. 对于压力容器的超声波检测，下列说法正确的是(　　)。
A. 对面积性缺陷的检出率较高　B. 对体积性缺陷的检出率较高
C. 现场使用方便　D. 检验成本低
E. 检验成本高

9. 根据游乐设施安全管理有关规定，游乐设施的(　　)应保存完整的原始记录，并有检验合格的报告。
A. 环境条件　B. 施工和安装　C. 调试
D. 技术经济指标　E. 负荷试验

10. 起重机械机体毁坏事故可能造成机体严重损坏和人身伤亡。下列属于机体毁坏事故的有(　　)。
A. 断臂　B. 脱钩　C. 断绳
D. 倾翻　E. 多台吊车相互撞毁

11. 锅炉常见爆炸事故有(　　)。
A. 水蒸气爆炸　B. 超压爆炸　C. 缺陷导致爆炸
D. 电缆头爆炸　E. 严重缺水导致爆炸

12. 造成起重机脱绳事故的原因有(　　)。
A. 超重　B. 重物捆绑方法与要领不当　C. 钢丝绳磨损
D. 吊装重心选择不当　E. 吊载遭到碰撞、冲击

13. 对新装、迁装、大修或长期停用的锅炉，启动之前要进行全面检查。下列有关锅炉启动要求的叙述中，正确的有(　　)。
A. 上水温度最高不超过 90 ℃，水温与筒壁温差不超过 50 ℃
B. 冷炉上水至最高安全水位时应停止上水
C. 锅炉上水后，启动前要进行烘炉
D. 启动前必须煮炉
E. 为保证点火成功，对于层燃炉可用油类等易燃物进行引火

14. 根据《特种设备安全监察条例》的规定，下列设备中，应当按照特种设备进行管理的有(　　)。

A. 工厂内作业的叉车　　B. 街道运行的垃圾清扫车　　C. 公共汽车
D. 游乐场所的过山车　　E. 机场航站楼载客的自动扶梯

参考答案：

1. ABCE	2. ABCD	3. ABD	4. BCDE	5. BCDE
6. ABDE	7. DE	8. ACD	9. BCE	10. ADE
11. ABCE	12. BDE	13. ACD	14. ADE	

能力提升

1. 起重机械安全装置是安装于起重机械上，在起重机械作业过程中起到保护和防止起重机械发生事故的装置。下列装置中属于起重机械安全装置的有(　　)。

A. 位置限制与调整装置　　B. 回转锁定装置　　C. 力矩限制器
D. 安全钩　　E. 飞车防止器

【答案】 ABCD

【解析】 起重机械安全装置：

(1)位置限制与调整装置

①上升极限位置限制器。《起重机械安全规程》(GB 6067—1985)规定，凡是动力驱动的起重机，其起升机构(包括主副起升机构)均应装设上升极限位置限制器。

②运行极限位置限制器。凡是动力驱动的起重机，其运行极限位置都应装设运行极限位置限制器。

③偏斜调整和显示装置。跨度等于或超过 40 m 的装卸桥和门式起重机，应装偏斜调整和显示装置。

④缓冲器。桥式、门式起重机和装卸桥，以及门座起重机或升降机等都要装设缓冲器。

(2)防风防爬装置

《起重机械安全规程》规定，露天工作于轨道上运行的起重机，如门式起重机、装卸桥、塔式起重机和门座起重机，均应装设防风防爬装置。

此外，在露天跨工作的桥架式或门式起重机因环境因素的影响，可能出现地形风。它持续时间较短，但风力很强，足以吹动起重机做较长距离的滑行，并可能撞毁轨道端部止挡，造成脱轨或跌落。所以《起重机械安全规程》规定，在露天跨工作的桥式起重机也应装设防风夹轨器和锚定装置或铁鞋。

起重机防风防爬装置主要有 3 类：夹轨器、锚定装置和铁鞋。按照防风装置的作用方式不同，可分为自动作用与非自动作用 2 类。

(3)安全钩、防后倾装置和回转锁定装置

①安全钩。单主梁起重机，由于起吊重物是在主梁的一侧进行，重物等对小车产生一个倾翻力矩，由垂直反轨轮或水平反轨轮产生的抗倾翻力矩使小车保持平衡，不能倾翻。但是，只靠这种方式不能保证在风灾、意外冲击、车轮破碎、检修等情况时的安全。因此，这种类型的起重机应安装安全钩。安全钩根据小车和轨轮形式的不同，也设计成不同的结构。

②防后倾装置。用柔性钢丝绳牵引吊臂进行变幅的起重机，当遇到突然卸载等情况时，会产生使吊臂后倾的力，从而造成吊臂超过最小幅度，发生吊臂后倾的事故。因此，这类起重机应安装防后倾装置。吊臂后倾主要由几种原因造成：起升用的吊具、索具或起升用钢丝绳存在缺陷，

在起吊过程中突然断裂,使重物突然坠落;或者由于起重工绑挂不当,起吊过程中重物散落、脱钩。这些情况都会形成突然卸载,造成吊臂反弹后倾事故。为了防止这类事故,《起重机械安全规程》明确规定,流动式起重机和动臂式塔式起重机上应安装防后倾装置(液压变幅除外)。

③回转锁定装置。回转锁定装置是指臂架起重机处于运输、行驶或非工作状态时,锁住回转部分,使之不能转动的装置。

回转锁定器常见形式有机械锁定器和液压锁定器两种。其结构比较简单,通常是用锁销插入方法、压板顶压方法或螺栓紧定方式等。液压式锁定器通常用双作用活塞式油缸对转台进行锁定。回转锁定装置的原理基本相同。

(4)超载保护装置

①形式和功能。超载保护装置按其功能的不同,可分为自动停止型和综合型两种。按结构形式分,有电气型和机械型两种。超载保护装置应具有动载抑制功能、自动工作功能、自动保险功能。

②工作原理。超载保护装置主要用于桥架型起重机,其主导产品是电气型。电气型产品一般由载荷传感器和二次仪表两部分组成。载荷传感器使用电阻应变式或压磁式传感器,根据安装位置配置专用安装附件。传感器的结构形式主要有压式、拉式和剪切梁式 3 种。

(5)力矩限制器

①动臂变幅的塔式起重机力矩限制器。动臂变幅的塔式起重机一般使用机械型力矩限制器。

②小车变幅式起重机超载保护装置。小车变幅式起重机一般使用起重量限制器和起重力矩限制器来共同实施超载保护。

③流动式起重机超载保护装置。流动式起重机一般使用力矩限制器进行超载保护。

(6)防碰装置

防碰装置的结构形式主要有:

①反射型。由发射器、接收器、控制器和反射板组成。

②直射型。检测波不经过反射板反射的产品统称为直射型。

(7)危险电压报警器

臂架型起重机在输电线附近作业时,由于操作不当,臂架、钢丝绳等过于接近甚至碰触电线,都会造成感电或触电事故。为了防止这类事故,东欧各国和日本等国从 20 世纪 70 年代起研制危险电压报警器,目前已进入系列化生产阶段。

2. 生产系统内一旦发生爆炸或压力骤增时,可通过防爆泄压装置将超高压力释放出去,以减少巨大压力对设备、系统的破坏或者减少事故损失。防爆泄压装置主要有(　　)。

A. 单向阀　　B. 安全阀　　C. 防爆阀　　D. 爆破阀　　E. 防爆窗

【答案】BCDE

【解析】防爆泄压装置包括安全阀、爆破片、防爆门等,选项 A 是阻火及隔爆技术装置。

3. 锅炉正常停炉应注意的主要问题是防止降压、降温过快,以避免锅炉部件因降温收缩不均匀而产生过大的热应力。下列关于锅炉停炉操作的说法中,正确的有(　　)。

A. 先减少引风,再停止燃料供应,随之停止送风

B. 逐渐降低锅炉负荷,相应地减少锅炉上水

C. 对于燃气锅炉,炉膛停火后,立即关闭引风机

D. 打开省煤器旁通烟道,关闭省煤器烟道挡板

E. 为保护过热器,可打开过热器出口集箱疏水阀适当放气

【答案】BDE

【解析】在锅炉停炉过程中,应先减少燃料供应(釜底抽薪),然后停止送风并减少引风;对于

燃气、燃油锅炉，炉膛停火后，应继续引风至少 5 min。因此，选项 A、C 错误。

4. 为保证场(厂)内专用机动车辆的安全使用，国家对其生产、使用、检验等均有相应的制度和要求。下列关于场(厂)内专用机动车辆相关要求的说法中，正确的有(　　)。

A. 试制的新部件，必须由认可的型式试验机构进行型式试验，合格后方可使用

B. 从事维修保养的单位必须取得相应资格证书

C. 司机必须经过专门考核并取得交管部门核发的机动车驾驶证

D. 经过大修的场(厂)内机动车辆在正式使用前，必须进行验收检验

E. 在用场(厂)内机动车辆安全定期检验周期为 1 年

【答案】ABDE

【解析】场(厂)内机动车司机必须经过专门考核并取得特种设备作业人员操作证。因此，选项 C 错误。

5. 压力管道年度检查是指使用单位在管道运行条件下进行的检查。根据《压力管道定期检验规则——工业管道》(TSG D7005)，压力管道年度检查的内容有(　　)。

A. 对有明显腐蚀的弯头进行壁厚测定

B. 对输送可燃易爆介质的管道进行防静电接地电阻测定

C. 对安全阀的校验期进行检查

D. 对焊缝有硬度要求的管道进行硬度检测

E. 对管道焊缝外表面进行无损检测

【答案】ABC

【解析】根据《压力管道定期检验规则——工业管道》，选项 A 正确，第二十条规定，对需要重点管理的管道或者有明显腐蚀的弯头、三通等部位，应当采取定点或者抽查的方式进行壁厚测定。选项 B 正确，第二十一条规定，对输送易燃、易爆介质的管道，采取抽查的方式进行防静电接地电阻值和法兰间接触电阻值测定。选项 C 正确，第二十五条规定，对安全阀是否在检验有效期内使用进行检查。选项 D 和选项 E 属于全面检测的内容。

6. 施工升降机的每个吊笼都应设置防坠安全器，在吊笼超速或悬挂装置断裂时，能将吊笼制停，防止发生坠落事故。下列对防坠安全器的要求中，正确的有(　　)。

A. 升降机的对重质量小于吊笼质量时，应采用双向防坠安全器

B. 当吊笼装有两套安全器时，都应采用渐进式安全器

C. 钢丝绳式施工升降机可采用瞬时式安全器

D. 齿轮齿条式施工升降机应采用匀速式安全器

E. 作用于两个导向杆的安全器，工作时应同时起作用

【答案】BE

【解析】选项 A 错误，对重质量大于吊笼质量时，应设置双向安全器。选项 C 错误，对于额定提升速度不超过 0.63 m/s 的施工升降机，可采用瞬时式安全器，否则应采用渐进式安全器。选项 D 错误，齿轮齿条式施工升降机应采用渐进式安全器。

7. 气瓶安全附件是气瓶的重要组成部分，对气瓶安全使用起着至关重要的作用。下列部件中，属于气瓶安全附件的有(　　)。

A. 易熔塞　　B. 液位计　　C. 防震圈　　D. 减压阀　　E. 汽化器

【答案】ABC

【解析】气瓶安全附件一般包括气瓶专用爆破片、安全阀、易熔塞、瓶阀、瓶帽、液位计、防震圈、紧急切断阀和充装限位装置等。

第四章　防火防爆安全技术

大纲要求：

防火防爆安全技术。掌握火灾、爆炸机理，运用防火防爆安全相关技术和标准，辨识、分析和评价火灾、爆炸安全风险，制订相应安全技术措施。

一、单项选择题

基础训练

1. 火灾烟气是一种混合物，包括可燃物热解和燃烧产生的气相产物，如未燃燃气、水蒸气、CO_2、(　　)及其他有毒或有腐蚀性的气体。

A. 水　　B. CO　　C. N_2　　D. 臭氧

2. 火灾报警器将表征火灾的物理量转换为(　　)信号，然后输送到自动报警控制装置。

A. 光　　B. 电　　C. 磁　　D. 压力

3. 泡沫灭火器(　　)，是常用的灭火器。

A. 仅适用于扑灭木材、棉麻等固体物质类火灾

B. 仅适用于扑灭石油等液体类火灾

C. 适用于扑灭木材、棉麻等固体物质类和石油等液体类火灾

D. 不适用于扑灭木材、棉麻等固体物质类和石油等液体类火灾

4. 对液体可燃物起始燃烧过程的描述正确的是(　　)。

A. 着火—燃烧—汽化　　B. 燃烧—汽化—着火

C. 汽化—燃烧—着火　　D. 汽化—着火—燃烧

5. 火炸药爆炸通常伴随发热、发光、压力上升等现象，此间产生的(　　)具有很强的破坏作用。

A. 火光　　B. 烟尘　　C. 温度　　D. 冲击波

6. 在火灾的早期阶段，准确探测到火情并迅速报警具有重要意义，按火灾探测元件与探测对象的关系，火灾探测原理分为(　　)两种基本类型。

A. 声能与光能感应式　　B. 热能与声能感应式

C. 接触式与非接触式　　D. 烟气与热能感应式

7. 火灾中，在阴燃与有焰燃烧两种情况下生成的烟气都是可燃的，燃料的(　　)是决定烟气产生量的主要因素。

A. 物理状态　　B. 燃烧环境　　C. 燃烧速度　　D. 化学组成

8. 烟花爆竹生产属特种作业，爆竹生产人员(　　)才能上岗。

A. 经培训　　B. 经考核

C. 经培训、考核、取得操作证　　D. 经领导批准

9. 民用爆破器材、烟花爆竹生产厂房应多门、多安全窗，厂房内主通道宽度不得小于(　　)m。

A. 1.0　　B. 1.2　　C. 1.5　　D. 2.0

10. 从民用爆破器材、烟花爆竹生产间清理出来的药尘等应(　　)。

A. 由专人负责按规定方法在指定地点销毁

B. 由专人负责按规定方法就近销毁

C. 埋入地下

D. 倒入水中

11. 起爆药与工业炸药有明显区别,起爆药的特点是(　　)。

A. 感度低、能迅速形成爆轰　　B. 感度低、不易形成爆轰

C. 感度高、不易形成爆轰　　D. 感度高、能迅速形成爆轰

12. 危险品生产区、总仓库区、销毁场等区域内的建筑物之间应留有足够的安全距离,爆炸物品厂房之间的安全距离是根据爆炸产生的(　　)确定的。

A. 冲击波　　B. 地震波　　C. 破片飞散距离　　D. 气体扩散距离

13. 《民用(　　)工程设计安全标准》(GB 50089—2018)为国家强制性标准。

A. 爆破　　B. 爆炸危险品　　C. 危险品　　D. 爆炸物品

14. 烟花爆竹生产人员应穿(　　)。

A. 符合要求不会产生静电工作服　　B. 化纤防静电工作服

C. 尼龙物料防静电工作服　　D. 呢料防静电工作服

15. 《烟花爆竹工程(　　)规范》(GB 50161—2009)为国家强制性标准。

A. 设计　　B. 生产安全　　C. 安全生产　　D. 设计安全

16. 《中国建筑灭火器配置设计规范》(GB 50140—2010)根据灭火器配置场所内的物质燃烧特性,将火灾分为(　　)类。

A. 3　　B. 4　　C. 5　　D. 6

17. 按照探测元件与探测对象的关系,火灾探测器可分为接触式和非接触式两种基本类型。下列火灾探测器中,属于接触式的是(　　)。

A. 感光式探测器　　B. 感烟式探测器　　C. 图像式探测器　　D. 光束式探测器

18. 当高层建筑发生火灾时,人员疏散逃生不应利用(　　)。

A. 消防电梯　　B. 墙边落水管　　C. 普通楼梯　　D. 普通电梯

19. 《火灾分类》(GB/T 4968—2008)按物质的燃烧特性将火灾分为 6 类。C 类火灾是指(　　)。

A. 固体火灾　　B. 液体火灾　　C. 金属火灾　　D. 气体火灾

20. 下列物质中,与水作用不发生化学自热着火的是(　　)。

A. 氢化钠　　B. 黄磷　　C. 钠　　D. 钾

21. 可燃性混合物的爆炸极限范围越宽,其爆炸危险性(　　)。

A. 越大　　B. 越小　　C. 不变　　D. 越无规律

22. 在规定条件下,材料或制品加热到释放出的气体能在瞬间着火并出现火焰的最低温度称为(　　)。

A. 燃点　　B. 闪燃　　C. 闪点　　D. 自燃点

23. 标志火药能量释放能力的参量是(　　)。

A. 燃烧特性　　B. 能量特征　　C. 力学特性　　D. 安全性

24. 火炸药在外界作用下引起燃烧和爆炸的难易程度称为火炸药的感度。火炸药有各种不同的感度。下列各种感度中,不属于火炸药感度的是(　　)。

A. 热感度　B. 声感度　C. 机械感度　D. 电感度

25. 《建筑设计防火规范》(GB 50016—2014)不适用于(　　)工程的设计。

A. 城市交通隧道　B. 炸药厂房

C. 建筑高度大于24.0 m的单层公共建筑　D. 可燃材料堆场

26. 对易燃易爆气体混合物，如果初始温度增高，则关于其爆炸极限的下列说法中，正确的是(　　)。

A. 爆炸下限增高，爆炸上限增高　B. 爆炸下限降低，爆炸上限降低

C. 爆炸下限降低，爆炸上限增高　D. 爆炸下限增高，爆炸上限降低

27. 爆炸容器材料的传热性越好，爆炸极限范围(　　)。

A. 越大　B. 越小　C. 不变　D. 变化无规律

28. 燃烧的三要素为氧化剂、点火源和可燃物。下列物质中属于氧化剂的是(　　)。

A. 氯气　B. 氢气　C. 氮气　D. 一氧化碳

29. 火灾类型与物质的燃烧特性有关。根据《火灾分类》(GB/T 4968—2008)，煤气火灾属于(　　)类火灾。

A. F　B. E　C. D　D. C

30. 闪燃和阴燃是燃烧的不同形式。下列有关闪燃和阴燃的说法中，正确的是(　　)。

A. 闪燃是看得到的燃烧；阴燃是看不到的燃烧

B. 闪燃是短时间内出现火焰一闪即灭的现象；阴燃是没有火焰的燃烧

C. 闪燃温度高；阴燃温度低

D. 阴燃得到足够氧气会转变成闪燃

31. 阻燃机理比较复杂，不同材料的阻燃机理不完全相同。下列有关高分子材料阻燃技术基本原理的说法中，正确的是(　　)。

A. 高分子材料阻燃就是阻止氧化剂和可燃物接触

B. 高分子材料阻燃就是使高分子材料不燃

C. 高分子材料阻燃就是降低高分子的可燃性或者燃烧速度

D. 高分子材料阻燃就是提高材料的强度

32. 灭火就是破坏燃烧条件，使燃烧反应终止的过程。灭火的基本原理有多种，以下不属于灭火原理的是(　　)。

A. 冷却　B. 隔离　C. 疏散　D. 窒息

33. 下列物质中，与水作用会发生化学自热着火的是(　　)。

A. 金属钠　B. 甘油　C. 有机过氧化物　D. 黄磷

34. 建筑物安全出口包括疏散楼梯和直通室外的疏散门。下列有关安全出口要求的说法中，错误的是(　　)。

A. 安全出口的门应向疏散方向开启

B. 疏散的门应采用悬吊门或侧拉门

C. 建筑物内安全出口应分散在不同方向布置，相互间距不小于5 m

D. 安全出口的门不应该设门槛

35. 炼钢过程中，钢水中滴入水滴将导致爆炸。这种爆炸的类型是(　　)。

A. 物理爆炸　B. 化学爆炸　C. 气体爆炸　D. 高温爆炸

36. 某种混合气体由A、B两种可燃气体组成。各组分的浓度及爆炸下限见下表，则这种混合气体的爆炸下限为(　　)。

组分名	在混合气体中的浓度	爆炸下限
A	80%	4%
B	20%	2%

A. 2.5%　　B. 3.0%　　C. 3.3%　　D. 3.7%

37. 近年来，我国烟花爆竹生产企业事故多发，主要有技术和管理两方面原因。下列事故原因中，不属于技术原因的是(　　)。

A. 操作人员未经安全技术培训　　B. 厂房布局不符合安全要求

C. 使用禁用药剂　　D. 未使用防爆电器

38. 起爆药、工业炸药、烟花爆炸药剂按照其感度来进行排序，由高到低应该是(　　)。

A. 起爆药、烟花爆竹药剂、工业炸药　　B. 烟花爆竹药剂、起爆药、工业炸药

C. 起爆药、工业炸药、烟花爆竹药剂　　D. 烟花爆竹药剂、工业炸药、起爆药

39. 在民爆器材生产行业，对于爆炸分区为Ⅰ类(F0区)的场所，采用仪表的类型应该是(　　)。

A. 本质安全型　　B. 气密型　　C. 尘密型　　D. 增安型

40. 烟花爆竹生产过程中，装、筑药应在单独的工房中操作。当装、筑不含高感度烟火药时，每间工房定员最多不得超过(　　)人。

A. 1　　B. 2　　C. 3　　D. 4

41. 在建筑物中设计排烟窗、排烟井的目的是排出火灾烟气，从而消除烟气的有害影响。该排烟方法属于(　　)排烟方式。

A. 机械　　B. 自然　　C. 烟气稀释　　D. 加压控制

42. 化学爆炸性混合物与火源接触后，发生链式反应爆炸的必要条件是(　　)。

A. 火源的温度必须非常高

B. 混合物受热发生化学反应且其得热大于失热

C. 混合物的活化分子吸收能量而离解为游离基

D. 反应容器内的压力要非常大

43. 石化厂、煤矿井下等工作场所禁止工人穿着化纤衣物，主要原因是化纤衣物(　　)。

A. 容易产生静电，可能引起火灾或爆炸　　B. 不吸汗、影响工作效率

C. 容易引发尘肺病等职业病　　D. 容易导电，可能引起电击伤害

44. 灭火的基本原理可以归纳为四种。其中属于化学过程的是(　　)。

A. 冷却　　B. 窒息　　C. 隔离　　D. 化学抑制

45. 火灾探测器分接触式和非接触式两种基本类型。图像式火灾探测器属于非接触式类型，其通过检测(　　)，判断是否发生火灾。

A. 烟气　　B. 可燃气体　　C. 红外辐射　　D. 火焰

46. 《建筑设计防火规范》(GB 50016—2014)中，对消防车道穿过建筑物的门洞时，其净高和净宽有明确的规定。下面说法正确的是(　　)。

A. 净高和净宽不应大于4 m；门垛之间的净宽不应小于3.5 m

B. 净高和净宽不应小于4 m；门垛之间的净宽不应小于3.5 m

C. 净高和净宽不应小于4 m；门垛之间的净宽不应大于3.5 m

D. 净高和净宽不应大于4 m；门垛之间的净宽不应大于3.5 m

47. 灭火器的灭火级别由数字和字母组成，下列关于数字和字母表达的意思正确的是(　　)。

A. 数字表示灭火级别的大小，字母(A 或 B)表示灭火级别的单位及适用扑救火灾的种类
B. 字母(A 或 B)表示灭火级别的大小，数字表示灭火级别的单位及适用扑救火灾的种类
C. 数字表示火灾后果的大小，字母(A 或 B)表示灭火级别的单位及适用扑救火灾的种类
D. 数字表示灭火级别的大小，字母(A 或 B)表示火灾的种类

48. 火灾发生时，不宜采用的逃生方式是(　　)。
A. 及时报警　　B. 整理行李
C. 用湿毛巾捂住鼻子　　D. 浓烟中在地上爬行

49. 建筑物内安全出口应分散在不同方向布置，且相互间的距离不应小于(　　)m。
A. 5　　B. 10　　C. 15　　D. 20

50. 在爆炸性混合气体中加入惰性气体，当惰性气体的浓度增加到某一数值时，(　　)。
A. 爆炸上、下限差值为常数，但不为 0　　B. 爆炸上、下限趋于一致
C. 爆炸上限不变，下限增加　　D. 爆炸下限不变，上限减小

51. 会导致爆炸性气体的爆炸极限范围变大的条件是(　　)。
A. 初始温度降低　　B. 管径减小　　C. 点火源能量减小　　D. 初始压力增大

52. 可燃性粉尘与空气混合物的温度降低，其爆炸危险性(　　)。
A. 增大　　B. 减小　　C. 不变　　D. 不一定

53. 关于爆炸品生产厂房、储存库房和销毁场地的平面布置，下列说法错误的是(　　)。
A. 主厂区内按危险和非危险分区布置规划　　B. 总仓库远离工厂和城市
C. 销毁场所选择山沟河滩等地方　　D. 主厂区布置在非危险区的上风侧

54. 火药、炸药制造、储存等过程中，Ⅱ类(F1 区)场所，是指(　　)。
A. 起爆药、击发药、火工品制造场所　　B. 炸药、击发药、火工品储存场所
C. 黑火药、烟火药制造加工、储存场所　　D. 理化分析成品试验站

55. 烟花爆竹生产中的"三固定"是指(　　)。
A. 固定时间，固定设备，固定最大粉碎药量
B. 固定时间，固定工房，固定设备
C. 固定工房，固定设备，固定最大粉碎药量
D. 固定工房，固定时间，固定最大粉碎药量

56. 发生燃烧和火灾必须同时具备的条件是(　　)。
A. 氧化剂、明火、点火源　　B. 氧化剂、可燃物、点火源
C. 氧化剂、可燃物、木材　　D. 阻燃剂、可燃物、点火源

57. 爆炸气体混合物的初始压力足够小时，对爆炸气体点火，会发生(　　)现象。
A. 爆炸　　B. 爆燃　　C. 燃烧　　D. 不爆炸

58. 适用于扑救带电火灾的灭火介质或灭火器是(　　)。
A. 水、泡沫灭火器　　B. 干粉、泡沫灭火器
C. 干粉灭火器、二氧化碳灭火器　　D. 水、干粉灭火器

59. 下列关于疏散通道设置的说法中，正确的是(　　)。
A. 疏散通道中，疏散指示标志(包括灯光式)宜设在通道两侧及拐弯处的墙面上
B. 疏散指示标志不可设在地面上
C. 袋形走道的尽头离标志的距离应大于 100 m
D. 地面上疏散指示标志的间距不小于 20 m

60. 火焰探测器利用光电效应探测火灾，主要探测火焰发出的(　　)。

A. 可见光

B. 蓝光

C. 紫外或红外光

D. 按红、橙、黄、绿、蓝、靛、紫次序连续分布的彩色光谱

61. 《火灾分类》(GB/T 4968—2008)按物质的燃烧特性将火灾分为若干类,其中天然气火灾属于(　　)火灾。

A. A类　　B. B类　　C. C类　　D. D类

62. 主爆药受到起爆能的激发而发生爆炸后,能够引起与其相隔一定距离的从爆药也发生爆炸,这种现象叫作炸药的殉爆。下列关于殉爆影响因素的说法,错误的是(　　)。

A. 主爆药爆炸能量越大,引起殉爆的能力越强

B. 从爆药的感度越高,其殉爆的可能性越大

C. 两炸药之间介质密度越小,殉爆的可能性越大

D. 两炸药之间的距离越大,从爆药越容易殉爆

63. 下列关于粉尘爆炸的说法,错误的是(　　)。

A. 在空气中能够燃烧的任何物质,当其分裂成细粉末状时,都可能发生爆炸

B. 在空气中悬浮的任何粉尘,都可能发生粉尘爆炸

C. 当空气中处于爆炸浓度范围内的粉尘云和一个点火源同时存在时,就可能发生粉尘爆炸

D. 发生粉尘爆炸必须具备三个条件:充足的氧气、足够能量的点火源和在爆炸浓度范围内的粉尘云

64. 可燃气体的点火能量与其爆炸极限范围的关系是(　　)。

A. 点火能量越大,爆炸极限范围越窄　　B. 点火能量越大,爆炸极限范围越宽

C. 爆炸极限范围不随点火能量变化　　D. 爆炸极限范围与点火能量无确定关系

65. 按照热爆炸理论,易燃易爆物质组成的系统发生热爆炸的基本条件是(　　)。

A. 系统得热小于失热　　B. 系统得热大于失热

C. 系统是绝热的　　D. 系统得热等于失热

66. 下列关于爆破器材的说法中,正确的是(　　)。

A. 民用爆破器材包括专用民用爆破器材和烟花爆竹

B. 工业炸药比起爆药更敏感、更容易发生爆炸

C. 为了改善火药的安定性,一般情况下要加入少量化学安定药剂

D. 火药只会发生燃烧和爆燃,不会爆轰

67. 与气体相比,粉尘从点火到发生爆炸的诱导时间(　　)。

A. 较长　　B. 较短　　C. 与气体一致　　D. 不确定

68. 《高层民用建筑设计防火规范》要求,对于高度超过(　　)m的建筑物,建筑设计采取的特殊防火措施,应提交国家消防主管部门组织专题研究、论证。

A. 400　　B. 300　　C. 250　　D. 150

69. 爆炸危险品生产厂房和库房在平面布置上,最好呈(　　)。

A. 凹形　　B. 凸形　　C. L形　　D. 简单矩形

70. 烟花爆竹生产过程中,在钻孔和切割带药的半成品时,应在专用工房内进行,且(　　)。

A. 每间工房定员10人,人均使用面积不得少于2 m^2

B. 每间工房定员6人,人均使用面积不得少于2 m^2

C. 每间工房定员4人,人均使用面积不得少于3.5 m^2

D. 每间工房定员2人，人均使用面积不得少于3.5 m^2

71. 火灾发生的必要条件是同时具备可燃物、点火源和（ ）三个要素。

A. 水蒸气 B. 助燃物 C. 还原剂 D. 二氧化碳

72. 煤炭、稻谷等可燃物质长期堆积在一起可能发生自燃火灾，其点火源是（ ）。

A. 摩擦生热 B. 化学自热 C. 蓄热自热 D. 绝热压缩

73. 目前在手提式灭火器和固定式灭火系统中，广泛应用的灭火剂是（ ）。

A. 水灭火剂 B. 干冰灭火剂 C. 干粉灭火剂 D. 泡沫灭火剂

74. 在卧室内听到外面发生火灾的报警后，如感觉房门发热，这时正确的做法是（ ）。

A. 迅速打开房门，快速冲出逃生

B. 尽量用衣物等封堵门缝，设法从窗户逃生或等待救援

C. 躲藏到壁橱中以避烟气

D. 打开房门和窗户等待救援

75. 蜡烛是一种固体可燃物，其燃烧的基本原理是（ ）。

A. 通过热解产生可燃气体，然后与氧化剂发生燃烧

B. 固体蜡烛被烛芯直接点燃并与氧化剂发生燃烧

C. 蜡烛受热后先液化，然后蒸发为可燃蒸气，再与氧化剂发生燃烧

D. 蜡烛受热后先液化，液化后的蜡烛被烛芯吸附直接与氧化剂发生燃烧

76. 爆炸极限是表征可燃气体、蒸气和可燃粉尘爆炸危险性的主要系数。其基本含义是指这类物质与空气的混合物在遇到火源后就会发生爆炸的（ ）范围。

A. 温度 B. 浓度 C. 压力 D. 点火能量

77. 煤矿瓦斯爆炸事故是严重的生产安全事故之一。煤矿瓦斯主要成分是甲烷（CH_4），根据甲烷完全燃烧反应所需氧原子数估算，其爆炸下限为（ ）%。

A. 1.25 B. 5.12 C. 6.54 D. 10.50

78. 在有煤尘爆炸危险性的煤矿井下的采区巷道中，常可以看到一段巷道的顶部设置有岩粉棚或水棚，其目的是（ ）。

A. 抑制爆炸的传播 B. 避免发生煤尘爆炸

C. 起到惰化防护作用 D. 降低爆炸的压力上升速率

79. 粉尘爆炸产生的冲击波将堆积的粉尘扬起，在新的空间形成爆炸极限浓度范围内的混合物，遇到新的点火源再次发生爆炸的现象称为（ ）。

A. 二次爆炸 B. 爆炸感应 C. 气固两相流反应 D. 爆炸上升

80. 民用爆破器材是指用于非军事目的的各种炸药及其制品和火工品的总称。下列爆炸器材中，不属于民用爆破器材的是（ ）。

A. 用于采石场的炸药 B. 矿用电雷管

C. 民兵训练用手榴弹 D. 地震勘探用震源药柱

81. 炸药爆炸过程与一般的化学反应过程相比，具有放热性、（ ）和大量气态生成物三大特征。

A. 敏感性 B. 高速度 C. 稳定性 D. 时延性

82. 当发生火灾，逃离充满烟雾的房间时，要尽量使头部（ ），以减少吸入烟气。

A. 抬起 B. 保持与地面1米左右的距离

C. 靠近墙壁 D. 贴近地面

83. 某危险化学品罐区发生火灾事故，4座汽油罐和2座煤油罐被烧毁。根据《火灾分类》

(GB/T 4968)，该起火灾为(　　)。

A. A类火灾　　B. B类火灾　　C. C类火灾　　D. D类火灾

84. 烟花爆竹所用火药的物质组成决定了其所具有的燃烧和爆炸特性，包括能量特征、燃烧特性、力学特性、安定性等参数。表征1 kg火药燃烧时气体产物做功特性的参数是(　　)。

A. 能量特征　　B. 燃烧特性　　C. 力学特性　　D. 安定性

85. 按可燃物的类型和燃烧特征，《火灾分类》(GB/T 4968)将火灾分为6类。其中"D类火灾"是指(　　)。

A. 液体火灾　　B. 金属火灾　　C. 气体火灾　　D. 带电火灾

参考答案：

1. B	2. B	3. C	4. D	5. D
6. C	7. D	8. C	9. B	10. A
11. D	12. A	13. D	14. A	15. D
16. C	17. B	18. D	19. D	20. B
21. A	22. C	23. A	24. B	25. B
26. C	27. B	28. A	29. D	30. B
31. C	32. C	33. A	34. B	35. A
36. C	37. A	38. A	39. A	40. B
41. B	42. C	43. A	44. D	45. C
46. B	47. A	48. B	49. A	50. B
51. D	52. B	53. D	54. A	55. C
56. B	57. D	58. C	59. A	60. C
61. C	62. D	63. B	64. B	65. B
66. C	67. A	68. C	69. D	70. D
71. B	72. C	73. C	74. B	75. C
76. B	77. C	78. A	79. A	80. C
81. B	82. D	83. B	84. A	85. B

能力提升

1. 《火灾分类》(GB/T 4968)按物质的燃烧特性将火灾分为：A类火灾、B类火灾、C类火灾、D类火灾、E类火灾和F类火灾，其中带电电缆火灾属于(　　)火灾。

A. A类　　B. B类　　C. C类　　D. E类

【答案】D

【解析】A类火灾，是指固体物质火灾，这种物质往往具有有机物质，一般在燃烧时能产生灼热的灰烬，如木材、棉、毛、麻、纸张火灾等。

B类火灾，是指液体火灾和可熔化的固体物质火灾，如汽油、煤油、柴油、原油、甲醇、乙醇、沥青、石蜡火灾等。

C类火灾，是指气体火灾，如煤气、天然气、甲烷、乙烷、丙烷、氢气火灾等。

D类火灾，是指金属火灾，如钾、钠、镁、钛、锆、锂、铝镁合金火灾等。

E类火灾(带电火灾)，是指物体带电燃烧的火灾，如发电机、电缆、家用电器等。

F类火灾，烹饪引起的火灾。

2. 当可燃性固体呈粉体状态，粒度足够细，飞扬悬浮于空气中，并达到一定浓度时，在相对密闭的空间内，遇到足够的点火能量，就能发生粉尘爆炸。下列各组常见粉尘中，都能够发生爆炸的是(　　)。

A. 纸粉尘、煤粉尘、粮食粉尘、石英粉尘　　B. 煤粉尘、粮食粉尘、水泥粉尘、棉麻粉尘

C. 饲料粉尘、棉麻粉尘、烟草粉尘、玻璃粉尘　　D. 金属粉尘、煤粉尘、粮食粉尘、木粉尘

【答案】D

【解析】粉尘爆炸的机理和特点：当可燃性固体呈粉体状态，粒度足够细，飞扬悬浮于空气中，并达到一定浓度，在相对密闭的空间内，遇到足够的点火能量，就能发生粉尘爆炸。具有粉尘爆炸危险性的物质较多，常见的有金属粉尘(如镁粉、铝粉等)、煤粉、粮食粉尘、饲料粉尘、棉麻粉尘、烟草粉尘、纸粉、木粉、火炸药粉尘和大多数含有C、H元素及与空气中氧反应能放热的有机合成材料粉尘等。

3. 已知某混合气体中甲烷占60%，乙烷20%，丙烷20%，各组分相应的爆炸下限分别为5%、3.22%和2.37%，则该混合气体的爆炸下限为(　　)%。

A. 2.57　　B. 2.75　　C. 3.22　　D. 3.85

【答案】D

【解析】$L_{下}=100/(V_1/L_1+V_2/L_2+V_3/L_3)=100/(60/5+20/3.22+20/2.57)=3.85$。

4. 评价粉尘爆炸的危险性有很多技术指标，如爆炸极限、最低着火温度、爆炸压力、爆炸压力上升速率等。除上述指标中，下列指标中，属于评价粉尘爆炸危险性指标的还有(　　)。

A. 最大点火能量　　B. 最小点火能量　　C. 最大密闭空间　　D. 最小密闭空间

【答案】B

【解析】评价粉尘爆炸危险性的主要特征参数是爆炸极限、最小点火能量、最低着火温度、粉尘爆炸压力及压力上升速率。粉尘爆炸极限不是固定不变的，它的影响因素主要有粉尘粒度、分散度、湿度、点火源的性质、可燃气含量、氧含量、惰性粉尘和灰分温度等。一般来说，粉尘粒度越细，分散度越高，可燃气体和氧的含量越大，火源强度、初始温度越高，湿度越低，惰性粉尘及灰分越少，爆炸极限范围越大，粉尘爆炸危险性也就越大。

5. 二氧化碳灭火器是利用其内部充装的液态二氧化碳的蒸气压将二氧化碳喷出灭火的一种灭火器具，其通过降低氧气含量，造成燃烧区窒息而灭火。一般能造成燃烧中止的氧气含量应低于(　　)。

A. 12%　　B. 14%　　C. 16%　　D. 18%

【答案】A

【解析】二氧化碳灭火器是利用其内部充装的液态二氧化碳的蒸气压将二氧化碳喷出灭火的一种灭火器具，其通过降低氧气含量，造成燃烧区窒息而灭火。一般当氧气含量应低于12%或者二氧化碳浓度达到30%～35%时，燃烧中止。

6. 化工企业火灾爆炸事故不仅能造成设备损毁、建筑物破坏，甚至会致人死亡，预防爆炸是非常重要的工作。防止爆炸的一般方法不包括(　　)。

A. 控制混合气体中的可燃物含量处在爆炸极限以外

B. 使用惰性气体取代空气

C. 使氧气浓度处于极限值以下

D. 设计足够的泄爆面积

【答案】D

【解析】在化工生产作业中，爆炸的压力和火灾的蔓延不仅会使生产设备遭受损失，而且使建筑物破坏，甚至造成人员伤亡。因此，科学防爆是非常重要的一项工作，防止爆炸的一般原则：一是控制混合气体中的可燃物含量处在爆炸极限以外；二是使用惰性气体取代空气；三是使氧气

浓度处于极限值以下。

7. 具有爆炸危险性的生产区域，通常禁止车辆驶入。但是，在人力难以完成而必须机动车辆进入的情况下，允许进入该区域的车辆是(　　)。

A. 装有灭火器或水的汽车　　B. 两轮摩托车

C. 装有生产物料的手扶拖拉机　　D. 尾气排放管装有防火罩的汽车

【答案】D

【解析】火星熄灭器(防火罩、防火帽)：由烟道或车辆尾气排放管飞出的火星也可能引起火灾，因此，通常在可能产生火星设备的排放系统，如加护热炉的烟道，汽车拖拉机的尾气排放管上等，安装火星灭火器，用以防止飞出的火星引燃可燃物料。

8. 民用爆破器材是广泛用于矿山、开山辟路、地质探矿等许多工业领域的重要消耗材料。下列爆破器材中，不属于民用爆破器材的是(　　)。

A. 硝化甘油炸药　　B. 乳化炸药　　C. 导火索　　D. 烟花爆竹

【答案】D

【解析】民用爆破器材包括：

(1)工业炸药。如硝化甘油炸药、铵梯炸药、铵油炸药、乳化炸药、水胶炸药及其他工业炸药等。

(2)起爆器材。起爆器材可分为起爆材料和传爆材料两大类。火雷管、电雷管、磁电雷管、导爆管雷管、继爆管及其他雷管属起爆材料；导火索、导爆索、导爆管等属传爆材料。

(3)专用民爆器材。如油气井用起爆器、射孔弹、复合射孔器、修井爆破器材、点火药盒，地震勘探用震源药柱、震源弹，特种爆破用矿岩破碎器材、中继起爆具、平炉出钢口穿孔弹、果林增效爆破具等。

9. 煤气公司为了便于及时发现管线泄漏，防止因输气管道泄漏引起爆炸事故，通常向煤气或天然气中加入一些物质。这种物质是(　　)。

A. 氢气　　B. 一氧化碳　　C. 硫醇　　D. 空气

【答案】C

【解析】为保证设备和系统的封闭性，在验收新的设备时，在设备修理后及在使用过程中，必须根据压力计的读数用水压试验来检查其密闭性，测定其是否漏气并进行气体分析。此外，可于接缝处涂抹肥皂液进行充气检测。为了检查无味气体(氢、甲烷等)是否漏出，可在其中加入显味剂(硫醇、氨等)。

10. 为加强民用爆破器材企业安全生产工作，国家有关部门相续颁布《民用爆破器材安全生产许可证实施办法》等管理规定，提出民用爆破器材应符合安全生产要求。下列措施中，属于职业危害预防要求的是(　　)。

A. 设置安全管理机构，配备专职安全生产管理人员

B. 在火炸药的生产过程中，避免空气受到绝热压缩

C. 及时预防机械和设备故障

D. 在安全区内设立独立的操作人员更衣室

【答案】D

【解析】民用爆破器材、烟花爆竹生产企业应当采取下列职业危害预防措施：

(1)为从业人员配备符合国家标准或行业标准的劳动防护用品。

(2)对重大危险源进行检测、评估，采取监控措施。

(3)为从业人员定期进行健康检查。

(4)在安全区内设立独立的操作人员更衣室。

11. 现代烟花爆竹是以烟火为原料，经过工艺制作，在燃放时能够产生特种效果的产品，应用的烟火药除氧化剂和可燃剂外，还包括黏结剂和功能添加剂等，烟花爆竹的组成决定了它具有燃烧特性和(　　)。

A. 聚合特性　　B. 衰变特性　　C. 爆炸特性　　D. 机械特性

【答案】C

【解析】烟花爆竹的组成决定了它具有燃烧特性和爆炸特性。

12. 为了在建筑物内的爆炸品发生爆炸时，不至于对邻近的其他建筑物造成严重破坏和人员伤亡，烟花爆竹工厂与周围建筑物之间必须保持足够的安全距离。这个距离是指(　　)距离。

A. 最远间隔　　B. 最小允许　　C. 殉爆　　D. 最大允许

【答案】B

【解析】烟花爆竹工厂的安全距离实际上是危险性建筑物与周围建筑物之间的最小允许距离，包括危险品生产区、总仓库区、销毁场等区域内的建筑物之间应留有足够的内部安全距离。危险品生产区、总仓库区、销毁场等与该区域外的村庄、居民建筑、工厂、城镇、运输线路、输电线路等必须保持足够外部安全距离。

13. 自燃点是指在规定条件下，不用任何辅助引燃能源而达到燃烧的最低温度。对于柴油、煤油、汽油、蜡油来说，其自燃点由高到低的排序是(　　)。

A. 汽油→煤油→蜡油→柴油　　B. 汽油→煤油→柴油→蜡油

C. 煤油→汽油→柴油→蜡油　　D. 煤油→柴油→汽油→蜡油

【答案】B

【解析】在规定条件下，不用任何辅助引燃能源而达到引燃的最低温度。液体和固体可燃物受热分解并析出来的可燃气体挥发物越多，其自燃点越低。固体可燃物粉碎得越细，其自燃点越低。一般情况下，密度越大，闪点越高而自燃点越低。比如，下列油品的密度：汽油＜煤油＜轻柴油＜重柴油＜蜡油＜渣油，而其闪点依次升高，自燃点则依次降低。

14. 可燃气体爆炸一般需要可燃气体、空气或氧气、点火源三个条件。但某些可燃气体，即使没有空气或氧气参与，也能发生爆炸，这种现象叫作分解爆炸。下列各组气体中，均可以发生分解爆炸的是(　　)。

A. 乙炔、环氧乙烷、甲烷　　B. 乙炔、环氧乙烷、四氟乙烯

C. 乙炔、甲烷、四氟乙烯　　D. 环氧乙烷、甲烷、四氟乙烯

【答案】B

【解析】某些气体如乙炔、乙烯、环氧乙烷等，即使在没有氧气的条件下，也能被点燃爆炸，其实质是一种分解爆炸。除上述气体外，分解爆炸性气体还有臭氧、联氨、丙二烯、甲基乙炔、乙烯基乙炔、一氧化氮、二氧化氮、氰化氢、四氟乙烯等。

15. 煤矿井下煤尘爆炸往往比瓦斯爆炸造成更严重的危害。从煤尘爆炸比瓦斯爆炸更为严重的角度考虑，下列说法中，错误的是(　　)。

A. 煤尘爆炸感应时间更长　　B. 煤尘爆炸产生的热量更多

C. 煤尘爆炸一般发生多次爆炸　　D. 煤尘爆炸持续时间更长

【答案】D

【解析】粉尘爆炸有如下特点：①粉尘爆炸速度或爆炸压力上升速度比爆炸气体小，但燃烧时间长，产生的能量大，破坏程度大。②爆炸感应期较长。粉尘的爆炸过程比气体的爆炸过程复杂，要经过尘粒的表面分解或蒸发阶段及由表面向中心燃烧的过程，所以感应期比气体长得多。

③有产生二次爆炸的可能性。因为粉尘初次爆炸产生的冲击波会将堆积的粉尘扬起，悬浮在空气中，在新的空间形成达到爆炸极限浓度范围内的混合物，而飞散的火花和辐射热成为点火源，引起第二次爆炸。这种连续爆炸会造成严重的破坏。粉尘有不完全燃烧现象，在燃烧后的气体中含有大量的CO及粉尘(如塑料粉)自身分解的有毒气体，会伴随中毒死亡的事故。

16. 根据《消防法》中关于消防设施的含义，消防设施不包括(　　)。

A. 消防车　　B. 自动灭火系统　　C. 消火栓系统　　D. 应急广播

【答案】A

【解析】新《消防法》中规定消防设施是指火灾自动报警系统、自动灭火系统、消火栓系统、可提式灭火器系统、灭火器防烟排烟系统以及应急广播和应急照明、安全疏散设施等。

17. 液化石油气瓶罐装站安装可燃气体探测器时，其安装位置应选择在(　　)。

A. 罐装站围墙高处　　B. 可能泄漏点的上方

C. 可能泄漏点的下方　　D. 可能泄漏点的上风向

【答案】C

【解析】安装使用可燃气体探测器应注意以下几点：①应按所监测的可燃气体的密度选择安装位置。监测密度大于空气的可燃气体(如石油液化气、汽油、丙烷、丁烷等)时，探测器应安装在泄漏可燃气体处的下部，距地面不应超过0.5 m。监测密度小于空气的可燃气体(如煤气、天然气、一氧化碳、氨气、甲烷、乙烷、乙烯、丙烯、苯等)时，探测器应安装在可能泄漏处的上部或屋内顶棚上。总之，探测器应安装在经常容易泄漏可燃气体处的附近，或安装在泄漏出来的气体容易流过、滞留的场所。②对于经常有风速0.5 m/s以上气流存在、可燃气体无法滞留的场所，或经常有热气、水滴、油烟的场所，或环境温度经常超过40℃的场所，不适宜安装可燃气体探测器。有铅离子(Pb^{+})存在的场所，或有硫化氢气体存在的场所，不能使用可燃气体探测器，否则会出现气敏元件中毒而失效。在有酸、碱等腐蚀性气体存在的场所，也不宜使用可燃气体探测器。③应至少每季检查一次可燃气体探测器是否工作正常，例如用棉球蘸酒精去靠近探测器检测。

18. 甲烷是具有爆炸危险的物质，为防止因甲烷泄漏引起爆炸应采取防止措施。下列措施中，对于防止甲烷泄漏爆炸无效的是(　　)。

A. 泄漏报警　　B. 防止明火　　C. 防止静电　　D. 减压措施

【答案】D

【解析】防爆的基本原则是根据对爆炸过程特点的分析采取相应的措施，防止第一过程的出现，控制第二过程的发展，削弱第三过程的危害。主要应采取以下措施：①防止爆炸性混合物的形成；②严格控制火源；③及时泄出燃爆开始时的压力；④切断爆炸传播途径；⑤减弱爆炸压力和冲击波对人员、设备和建筑的损坏；⑥检测报警。减压措施是爆炸发生以后采取的一种补救措施，不能防止甲烷泄漏爆炸。

19. 下列防火防爆安全技术措施中，属于从根本上防止火灾与爆炸发生的是(　　)。

A. 惰性气体保护　　B. 系统密闭正压操作

C. 以不燃溶剂代替可燃溶剂　　D. 厂房通风

【答案】C

【解析】在生产过程中，应根据可燃易燃物质的燃烧爆炸特性，以及生产工艺和设备等的条件，采取有效的措施，预防在设备和系统里或在其周围形成爆炸性混合物。这类措施主要有设备密闭、厂房通风、惰性介质保护、以不燃溶剂代替可燃溶剂、危险物品隔离储存等。①惰性气体保护。由于爆炸的形成需要有可燃物质、氧气以及一定的点火能量，用惰性气体取代空气，避免空气中的氧气进入系统，就消除了引发爆炸的一大因素，从而使爆炸过程不能形成。在化工生产中，采取的惰性气体（或阻燃性气体）主要有氮气、二氧化碳、水蒸气、烟道气等。②系统密闭和正压操作。装盛可燃易爆介质的设备和管路，如果气密性不好，就会由于介质的流动性和扩散性，造成跑、冒、滴、漏现象，逸出的可燃易爆物质，在设备和管路周围空间形成爆炸性混合物。同样的道理，当设备或系统处于负压状态时，空气就会渗入，使设备或系统内部形成爆炸性混合物。设备密闭不良是发生火灾和爆炸事故的主要原因之一。③厂房通风。要使设备达到绝对密闭是很难办到的，总会有一些可燃气体、蒸气或粉尘从设备系统中泄漏出来，而且生产过程中某些工艺（如喷漆）会大量释放可燃性物质。因此，必须用通风的方法使可燃气体、蒸气或粉尘的浓度不致达到危险的程度，一般应控制在爆炸下限 1/5 以下。如果挥发物既有爆炸性又对人体有害，其浓度应同时控制到满足《工业企业设计卫生标准》的要求。在设计通风系统时，应考虑到气体的相对密度。④以不燃或难燃的材料代替可燃或易燃材料，是防火与防爆的根本性措施。因此，在满足生产工艺要求的条件下，应当尽可能地用不燃溶剂或火灾危险性小的物质代替易燃溶剂或火灾危险性较大的物质，这样可防止形成爆炸性混合物，为生产创造更为安全的条件。

20. 烟花爆竹所用火药的物质情况决定了其所具有的燃烧和爆炸特性，包括能量特性、燃烧特性、力学特性、安定性和安全性能。其中，标志火药能量释放能力的特性是（　　）。

A. 能量特性　　B. 燃烧特性　　C. 力学特性　　D. 安定性

【答案】B

【解析】烟花爆竹的主要特性：①能量特性。它是标志火药做功能力的参量，一般是指 1 kg 火药燃烧时气体产物所做的功。②燃烧特性。它标志火药能量释放的能力，主要取决于火药的燃烧速率和燃烧表面积。燃烧速率与火药的组成和物理结构有关，还随初温和工作压力的升高而增大。加入增速剂、嵌入金属丝或将火药制成多孔状，均可提高燃烧速率。加入降速剂，可降低燃烧速率。燃烧表面积主要取决于火药的几何形状、尺寸和对表面积的处理情况。③力学特性。它是指火药要具有相应的强度，满足在高温下保持不变形、低温下不变脆，能承受在使用和处理时可能出现的各种力的作用，以保证稳定燃烧。④安定性。它是指火药必须在长期储存中保持其物理化学性质的相对稳定。为改善火药的安定性，一般在火药中加入少量的化学安定剂，如二苯胺等。⑤安全性。由于火药在特定的条件下能发生爆轰，所以要求在配方设计时必须考虑火药在生产、使用和运输过程中安全可靠。

21. 烟花爆竹工厂安全距离是指危险建筑物与周围建筑物之间的最小容许距离，设计安全距离时要使用"计算药量"的参数。下列关于确定计算药量的说法中，错误的是（　　）。

A. 停滞药量是暂时搁置时，允许存放的最小药量

B. 抗爆间室的危险品药量可不计入危险性建筑物的计算药量

C. 防护屏障内的化学品药量，应计入该屏障内的危险性建筑物的计算药量

D. 厂房内采取了分隔防护措施，相互间不会引起同时爆炸或燃烧的药量可分别计算，取最大值

【答案】A

【解析】确定计算药量时应注意以下几点：①防护屏障内的危险品药量，应计入该屏障内的危险性建筑物的计算药量。②抗爆间室的危险品药量可不计入危险性建筑物的计算药量。③厂房内采取了分隔防护措施，相互间不会引起同时爆炸或燃烧的药量可分别计算，取其最大值。停滞量的定义是：暂时搁置时，允许存放的最大药量。

22. 《民用爆破器材工程设计安全规范》（GB 50089—2007）规定，生产场所应急照明照度标准不应低于该场所一般照明照度标准的（　　）。

A. 5%　　B. 10%　　C. 20%　　D. 25%

【答案】B

【解析】《民用爆破器材工程设计安全规范》12.4.3 规定，应急照明照度标准不应低于该场所一般照明照度标准的10%。

23. 下列关于民用爆破器材生产企业安全生产要求的说法中，错误的是(　　)。

A. 民用爆破器材企业应定期进行安全评价和编制重大事故应急预案

B. 地方政府应进一步加强对民用爆破器材企业生产安全的监督和管理

C. 地方政府主管部门必须负责对民用爆破器材使用人员的安全生产意识教育和安全技术培训

D. 民用爆破器材企业应投入资金进行安全技改，从工程建设和工艺设备上采取防火、防爆措施，提高安全防范的技术水平

【答案】C

【解析】民用爆破器材企业安全生产应满足下列安全生产要求：①民用爆破器材生产企业必须依照有关规定取得安全生产许可证。未取得安全生产许可证的，不得从事生产活动。②民用爆破器材生产企业应当建立、健全主要负责人、分管负责人、安全生产管理人员、职能部门、岗位安全生产责任制，制订下列安全管理制度和操作规程。安全目标管理制度、安全奖惩制度、安全检查制度、安全技术措施审批制度。事故隐患整改制度、安全设施设备管理制度、从业人员安全教育培训制度、动火作业管理制度、安全投入保障制度、重大危险源检查监控和安全评估制度、防护用品(具)管理制度，以及原材料、辅助材料购买、检验、使用和保管制度。职业卫生管理制度。符合有关规程要求的安全操作规程。③民用爆破器材生产企业的安全投入应符合安全生产要求。④民用爆破器材生产企业应当设置安全生产管理机构，配备专职安全生产管理人员，并符合下列要求。确定安全生产主管人员。民用爆破器材按有关规定专职安全生产管理人员。配备相当数量的兼职安全生产管理人员。⑤民用爆破器材生产企业主要负责人、安全生产管理人员的安全生产知识和管理能力应当经考核合格。⑥民用爆破器材生产企业生产设施应当符合以下安全生产条件。具有与生产规模、产品品种相适应并符合《民用爆破器材工程设计安全规范》要求的生产厂房和储存仓库。生产厂房、储存仓库、燃放试验场的内外部安全距离和厂房布局、建筑结构、生产工艺布置、安全疏散条件、消防设施以及防爆、防雷、防静电等安全设施符合《民用爆破器材工程设计安全规范》的要求。生产区域应有明显的安全警示标志或警示标语，危险工序现场应牢固张贴安全管理制度和操作规程。具有保证安全生产和产品质量的设备、仪器和工艺装备。电气设备及机械加工设备中的电器部分应符合《民用爆破器材工程设计安全规范》的要求。特种设备应定期检验并符合有关法律法规、国家标准和行业标准规定的条件。⑦民用爆破器材工厂设计和厂址、厂房、储存仓库等设施的设计与测绘应当符合下列条件。由具有相应资质的专业机构承担设计和测绘工作。专业机构提供的文件、图样、技术资料等应符合国家有关法律、法规和国家标准、行业标准的要求。设计图样和测绘图样应有设计单位、测绘单位及其设计人员、技术人员和审核单位及审核人的签章。⑧民用爆破器材生产企业工厂周边安全防护距离应符合国家有关规定。⑨民用爆破器材生产企业应当采取下列职业危害预防措施。为从业人员配备符合国家标准或行业标准的劳动防护用品。对重大危险源进行检测、评估，采取监控措施。为从业人员定期进行健康检查。在安全区内设立独立的操作人员更衣室。⑩民用爆破器材生产企业应当依法进行安全评价。民用爆破器材生产企业应当建立生产安全事故应急救援组织，指定事故应急预案，配备应急救援人员和必要的应急救援器材和设备。民用爆破器材生产企业在建设、生产和经营中，应当符合相应的标准和规范，如《民用爆破器材工程设计安全规范》(GB 50089—2007)、《建筑设计防火规范》(GB 50016—2006)、《建筑物防雷设计规范》(GB 50057—2010)等国家标准、行业标准规定的其他条件。

24. 焦炭为可燃固体，在燃烧过程中呈炽热状态，不产生气态物质，也不产生(　　)。

A. 火焰　　B. 辐射　　C. 对流　　D. 传导

【答案】A

【解析】有的可燃固体如焦炭等，不能分解为气态物质，在燃烧时则呈炽热状态，没有火焰产生。

25. 火灾发展过程一般包括初起期、发展期、最盛期、减弱期和熄灭期。在发展期，按照T平方特征火灾模型，火灾中热量的释放速率与(　　)的平方成正比。

A. 过火面积　　B. 可燃物质量　　C. 时间　　D. 可燃物的燃烧热

【答案】C

【解析】通过对大量的火灾事故的研究分析得出，典型火灾事故的发展分为初起期、发展期、最盛期、减弱期和熄灭期。初起期是火灾开始发生的阶段，这一阶段可燃物的热解过程至关重要，主要特征是冒烟、阴燃；发展期是火势由小到大发展的阶段，一般采用T平方特征火灾模型来简化描述该阶段非稳态火灾热释放速率随时间的变化，即假定火灾热释放速率与时间的平方成正比，轰燃就发生在这一阶段；最盛期的火灾燃烧方式是通风控制火灾，火势的大小由建筑物的通风情况决定；熄灭期是火灾由最盛期开始消减直至熄灭的阶段，熄灭的原因可以是燃料不足、灭火系统的作用等。由于建筑物内可燃物、通风等条件的不同，建筑火灾有可能达不到最盛期，而是缓慢发展后就熄灭了。

26. 某亚麻厂由于生产车间内空气中亚麻粉尘浓度偏高，车间除尘系统的火花引发了亚麻粉尘的爆炸，造成严重人员伤亡和厂房、设施的损坏。亚麻粉尘爆炸的破坏作用不包括(　　)。

A. 冲击波　　B. 硫化氢中毒　　C. 地震波　　D. 火灾

【答案】B

【解析】爆炸破坏作用：①冲击波。爆炸形成的高温、高压、高能量密度的气体产物，以极高的速度向周围膨胀，强烈压缩周围的静止空气，使其压力、密度和温度突跃升高，像活塞运动一样推向前进，产生波状气压向四周扩散冲击。这种冲击波能造成附近建筑物的破坏，其破坏程度与冲击波能量的大小有关，与建筑物的坚固程度及其与产生冲击波的中心距离有关。②碎片冲击。爆炸的机械破坏效应会使容器、设备、装置以及建筑材料等的碎片，在相当大的范围内飞散而造成伤害。碎片的四处飞散距离一般可达数十到数百米。③震荡作用。爆炸发生时，特别是较猛烈的爆炸往往会引起短暂的地震波。在爆炸波及的范围内，这种地震波会造成建筑物的震荡、开裂、松散倒塌等危害。④次生事故。发生爆炸时，如果车间、库房(如制氢车间、汽油库或其他建筑物)里存放有可燃物，会造成火灾；高空作业人员受冲击波或震荡作用，会造成高处坠落事故；粉尘作业场所轻微的爆炸冲击波会使积存在地面上的粉尘扬起，造成更大范围的二次爆炸等。

27. 机动车辆进入存在爆炸性气体的场所，应在尾气排放管上安装(　　)。

A. 火星熄灭器　　B. 安全阀　　C. 单向阀　　D. 阻火阀门

【答案】A

【解析】由烟道或车辆尾气排放管飞出的火星也可能引起火灾。因此，通常在可能产生火星设备的排放系统，如加护热炉的烟道，汽车、拖拉机的尾气排放管上等，安装火星熄灭器(防火罩、防火帽)，用以防止飞出的火星引燃可燃物料。

28. 在规定条件下，不用任何辅助引燃源而达到引燃的最低温度称为自燃点。下列物品中，自燃点最低的是(　　)。

A. 煤油　　B. 轻柴油　　C. 汽油　　D. 重柴油

【答案】D

【解析】在规定条件下，不用任何辅助引燃能源而达到引燃的最低温度。液体和固体可燃物受热分解并析出来的可燃气体挥发物越多，其自燃点越低。固体可燃物粉碎得越细，其自燃点越低。一般情况下，密度越大，闪点越高而自燃点越低。比如，下列油品的密度：汽油＜煤油＜轻柴油＜重柴油＜蜡油＜渣油，而其闪点依次升高，自燃点则依次降低。

29. 某些气体即使在没有氧气的条件下，也能发生爆炸，其实质是一种分解爆炸。下列气体中，属于分解爆炸性气体的是(　　)。

A. 一氧化碳　　B. 乙炔　　C. 氧气　　D. 氢气

【答案】B

【解析】某些气体如乙炔、乙烯、环氧乙烷等，即使在没有氧气的条件下，也能被点燃爆炸，其实质是一种分解爆炸。除上述气体外，分解爆炸性气体还有臭氧、联氨、丙二烯、甲基乙炔、乙烯基乙炔、一氧化氮、二氧化氮、氰化氢、四氟乙烯等。

30. 当可燃固体呈粉体状态，粒度足够细，飞扬悬浮空气中，达到一定的浓度，在相对密闭的空间内，遇到足够的点火能量，就能发生粉尘爆炸，具有粉尘爆炸危险性的物质较多，常见的有镁粉、铝粉、煤粉、火药粉尘和大多数含C、H元素及与空气中氧化反应发出热的有机合成材料粉尘等。下列除尘器中，镁粉不能选择(　　)除尘器。

A. 袋式　　B. 过滤　　C. 通风　　D. 湿式

【答案】D

【解析】过滤除尘是使含尘气流通过过滤材料而将粉尘分离捕集。采用廉价的砂、砾、焦炭等颗粒物作为滤料的颗粒层除尘器，在高温废气除尘方面引人注目，过滤除尘的除尘效率可高达99%。采用耐高温纤维织物作滤料的袋式除尘器，在工业尾气的除尘方面应用较广。镁粉遇水放热产生 H_2，易爆炸，因此不能用含水的湿式除尘器。

31. 泡沫灭火系统按照发泡倍数分为低倍数、中倍数和高倍数灭火装置。高倍数灭火器的发泡倍数为(　　)。

A. 101～1000倍　　B. 201～1000倍　　C. 301～1000倍　　D. 401～1000倍

【答案】B

【解析】高倍数泡沫灭火剂的发泡倍数为201～1000倍，故选B。

32. 干粉灭火器的主要成分是碳酸氢钠和少量的防酸剂脂酸镁及滑石粉等。其中，起到主要灭火作用的基本原理是(　　)。

A. 窒息作用　　B. 冷却作用　　C. 辐射作用　　D. 化学抑制作用

【答案】D

【解析】窒息、冷却、辐射及对有焰燃烧的化学抑制作用是干粉灭火效能的集中体现，其中化学抑制作用是灭火的基本原理，起主要灭火作用。

33. 防爆的基本原则是根据对爆炸过程特点的分析采取相应的措施，从而防止爆炸产生，控制爆炸发展，减轻爆炸危害。下列措施中，属于防止爆炸发生的是(　　)。

A. 严格控制火源，防止爆炸性混合物的生成，检测报警

B. 及时排泄燃爆开始时的压力

C. 切断爆炸传播途径

D. 减弱爆炸压力和冲击波对人员、设备和建筑物的损坏

【答案】A

【解析】防爆的基本原则是根据对爆炸过程特点的分析采取相应的措施，主要应依次采取以下措施：①防止爆炸混合物的形成；②严格控制火源；③及时泄出燃爆开始时的压力；④切断爆炸传播途径；⑤减弱爆炸压力和冲击波对人员、设备和建筑的损坏。

34. 防火防爆安全装置可以分为阻火防爆装置和防爆泄压装置两大类。下列装置中,属于防爆泄压装置的是( )。

A. 单向阀　　B. 爆破片

C. 火星熄灭器　　D. 化学抑制防爆装置

【答案】B

【解析】防爆泄压技术包括安全阀、爆破片和防爆门(窗)。

35. 烟花爆竹的组成决定了它具有燃烧和爆炸的特性。燃烧是可燃物质发生强烈的氧化还原反应,同时发出热和光的现象。其主要特性有能量特性、燃烧特性、力学特性、安定性和安全性。能量特性一般是指( )。

A. 1 kg 火药燃烧时发出的爆破力　　B. 1 kg 火药燃烧时发出的光能量

C. 1 kg 火药燃烧时放出的热量　　D. 1 kg 火药燃烧时气体产物所做的功

【答案】D

【解析】能量特性是标志火药做功能力的参量,一般是指 1 kg 火药燃烧时气体产物所做的功。

36. 民用爆破器材是用于非军事目的的各种炸药及其制品和火工品的总称,主要包括工业炸药、起爆器材、专用民爆器材。下列材料中,属于专用民爆器材的是( )。

A. 电雷管　　B. 火雷管

C. 导火索　　D. 特种爆破用中继起爆器

【答案】D

【解析】火雷管、电雷管、导火索属于起爆器材,特种爆破用中继起爆器属于专用民爆器材。

37. 《民用爆炸物品安全管理条例》规定,储存的民用爆炸物品数量不得超过储存设计容量,性质相抵触的民用爆破物品必须( )。

A. 分开储存　　B. 分库储存　　C. 分隔储存　　D. 分层储存

【答案】B

【解析】对性质相抵触的民用爆炸物品必须分库储存,严禁在库房内存放其他物品。

38. 北京 2008 年奥运会火炬长 72 cm,重 985 g,燃料为气态丙烷,燃烧时间 15 min,在零风速下火焰高度 25 cm 至 30 cm,在强光和日光情况下均可识别和拍摄。这种能形成稳定火焰的燃烧属于( )。

A. 混合燃烧　　B. 扩散燃烧　　C. 蒸发燃烧　　D. 分解燃烧

【答案】B

【解析】气态可燃物通常为扩散燃烧,即可燃物和氧气边混合边燃烧;液态可燃物(包括受热后先液化后燃烧的固态可燃物)通常先蒸发为可燃蒸气,可燃蒸气与氧化剂发生燃烧;固态可燃物先是通过热解等过程产生可燃气体,可燃气体与氧化剂再发生燃烧。根据可燃物质的聚集状态不同,燃烧可分为以下 4 种形式:

(1)扩散燃烧。可燃气体(氢、甲烷、乙炔以及苯、酒精、汽油蒸气等)从管道、容器的裂缝流向空气时,可燃气体分子与空气分子互相扩散、混合,混合浓度达到爆炸极限范围内的可燃气体遇到火源即着火并能形成稳定火焰的燃烧,称为扩散燃烧。

(2)混合燃烧。可燃气体和助燃气体在管道、容器和空间扩散混合,混合气体的浓度在爆炸范围内,遇到火源即发生燃烧,称为混合燃烧。混合燃烧是在混合气体分布的空间快速进行的。煤气、液化石油气泄漏后遇到明火发生的燃烧爆炸即是混合燃烧,失去控制的混合燃烧往往能造成重大的经济损失和人员伤亡。

(3)蒸发燃烧。可燃液体在火源和热源的作用下,蒸发出的蒸气发生氧化分解而进行的燃烧,称为蒸发燃烧。

(4)分解燃烧。可燃物质在燃烧过程中首先遇热分解出可燃性气体,分解出的可燃性气体再与氧进行的燃烧,称为分解燃烧。

39. 典型火灾事故的发展分为初起期、发展期、最盛期、减弱期和熄灭期。所谓的"轰燃"发生在(　　)阶段。

A. 初起期　　B. 发展期　　C. 最盛期　　D. 减弱期

【答案】B

【解析】通过对大量的火灾事故的研究分析得出,典型火灾事故的发展分为初起期(冒烟、阴燃)、发展期(轰燃就发生在这一阶段)、最盛期(通风控制火灾)、减弱期和熄灭期。

初起期是火灾开始发生的阶段,这一阶段可燃物的热解过程至关重要,主要特征是冒烟、阴燃。

发展期是火势由小到大发展的阶段,一般采用 T 平方特征火灾模型来简化描述该阶段非稳态火灾热释放速率随时间的变化,即假定火灾热释放速率与时间的平方成正比,轰燃就发生在这一阶段。

最盛期的火灾燃烧方式是通风控制火灾,火势的大小由建筑物的通风情况决定;熄灭期是火灾由最盛期开始消减直至熄灭的阶段,熄灭的原因可以是燃料不足、灭火系统的作用等。

40. 某市的亚麻厂发生麻尘爆炸时,有连续三次爆炸,结果在该市地震局的地震检测仪上,记录了在 7 s 之内的曲线上出现三次高峰。这种爆炸破坏作用是由(　　)引起的。

A. 冲击波　　B. 碎片冲击　　C. 震荡作用　　D. 空气压缩作用

【答案】C

【解析】爆炸破坏作用如下:

(1)冲击波

爆炸形成的高温、高压、高能量密度的气体产物,以极高的速度向周围膨胀,强烈压缩周围的静止空气,使其压力、密度和温度突跃升高,像活塞运动一样推向前进,产生波状气压向四周扩散冲击。这种冲击波能造成附近建筑物的破坏,其破坏程度与冲击波能量的大小有关,与建筑物的坚固程度及其与产生冲击波的中心距离有关。

(2)碎片冲击

爆炸的机械破坏效应会使容器、设备、装置以及建筑材料等的碎片,在相当大的范围内飞散而造成伤害。碎片的四处飞散距离一般可达数十米到数百米。

(3)震荡作用

爆炸发生时,特别是较猛烈的爆炸往往会引起短暂的地震波。例如,某市的亚麻厂发生麻尘爆炸时,有连续三次爆炸,结果在该市地震局的地震检测仪上,记录了在 7 s 之内的曲线上出现三次高峰。在爆炸波及的范围内,这种地震波会造成建筑物的震荡、开裂、松散、倒塌等危害。

(4)次生事故

发生爆炸时,如果车间、库房(如制氢车间、汽油库或其他建筑物)里存放有可燃物,会造成火灾;高空作业人员受冲击波或震荡作用,会造成高处坠落事故;粉尘作业场所轻微的爆炸冲击波会使积存在地面上的粉尘扬起,造成更大范围的二次爆炸等。

41. 火灾可按照一次火灾造成的人员伤亡、受灾户数和财产直接损失金额进行分类,也可按照物质的燃烧特性进行分类。根据《火灾分类》(GB/T 4968—2008),下列关于火灾分类的说法中,正确的是(　　)。

A. B类火灾是指固体物质火灾和可熔化的固体物质火灾

B. C类火灾是指气体火灾

C. E类火灾是指烹饪器具内烹饪物火灾

D. F类火灾是指带电火灾，是物体带电燃烧火灾

【答案】B

【解析】A类火灾：固体物质火灾。这种物质通常具有有机物性质，一般在燃烧时能产生灼热的灰烬。如木材、棉、毛、麻、纸张火灾等。

B类火灾：液体或可熔化固体物质火灾。如汽油、煤油、原油、甲醇、乙醇、沥青、石蜡火灾等。

C类火灾：气体火灾。如煤气、天然气、甲烷、乙烷、氢气、乙炔火灾等。

D类火灾：金属火灾。如钾、钠、镁、钛、锆、锂、铝镁合金火灾等。

E类火灾：带电火灾。物体带电燃烧的火灾。如变压器等设备的电气火灾等。

F类火灾：烹饪器具内的烹饪物（如动植物油脂）火灾。

42. 根据燃烧发生时出现的不同现象，可将燃烧现象分为闪燃、自燃和着火。油脂滴落于高温部件上发生燃烧的现象属于（　　）。

A. 阴燃　　B. 闪燃　　C. 自热自燃　　D. 受热自燃

【答案】D

【解析】油脂滴落于高温部件上发生自燃。

43. 爆炸是物质系统的一种极为迅速的物理的或化学的能量释放或转化过程，是系统蕴藏或瞬间形成的大量能量在有限的体积和极短的时间内，骤然释放或转化的现象。爆炸现象最主要的特征是（　　）。

A. 周围介质发生持续震动或邻近物质遭到破坏

B. 爆炸瞬间爆炸点及其周围压力急剧升高

C. 爆炸点附近产生浓烟

D. 爆炸瞬间附近温度急剧升高

【答案】B

【解析】爆炸现象最主要的特征是爆炸瞬间爆炸点及其周围压力急剧升高。

44. 天然气的组分有甲烷、乙烷、丙烷和丁烷。与纯甲烷气体比较，天然气的爆炸可能性（　　）。

A. 低于甲烷　　B. 高于甲烷

C. 与甲烷一样　　D. 随甲烷比例减小而降低

【答案】B

【解析】乙烷、丙烷和丁烷的爆炸下限低于甲烷。

45. 当可燃性固体呈粉体状态，粒度足够细，飞扬于空气中，并达到一定浓度，在相对密闭的空间内，遇到足够的点火能量就可能发生粉尘爆炸。粉尘爆炸机理比气体爆炸复杂得多。下列关于粉尘爆炸特点的说法中，正确的是（　　）。

A. 粉尘爆炸速度比气体爆炸大　　B. 有产生二次爆炸的可能性

C. 粉尘爆炸的感应期比气体爆炸短　　D. 爆炸压力上升速度比气体爆炸大

【答案】B

【解析】粉尘爆炸特点：①爆炸速度或升压速度比爆炸气体小，但燃烧时间长，产生的能量大，破坏程度大；②爆炸感应期长；③有产生二次爆炸的可能性。

46. 火灾报警控制器是火灾自动报警系统中的主要设备，其主要功能包括多方面。下列关

于火灾报警控制器功能的说法中，正确的是(　　)。

A. 具有记忆和识别功能　　B. 具有火灾应急照明功能

C. 具有防排烟、通风空调功能　　D. 具有自动检测和灭火功能

【答案】A

【解析】火灾报警控制器除了具有记忆、识别和报警功能外，还具有自动检测、联动控制、打印输出、图形显示、通信广播等功能。

47. 二氧化碳灭火器是利用其内部充装的液态二氧化碳的蒸气压将二氧化碳喷出灭火的一种灭火器具、二氧化碳灭火器的作用机理是降低氧气含量、造成燃烧区域缺氧而灭火。下列关于二氧化碳灭火器的说法中，正确的是(　　)。

A. 1 kg 二氧化碳液体可在常温下生成 1000 L 左右的气体，足以使 1 m 空间范围内的火焰熄灭

B. 使用二氧化碳灭火器灭火，氧气含量低于 15%时燃烧终止

C. 二氧化碳灭火器适宜扑救 600 V 以下的带电电器火灾

D. 二氧化碳灭火器对硝酸盐等氧化剂火灾的扑灭效果好

【答案】C

【解析】二氧化碳灭火器适宜扑救 600 V 以下的带电电器、贵重设备、图书档案、精密仪器仪表的初起火灾，以及一般可燃液体的火灾。

48. 某加工玉米淀粉的生产企业在对振动筛进行清理和维修的过程中，发生淀粉爆炸事故，造成大量人员伤亡。初步调查，该起事故的主要原因是工具使用不当。造成该起事故的原因是使用了(　　)工具。

A. 铁质　　B. 铁铜合金　　C. 木质　　D. 铝质

【答案】A

【解析】铁质工具会与设备碰撞产生火花，引起爆炸。

49. 在工业生产中应根据可燃易燃易爆物质的燃爆特性，采取相应措施，防止形成爆炸性混合物，从而避免爆炸事故。下列关于爆炸的控制的说法中，错误的是(　　)。

A. 乙炔管线连接处尽量采用焊接

B. 用四氯化碳代替溶解沥青所用的丙酮溶剂

C. 天然气系统投用前，采用一氧化碳吹扫系统中的残余物

D. 汽油储罐内的气相空间充入氮气保护

【答案】C

【解析】天然气系统投用前，不能用一氧化碳吹扫系统中的残余物，应该采用惰性气体吹扫。

50. 为了保证烟花爆竹在生产、使用和运输过程中安全可靠，烟火药组分除了氧化剂和可燃剂之外，还有(　　)。

A. 还原剂和黏结剂　　B. 黏结剂和阻化剂　　C. 安定剂和还原剂　　D. 黏结剂和还原剂

【答案】D

【解析】烟火药组分除了氧化剂、可燃剂之外，还有黏结剂、还原剂和功能添加剂等。

51. 粉状乳化炸药是将水相和油相在高速的运转和强剪切力作用下，借助乳化剂的乳化作用而形成乳化基质，再经过乳化剂得到的一种油包水型的爆炸性物质。粉状乳化炸药生产中，火灾爆炸主要来自(　　)的危险性。

A. 物质　　B. 环境　　C. 气候　　D. 管理

【答案】A

【解析】粉状乳化炸药生产中，火灾爆炸主要来自物质危险性，如生产过程中的高温、撞击、

电气和静电火花引起的危险。

52. 为保证爆炸事故发生后冲击波对建(构)筑物等的破坏不超过预定的破坏标准,危险品生产区、总仓库区、销毁场等与该区域外的村庄、居民建筑、工厂、城镇、运输线路、输电线路等必须保持足够的安全防护距离。这个安全距离称作(　　)。

A. 内部安全距离　　B. 外部安全距离　　C. 扩展安全距离　　D. 适当安全距离

【答案】B

【解析】危险品生产区、总仓库区、销毁场等与该区域外的村庄、居民建筑、工厂、城镇、运输线路、输电线路等必须保持足够的安全防护距离。这个安全距离称作外部安全距离。

53. 爆炸过程表现为两个阶段:在第一阶段,物质的(或系统的)潜在能以一定的方式转化为强烈的压缩能;第二阶段,压缩物质急剧膨胀,对外做功,从而引起周围介质的变化和破坏。下列关于爆炸破坏作用的说法中,正确的是(　　)。

A. 爆炸形成的高温、高压、低能量密度的气体产物,以极高的速度向四周膨胀,强烈压缩周围的静止空气,使其压力、密度和温度突跃升高。

B. 爆炸的机械破坏效应会使容器、设备、装置以及建筑材料等的碎片,在相当大的范围内飞散而造成伤害

C. 爆炸发生时,特别是较猛烈的爆炸往往会引起反复较长时间的地震波

D. 粉尘作业场所轻微的爆炸冲击波导致地面上的粉尘扬起,引起火灾

【答案】B

【解析】选项 A,爆炸形成高温、高压、高能量密度的气体产物;选项 C,爆炸发生时,会引起短暂的地震波;选项 D,地面上的粉尘扬起,会造成更大的爆炸冲击波。

54. 某炼油厂尾气中含有大量的挥发性有机化合物、烃类、有机硫化物,为了防止危及人身安全,需要对炼油厂尾气进行净化,常用的净化方法是(　　)。

A. 直接燃烧法　　B. 高空排放法　　C. 袋滤法　　D. 静电法

【答案】A

【解析】炼油厂尾气净化经常使用直接燃烧法。

55. 劳动者进入密闭空间作业时,用人单位应采用综合措施,消除或减少密闭空间的职业危害。下列关于密闭空间作业安全措施的说法中,错误的是(　　)。

A. 对密闭空间进行强制通风　　B. 在密闭空间外设置警示标识

C. 提供职业安全卫生培训　　D. 采取静电消除措施

【答案】D

【解析】密闭空间作业的危害主要是有毒气体,选项 A、B、C 都是正确的安全措施。

56. 按照物质的燃烧特性可以把火分为 A～F 六个类别。下列关于火灾分类的说法中,正确的是(　　)。

A. 家庭炒菜时油锅着火属于 F 类火灾

B. 工厂镁铝合金粉末自燃着火属于 E 类火灾

C. 家庭的家用电器着火属于 D 类火灾

D. 实验室乙醇着火属于 C 类火灾

【答案】A

【解析】本题考查的是燃烧与火灾的分类。火灾按物质的燃烧特性划分:A 类,固体物质火灾;B 类,液体或可熔化的固体火灾;C 类,气体火灾;D 类,金属火灾,如钾、钠、镁、钛、锆、锂、铝镁合金火灾等;E 类,带电火灾,是物体带电燃烧的火灾,如发电机、电缆、家用电器等;F 类,烹饪

器具内烹饪物火灾,如动植物油脂等。

57. 按照爆炸反应相的不同,爆炸可分为气相爆炸、液相爆炸和固相爆炸。下列爆炸情形中,属于液相爆炸的是(　　)。

A. 液体被喷成雾状物在剧烈燃烧时引起的爆炸

B. 飞扬悬浮于空气中的可燃粉尘引起的爆炸

C. 液氧和煤粉混合时引起的爆炸

D. 爆炸性混合物及其他爆炸性物质的爆炸

【答案】C

【解析】本题考查的是爆炸。液相爆炸包括聚合爆炸、蒸发爆炸以及由不同液体混合所引起的爆炸。例如硝酸和油脂、液氧和煤粉等混合时引起的爆炸;熔融的矿渣与水接触或钢水包与水接触时,由于过热发生快速蒸发引起的蒸汽爆炸等。

58. 下图为氢和氧混合物(2∶1)爆炸区间示意图。其中 a 点和 b 点的压力分别是混合物在 500 ℃时的爆炸下限和爆炸上限,随着温度的增加,爆炸极限的变化趋势是(　　)。

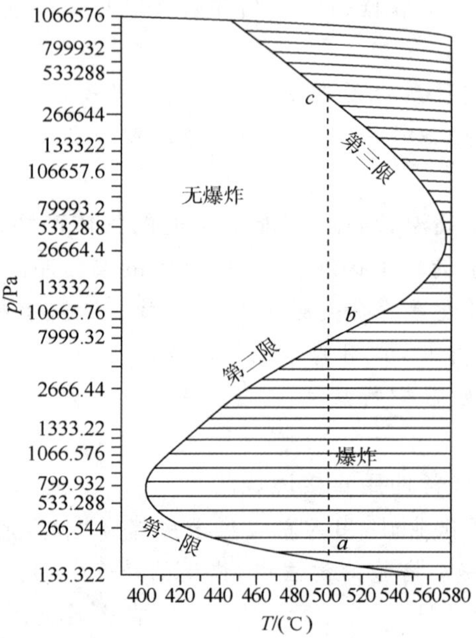

A. 会变宽　　B. 会变窄　　C. 先变宽后变窄　　D. 先变窄后变宽

【答案】A

【解析】本题考查的是爆炸。混合爆炸气体的初始温度越高,爆炸极限范围越宽,则爆炸下限越低,上限越高,爆炸危险性增加。

59. 粉尘爆炸是一个瞬间的连锁反应,属于不稳定的气固二相流反应,其爆炸过程比较复杂。下列关于粉尘爆炸特性的说法中,错误的是(　　)。

A. 具有发生二次爆炸的可能性　　B. 产生的能量大、破坏性作用大

C. 爆炸压力上升速度比气体爆炸大　　D. 感应期比气体爆炸长得多

【答案】C

【解析】本题考查的是爆炸。选项 C 错误,粉尘爆炸速度或爆炸压力上升速度比爆炸气体小,但燃烧时间长,产生的能量大,破坏程度大。

60. 灭火器由筒体、器头、喷雾等部件组成,借助驱动压力可将所充装的灭火剂喷出。灭火器结构简单,操作方便,轻便灵活,使用面广,是扑救初期火灾的重要消防器材。下列灭火器中,

适用于扑救精密仪器仪表初期火灾的是(　　)。

A. 二氧化碳灭火器　B. 泡沫灭火器　C. 酸碱灭火器　D. 干粉灭火器

【答案】A

【解析】本题考查的是消防器材。由于二氧化碳是一种无色的气体,灭火不留痕迹,并有一定的电绝缘性能等特点,因此,更适宜于扑救600 V以下带电电器、贵重设备、图书档案、精密仪器仪表的初起火灾,以及一般可燃液体的火灾。

61. 防火防爆安全装置可以分为阻火防爆装置与防爆泄压装置两大类,下列关于阻火防爆装置性能及使用的说法中,正确的是(　　)。

A. 一些具有复合结构的料封阻火器可阻止爆轰火焰的传播

B. 工业阻火器常用于阻止爆炸初期火焰的蔓延

C. 工业阻火器只有在爆炸发生时才起作用

D. 被动式隔爆装置对于纯气体介质才是有效的

【答案】B

【解析】本题考查的是防火防爆安全装置及技术。工业阻火器分为机械阻火器、液封和料封阻火器。工业阻火器常用于阻止爆炸初期火焰的蔓延。一些具有复合结构的机械阻火器也可阻止爆轰火焰的传播。工业阻火器对于纯气体介质才是有效的。

62. 烟花爆竹的主要特征有能量特征、燃烧特性、力学特性、安定性、安全性。其中,燃烧特性标志火药能量释放的能力,主要取决于火药的(　　)。

A. 燃烧速率和燃烧类型　B. 燃烧速率和燃烧表面积

C. 燃烧类型和燃烧表面积　D. 燃烧体积和燃烧类型

【答案】B

【解析】考查的是火药的燃烧特性。它标志火药能量释放的能力,主要取决于火药的燃烧速率和燃烧表面积。

63. 烟火药制作过程中,容易发生爆炸事故。在粉碎和筛选原料环节,应坚持做到"三固定",即固定工房、固定设备以及(　　)。

A. 固定安装　B. 固定最大粉碎药量　C. 固定操作人员　D. 固定作业温度

【答案】B

【解析】本题考查的是烟花爆竹基本安全知识。三固定:固定工房、固定设备、固定最大粉碎药量。

64. 粉状乳化炸药的生产工艺包括油相制备、水相制备、乳化、喷雾制粉、装药包装等步骤,其生产工艺过程中存在着火灾爆炸的风险。下列关于粉状乳化炸药生产、存储和运输过程危险因素的说法中,正确的是(　　)。

A. 粉状乳化炸药具有较高的爆轰特性,制造过程中,不会形成爆炸性粉尘

B. 制造粉状乳化炸药用的硝酸铵存储过程不会发生自然分解

C. 油相材料储存时,遇到高温、还原剂等,易发生爆炸

D. 包装后的乳化炸药仍具有较高的温度,其中的氧化剂和可燃剂会缓慢反应

【答案】D

【解析】考查的是民用爆破器材生产安全基础知识。粉状乳化炸药生产原料或成品在储存和运输中存在以下危险因素:

(1)硝酸铵储存过程中会发生自然分解,放出热量。当环境具备一定的条件时热量聚集,当温度达到爆发点时引起硝酸铵燃烧或爆炸。

(2)油相材料都是易燃危险品,储存时遇到高温、氧化剂等,易发生燃烧而引起燃烧事故。

(3)包装后的乳化炸药仍具有较高的温度,炸药中的氧化剂和可燃剂会缓慢反应,当热量得不到及时散发时易发生燃烧而引起爆炸。

(4)危险品的运输可能发生的翻车、撞车、坠落、碰撞及摩擦等险情,会引起危险品的燃烧或者爆炸。

65. 可燃物质的聚集状态不同其受热后发生的燃烧过程也不同,下列关于可燃物质燃烧类型的说法中,正确的是(　　)。

A. 管道泄漏的可燃气体与空气混合后遇火形成稳定火焰的燃烧为扩散燃烧

B. 可燃气体和助燃气体在管道内扩散混合,混合气体浓度在爆炸极限范围内,遇到火源发生的燃烧为分解燃烧

C. 可燃液体在火源和热源的作用下,蒸发出的蒸汽发生氧化分解而进行的燃烧为分解燃烧

D. 可燃物质遇热分解出可燃性气体后与氧进行的燃烧为扩散燃烧

【答案】A

【解析】本题考查的是燃烧与火灾。选项 B 应为混合燃烧;选项 C 应为蒸发燃烧;选项 D 应为分解燃烧。

66. 广义地讲,爆炸是物质系统的一种极为迅速的物理或化学能量释放或转化的过程,是系统蕴藏的或瞬间形成的大量能量在有限的体积和极短的时间内,骤然释放或转化的现象。爆炸现象的最主要特征是(　　)。

A. 爆炸过程持续进行　　B. 爆炸点附近压力急剧升高

C. 周围介质发生波动　　D. 温度显著升高

【答案】B

【解析】本题考查的是爆炸。爆炸现象具有以下特征:①爆炸过程高速进行;②爆炸点附近压力急剧升高,多数爆炸伴有温度升高;③发出或大或小的响声;④周围介质发生震动或邻近的物质遭到破坏。爆炸现象的最主要特征是爆炸点附近压力急剧升高。

67. 某餐馆厨房使用瓶装液化石油气,由于管理不善,厨房电器着火,引燃周围可燃物,进而引起气瓶爆炸。根据对爆炸原因的分析,此次爆炸事故属于压力容器的(　　)。

A. 物理爆炸　　B. 化学爆炸

C. 先化学后物理爆炸　　D. 先物理后化学爆炸

【答案】D

【解析】压力容器爆炸分为物理爆炸现象和化学爆炸现象。物理爆炸现象属于高压气体超压爆炸。化学爆炸现象是容器内介质发生化学反应,释放能量生成高温、高压,其爆炸危害程度往往比物理爆炸现象严重。

68. 描述物质火灾危险性的主要参数有物料的闪点、燃点、自燃点、最小点火能等。下列关于物质火灾危险性参数的说法中,正确的是(　　)。

A. 一般情况下闪点越低,火灾危险性越小

B. 一般情况下燃点越高,火灾危险性越大

C. 一般情况下固体可燃物粉碎的越细,其自燃点越低

D. 一般情况下物质最小点火能越高,火灾危险性越大

【答案】C

【解析】选项 A 闪点越低,火灾危险性越大;选项 B 燃点越高,火灾危险性越小;选项 D 物质最小点火能越高,火灾危险性越小。

69. 2014 年 8 月，某金属制品有限公司 1 号除尘器集尘桶锈蚀破损，桶内铝粉受潮发生氧化放热反应，达到粉尘云的引燃温度，引发除尘系统及车间集聚的铝粉尘发生系列爆炸。该爆炸的类型属于(　　)。

A. 固相爆炸　　B. 液相爆炸

C. 气相爆炸　　D. 气相爆炸和固相爆炸

【答案】C

【解析】气相爆炸主要包括以下四种类型：

(1)混合气体爆炸：空气和氢气、丙烷、乙醚等混合气的爆炸；

(2)气体的分解爆炸：乙炔、乙烯、氯乙烯等在分解时引起的爆炸；

(3)粉尘爆炸：空气中飞散的铝粉、镁粉、亚麻、玉米淀粉等引起的爆炸；

(4)喷雾爆炸：油压机喷出的油雾、喷漆作业引起的爆炸。

70. 粉尘爆炸是一个瞬间的连锁反应，属于不稳定的气固二相流反应。与气体爆炸相比，下列关于粉尘爆炸速度、燃烧时间、能量、破坏程度的说法中，正确的是(　　)。

A. 粉尘爆炸速度比气体爆炸小，但燃烧时间长，产生的能量大，破坏程度大

B. 粉尘爆炸速度比气体爆炸大，但燃烧时间长，产生的能量大，破坏程度大

C. 粉尘爆炸速度比气体爆炸小，但燃烧时间短，产生的能量大，破坏程度大

D. 粉尘爆炸速度比气体爆炸大，但燃烧时间长，产生的能量小，破坏程度大

【答案】A

【解析】粉尘爆炸速度或爆炸压力上升速度比气体爆炸小，但燃烧时间长，产生的能量大，破坏程度大。

71. 某化工企业配电室着火，经确认是一台 6000 V 开关柜发生火灾，着火时间已较长。此时如利用灭火器灭火，应选择的灭火器是(　　)。

A. 泡沫灭火器　　B. 干粉灭火器　　C. 1211 灭火器　　D. 二氧化碳灭火器

【答案】B

【解析】泡沫灭火器：适合扑救脂类、石油产品等 B 类火灾以及木材等 A 类物质的初起火灾，但不能扑救 B 类水溶性火灾，也不能扑救带电设备及 C 类和 D 类火灾。干粉灭火器：适用于扑救可燃液体、可燃气体和带电设备的火灾，还适用于扑救一般固体物质火灾，但都不能扑救轻金属火灾。卤代烷灭火器：主要用于扑救易燃、可燃液体、气体及带电设备的初起火火，也能对固体物质表面火灾进行扑救。二氧化碳灭火器：适用于扑救 600 V 以下带电电器、贵重设备、图书档案、精密仪器仪表的初起火灾，以及一般可燃液体的火灾。

72. 某加工玉米淀粉的生产企业，在对振动筛进行清理过程中，发生了淀粉粉尘爆炸事故，造成大量的人员伤亡。从使用工具方面分析，最有可能引起淀粉爆炸的原因是使用了(　　)。

A. 铁质工具　　B. 铜质工具　　C. 木质工具　　D. 铝质工具

【答案】A

【解析】摩擦和撞击往往是可燃气体、蒸气和粉尘、爆炸物品等着火爆炸的根源之一。例如机器轴承的摩擦发热、铁器和机件的撞击、钢铁工具的相互撞击、砂轮的摩擦等都能引起火灾；甚至铁桶容器裂开时，亦能产生火花，引起逸出的可燃气体或蒸气着火。在有爆炸危险的生产中，机件的运转部分应该用两种材料制作，其中之一是不发生火花的有色金属材料(如铜、铝)。

73. 某化工企业为生产需要，储备了汽油、硝化甘油、乙醚、乙炔、磷化钙、二氧化硫、氰化钠、氰化钾等生产原料。下列关于化学物品储存方式的说法中，正确的(　　)。

A. 仓库 A 存放氰化钠、二氧化硫　　B. 仓库 B 存放硝化甘油、乙炔

C. 仓库C存放乙醚、磷化钙　　D. 仓库D存放汽油、氰化钾

【答案】A

【解析】化学物品储存要求：①爆炸易燃液体、易燃固体、遇水或空气自燃物品，能引起燃烧的物品等必须单独存放；②易燃气体、助燃气体、氧化剂、有毒物品等除惰性气体外单独存放；③惰性气体除易燃气体、助燃气体、氧化剂、有毒物品外必须单独存放。氰化钠属于有毒物品，二氧化硫属于惰性气体，硝化甘油属于爆炸物品，乙炔属于易燃气体，乙醚、汽油属于易燃液体，磷化钙属于遇水或空气自燃物品。

74. 生产系统内一旦发生爆炸或压力骤增时，可通过防爆泄压设施将超高压力释放出去，以减少巨大压力对设备、系统的破坏或者减少事故损失。防爆泄压装置主要有安全阀、爆破片、防爆门等。下列关于防爆泄压装置的说法中，正确的是(　　)。

A. 安全阀按其结构和作用原理可分为杠杆式、弹簧式和敞开式

B. 当安全阀的入口处装有隔断阀时，隔断阀必须保持常闭状态并加铅封

C. 爆破片的防爆效率取决于它的宽度、长度、泄压方向和膜片材料的选择

D. 防爆门等设置时，泄压面积与厂房体积的比值宜采用 0.05～0.22 m^2/m^3

【答案】D

【解析】安全阀按其结构和作用原理分为杠杆式、弹簧式和脉冲式等。当安全阀的入口处装有隔断阀时，隔断阀必须保持常开状态并加铅封。爆破片的防爆效率取决于它的厚度、泄压面积和膜片材料。

75. 近年来我国的烟花爆竹重大、特大伤亡事故频繁发生。为防止事故的发生，在烟花火药制造过程中，物料的粉碎应在单独工房进行，粉碎前后应筛掉机械杂质。筛选时使用的工具不得采用的材质是(　　)。

A. 塑料　　B. 铜制　　C. 铝质　　D. 木质

【答案】A

【解析】粉碎应在单独工房进行，筛选时不得采用铁质、塑料等产生火花和静电的工具。

76. 烟花爆竹工厂的安全距离是指危险性建筑物与周围建筑物之间的最小允许距离。《烟花爆竹工程设计安全规范》(GB 50161)规定，设计安全距离时要使用“计算药量”参数。下列关于确定计算药量的说法中，正确的是(　　)。

A. 停滞药量是暂时搁置时允许存放的最小药量

B. 抗爆间室的危险品药量应计入危险性建筑物的计算药量

C. 防护屏障内的危险品药量不应计入该屏障内的危险性建筑物的计算药量

D. 厂房内采取了分隔防护措施，相互间不会引起同时爆炸或燃烧的药量可分别计算，取其最大值

【答案】D

【解析】确定计算药量时应注意以下几点：①防护屏障内的危险品药量，应计入该屏障内的危险性建筑物的计算药量。②抗爆间室的危险品药量可不计入危险性建筑物的计算药量。③厂房内采取了分隔防护措施，相互间不会引起同时爆炸或燃烧的药量可分别计算，取其最大值。停滞量的定义是暂时搁置时允许存放的最大药量。

77. 粉状乳化炸药是将水相材料和油相材料在高速运转和强剪切力作用下，借助乳化剂的乳化作用而形成乳化基质，再经过敏化剂敏化作用得到的一种油包水型爆炸性物质。粉状乳化炸药生产过程中的火灾爆炸危险因素主要来自于(　　)。

A. 物质的危险性　　B. 生产设备的高速运转环境

C. 环境条件　　　　D. 水相材料和油相材料间的强剪切力

【答案】A

【解析】粉状乳化炸药生产的火灾爆炸危险因素主要来自于物质危险性，如生产的高温、撞击摩擦、电气和电火花、雷电引起的危险性。

78. 在煤的开采、转运和使用过程中，从业人员会接触到煤尘。根据生产性粉尘的分类，煤尘属于(　　)。

A. 植物性粉尘　　B. 金属性粉尘　　C. 矿物性粉尘　　D. 人工无机性粉尘

【答案】C

【解析】无机性粉尘包括矿物性粉尘，如硅石等；金属性粉尘，如铁、锡、铝等及其化合物；人工无机性粉尘，如水泥、金刚砂等。

79. 乙烯在储存、运输过程中压力、温度较低，较少出现分解爆炸事故。采用高压法工艺生产聚乙烯时，可能发生分解爆炸事故。下列关于分解爆炸所需能量与压力关系的说法中，正确的是(　　)。

A. 随压力的升高而升高　　　　B. 随压力的降低而降低

C. 随压力的升高而降低　　　　D. 与压力的变化无关

【答案】C

【解析】分解爆炸的敏感性与压力有关。分解爆炸所需的能量，随压力升高而降低。在高压下较小的点火能量就能引起分解爆炸，而压力较低时则需要较大的点火能量才能引起分解爆炸。当压力低于某值时，就不再产生分解爆炸。此压力值称为分解爆炸的极限压力(临界压力)。

80. 民用爆破物品是广泛用于矿山、开山铁路、水利工程、地质探矿和爆炸加工等许多领域的重要消耗材料。下列民用爆破物品中，属于专用民用爆破物品的是(　　)。

A. 水胶炸药　　B. 乳化炸药　　C. 射孔弹　　D. 磁电雷管

【答案】C

【解析】民用爆破器材包括工业炸药、起爆器材、专用民爆器材三大类。选项 A、B 属于工业炸药，选项 D 属于起爆器材。

81. 阻火器是用来阻止可燃易爆气体、液体的火焰蔓延和防止回火而引起爆炸的安全装置，通常安装在可燃易爆气体、液体的管路上。关于阻火器选用和安装的说法，正确的是(　　)。

A. 爆燃型阻火器是用于阻止火焰以亚音速通过的阻火器

B. 阻火器的安全阻火速度应不大于安装位置可能达到的火焰传播速度

C. 阻火器最大间隙应不小于介质在操作工况下的最大试验安全间隙

D. 单向阻火器安装时，应当将阻火侧背向潜在点火源

【答案】A

【解析】参考《石油气体管道阻火器》(GB/T 13347—2010)的规定：

(1)阻爆燃型阻火器是能阻止爆燃传播的阻火器。爆燃是以热传导和扩散方式，相对于前方介质以亚音速传播的燃烧反应形式。

(2)最大试验安全间隙是在标准试验条件下(0.1 MPa，20℃)，刚好使火焰不能通过的狭缝宽度(狭缝长为 25 mm)。

82. 火灾爆炸的预防包括防火和防爆两方面。下列措施中，不符合防爆基本原则的是(　　)。

A. 防止爆炸性混合物的形成　　　　B. 负压操作

C. 严格控制火源　　　　D. 检测报警

【答案】B

【解析】本题考查的是火灾爆炸预防基本原则。防爆的基本原则是根据对爆炸过程特点的

分析采取相应的措施，防止第一过程的出现，控制第二过程的发展，削弱第三过程的危害。主要应采取以下措施：①防止爆炸性混合物的形成；②严格控制火源；③及时泄出燃爆开始时的压力；④切断爆炸传播途径；⑤减弱爆炸压力和冲击波对人员、设备和建筑的损坏；⑥监测报警。

83. 划分爆炸危险区域时，应综合考虑释放源级别和通风条件，先按释放源级别划分区域，再根据通风条件调整区域划分。关于爆炸危险环境的说法，正确的是(　　)。

A. 混合物中危险物质的浓度被稀释到爆炸下限的35%以下为通风良好

B. 混合物中危险物质的浓度被稀释到爆炸下限的75%以下为通风不良

C. 存在第一级释放源区域，可划为1区；存在第二级释放源区域，可划为2区

D. 存在连续级释放源区域，可划为1区；存在第一级释放源区域，可划为2区

【答案】C

【解析】良好通风标志着混合物中危险物质的浓度被稀释到爆炸下限的25%以下。存在连续级释放源的区域可划为0区，存在第一级释放源区域可划为1区，存在第二级释放源区域可划为2区。

84. 不同火灾场景应使用相应的灭火剂，选择正确的灭火剂是灭火的关键。下列火灾中，能用水灭火的是(　　)。

A. 普通木材家具引发的火灾　　B. 未切断电源的电气火灾

C. 硫酸、盐酸和硝酸引发的火灾　　D. 高温状态下的化工设备火灾

【答案】A

【解析】不能使用水扑灭的火灾包括：密度小于水和不溶于水的液体；遇水产生燃烧物的火灾；硫酸、盐酸、硝酸引起的火灾；电气火灾未切断电源前；高温状态下的化工设备。

85. 可燃易爆气体的危险度 H 与气体的爆炸上限、下限密切相关。一般情况下，H 值越大，表示爆炸极限范围越宽，其爆炸危险性越大。如果甲烷在空气中的爆炸下限为5.00%，爆炸上限为15.00%，则其危险度 H 为(　　)。

A. 2.50　　B. 1.50　　C. 0.50　　D. 2.00

【答案】D

【解析】$H=(L_{上}-L_{下})/L_{下}=(15.00\%-5.00\%)/5.00\%=200\%=2.00$。

86. 火灾、爆炸这两种常见灾害之间存在紧密联系，它们经常是相伴发生的。由于火灾发展过程和爆炸过程各有特点，故防火、防爆措施不尽相同。下列防火、防爆措施中，不属于防火基本措施的是(　　)。

A. 及时泄出燃爆初始压力　　B. 采用耐火建筑材料

C. 阻止火焰的蔓延　　D. 严格控制火源条件

【答案】A

【解析】根据火灾发展过程的特点，应采取以下基本技术措施：①以不燃溶剂代替可燃溶剂；②密闭和负压操作；③通风除尘；④惰性气体保护；⑤采用耐火建筑材料；⑥严格控制火源；⑦阻止火焰的蔓延；⑧抑制火灾可能发展的规模；⑨组织训练消防队伍和配备相应消防器材。

87. 在对存储压缩天然气的容器进行检验的过程中，发现容器内表面有硫化物腐蚀开裂。在进行处理后，容器重新投入使用，同时采取相应预防措施。下列措施或要求中，错误的是(　　)。

A. 采用低浓度碱液中和　　B. 分子筛脱硫

C. 定期排放容器中的积水　　D. 保持完好的防腐层

【答案】A

【解析】选项A错误，如果硫化物是硫化氢，则一般可以溶于水；如果是碱金属硫化物，则不

易溶于碱性溶液。故硫化物造成的开裂现象一般要根据具体的情况选用溶解剂。

88. 烟花爆竹的燃烧特性标志着火药能量释放的能力，其主要取决于火药的(　　)。

A. 能量释放和燃烧速率　　B. 燃烧速率和燃烧面积

C. 燃烧速率和化学组成　　D. 做功能力和燃烧速率

【答案】B

【解析】火药能量释放的能力，主要取决于火药的燃烧速率和燃烧表面积。

89. 已知凝聚相炸药在空气中爆炸产生的冲击波超压峰值可根据经验公式(Mills 公式)估算，即 $\Delta P=0.108/R-0.114/R_2+1.772/R_3$。其中，$\Delta P$ 为冲击波超压峰值(MPa)；R 为无量纲比距离，$R=d/(1/3W_{TNT})$；d 为观测点到爆心的距离(m)；W_{TNT} 为药量(kg)。冲击波超压导致玻璃破坏的准则见下表。若给定 W_{TNT} 为 8.0 kg，d 为 10.0 m 处的玻璃门窗在炸药爆炸后，玻璃损坏程度为(　　)。

超压	<0.002	0.002～0.009	0.009～0.025	0.025～0.040
玻璃损坏程度	偶然破坏	大、小块	小块到粉碎	粉碎

A. 偶然破坏　　B. 小块到粉碎　　C. 大、小块　　D. 粉碎

【答案】D

【解析】依据题干中的公式将数据代入，可得 $\Delta P\approx0.040$。

90. 按照爆炸物质反应相的不同，爆炸可分为气相爆炸、液相爆炸、固相爆炸。空气与氢气混合物的爆炸、钢水与水混合产生的爆炸分别属于(　　)。

A. 气相爆炸和液相爆炸　　B. 气相爆炸和固相爆炸

C. 液相爆炸和气相爆炸　　D. 液相爆炸和固相爆炸

【答案】A

【解析】气相爆炸包括可燃性气体和助燃性气体混合物的爆炸；气体的分解爆炸；液体被喷成雾状物在剧烈燃烧时引起的爆炸(称为喷雾爆炸)；飞扬悬浮于空气中的可燃粉尘引起的爆炸等。空气和氢气混合物的爆炸属于混合气体爆炸。液相爆炸包括聚合爆炸、蒸发爆炸以及由不同液体混合所引起的爆炸，例如硝酸和油脂，液氧和煤粉等混合时引起的爆炸；熔融的矿渣与水接触或钢水包与水接触时由于过热发生快速蒸发引起的蒸汽爆炸等。钢水与水混合物产生的爆炸属于液相爆炸。

91. 可燃物质的燃烧过程如图所示，图中①、②、③处依次应为(　　)。

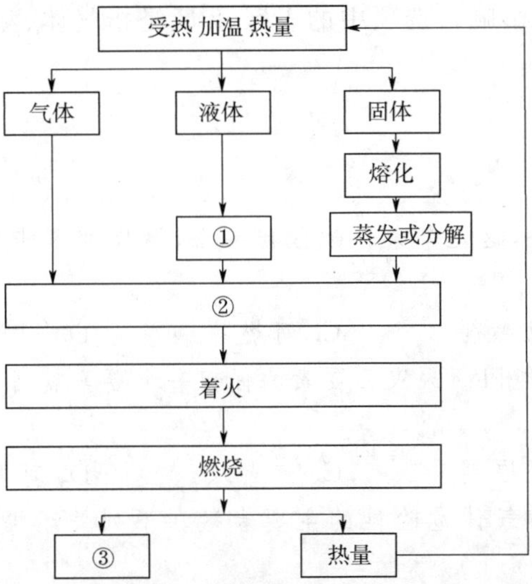

A. 氧化分解;光;辐射　　B. 氧化分解;光;冲击波
C. 达到点燃温度;光;热量　　D. 蒸发;氧化分解;光

【答案】 D

【解析】 可燃液体首先蒸发成蒸气,其蒸气进行氧化分解后达到自燃点而燃烧。

92. 为防止火灾爆炸的发生,阻止其扩展和减少破坏,防火防爆安全装置及技术在实际生产中广泛使用。关于防火防爆安全装置及技术的说法,错误的是(　　)。

A. 化学抑爆技术可用于装有气相氧化剂的可能发生爆燃的粉尘密闭装置
B. 工作介质为剧毒气体的压力容器应采用安全阀作为防爆泄压装置
C. 当安全阀的入口处装有隔断阀时,隔断阀必须保持常开状态并加铅封
D. 主动式、被动式隔爆装置依靠自身某一元件的动作阻隔火焰传播

【答案】 B

【解析】 选项 A 正确,化学抑爆是在火焰传播显著加速的初期通过喷洒抑爆剂来抑制爆炸的作用范围及猛烈程度的一种防爆技术。它可用于装有气相氧化剂中可能发生爆燃的气体、油雾或粉尘的任何密闭设备。选项 C 正确,当安全阀的入口处装有隔断阀时,隔断阀必须保持常开状态并加铅封。选项 D 正确,主动式、被动式隔爆装置是靠装置某一元件的动作来阻隔火烧。选项 B 错误,对于工作介质为剧毒气体或可燃气体(蒸气)里含有剧毒气体的压力容器,其泄压装置也应采用爆破片而不宜用安全阀,以免污染环境,因为对于安全阀来说微量的泄漏是难免的。

93. 对爆炸性粉尘环境,需要根据粉尘与空气形成的混合物出现的频率和持续时间及粉尘层厚度进行分类。若正常运行时空气中的可燃性粉尘云偶尔出现,此类爆炸性环境应确定为(　　)。

A. 1 区　　B. 2 区　　C. 21 区　　D. 22 区

【答案】 C

【解析】 根据爆炸性粉尘、纤维混合物出现的频繁程度和持续时间将此类危险场所分为 20 区、21 区和 22 区。20 区是指空气中的可燃性粉尘云持续或长期或频繁地出现于爆炸性环境中的区域。21 区是指在正常运行时,空气中的可燃性粉尘云很可能偶尔出现于爆炸性环境中的区域。22 区是指在正常运行时,空气中的可燃性粉尘云一般不可能出现于爆炸性粉尘环境中的区域,即使出现,持续时间也是短暂的。同时粉尘、纤维爆炸危险区域的级别和大小受粉尘量、粉尘爆炸极限和通风条件等因素影响。选项中的 1 区、2 区是指气体、蒸气爆炸危险环境,并非粉尘爆炸性粉尘、纤维混合物。

二、多项选择题

基础训练

1. 燃烧必须有几个条件,这几个条件缺任何一个,燃烧都不能发生,因此,将它们称为燃烧要素。燃烧要素为(　　)。

A. 温度　　B. 助燃剂　　C. 可燃物　　D. 引火源　　E. 压力

2. 在火灾扑救中,如果能阻断火灾三要素的任何一个要素就可以扑灭火灾。火灾的三要素是指(　　)。

A. 氧化剂　　B. 还原剂　　C. 点火源　　D. 可燃物　　E. 高温固体

3. 爆炸极限是表征可燃气体危险性的主要参数。下列关于爆炸极限的说法中,正确的有(　　)。

A. 可燃性混合物的爆炸极限范围越宽,其爆炸危险性越大

B. 可燃性混合物的爆炸下限越低,其爆炸危险性越大

C. 可燃性混合物的爆炸下限越高,其爆炸危险性越大

D. 爆炸极限是一个物理常数

E. 爆炸极限随条件的变化而变化

4. 建筑物内的安全出口包括疏散楼梯和直通室外的疏散门。下列关于安全出口设置的要求中,正确的有(　　)。

A. 门应向疏散方向开启

B. 供人员疏散的门可以采用悬吊门、倒挂门和旋转门

C. 当门开启后,门扇不应影响疏散走道和平台的宽度

D. 建筑物内安全出口应分散在不同方向布置,且相互间的距离不应小于5 m

E. 汽车库中的人员疏散出口与车辆疏散出口应分开设置

5. 建筑物着火时,火灾现场人员逃生时可以采用的逃生方法有(　　)。

A. 利用消防电梯逃生　　B. 利用观光楼梯逃生　　C. 利用墙边落水管逃生

D. 利用阳台、通廊等逃生　　E. 利用雨伞、棉被等跳楼逃生

6. 粉尘爆炸与气体爆炸相比,其爆炸特征有(　　)。

A. 粉尘爆炸点火能比气体爆炸点火能大

B. 粉尘爆炸容易发生二次甚至多次爆炸

C. 粉尘爆炸感应时间比气体爆炸长

D. 粉尘爆炸持续时间比气体爆炸短

E. 粉尘爆炸压力上升速率比气体爆炸快

7. 控制粉尘爆炸可以有很多方法。从抑制粉尘爆炸发生的角度看,可以采取的技术措施有(　　)。

A. 增湿　　B. 控制点火源　　C. 增加通风除尘　D. 惰化　　E. 防爆墙

8. 根据《建筑灭火器配置设计规范》(GBJ 140)的规定,选择灭火器时应考虑的因素有(　　)。

A. 灭火器配置场所的火灾种类　　B. 灭火有效程度

C. 对保护物品的污损程度　　D. 设置点的环境温度

E. 人员数量

9. 民用爆破器材包括(　　)。

A. 工业炸药　　B. 起爆器材　　C. 爆炸性气体　　D. 专用民爆器材　E. 爆炸性粉尘

10. 民用爆炸品、烟花爆竹生产安全管理中,必须满足的条件有(　　)。

A. 企业必须取得安全生产许可证

B. 烟花爆竹特种作业人员必须进行专业知识培训并取得操作资格证书

C. 配备专职注册安全工程师

D. 厂区周边安全距离符合国家有关规定

E. 企业要进行安全评价

11. 高层建筑物发生火灾时,人员逃生可以采取的措施有(　　)。

A. 利用避难层或疏散楼梯逃生

B. 利用楼房的阳台、落水管和避雷管线逃生

C. 等上级领导批准后再疏散出来

D. 用绳子或床单撕成布条连接起来,把一端捆扎在牢固的固定物件上,顺另一端落到地面

E. 封闭房间门窗的缝隙，阻止烟雾和有毒气体进入

12. 下列物质发生火灾，可以用水扑灭的有(　　)。

A. 金属钠　　B. 电石　　C. 带电的电缆　　D. 煤炭　　E. 木材

13. 烟花爆竹生产过程中的防火防爆安全措施包括(　　)。

A. 粉碎药原料应在单独工房内进行

B. 黑火药粉碎，应将硫黄和木炭两种原料分开粉碎

C. 领药时，要少量、多次、勤运走

D. 干燥烟花爆竹，应采用日光、热风散热器、蒸汽干燥，或用红外烘烤

E. 应用钢制工具装、筑药

14. 火灾事故统计数据表明，由电气的原因引起的火灾事故起数仅次于一般明火，占第二位。电气火灾的直接原因是电气装置的危险温度、电火花及电弧。下列各项选项中，能使电气装置产生危险温度的有(　　)。

A. 电线短路　　B. 接触不良　　C. 严重过载　　D. 散热障碍　　E. 电暖气

15. 高层建筑物内发生火灾时，建筑物内的人员需要逃生。下列逃生方法中，正确的有(　　)。

A. 利用疏散楼梯逃生　　B. 利用固定好的绳子滑落　　C. 乘坐普通电梯逃生

D. 封闭门窗缝隙等待救援　　E. 从高层窗口跳下逃生

16. 混合爆炸气体的爆炸极限值不是一个物理常数，它随条件的变化而变化。通常对其产生影响的因素包括(　　)。

A. 初始温度　　B. 初始压力　　C. 点火源活化能量

D. 照明亮度　　E. 爆炸容器材料

17. 防止民用爆破器材和烟花爆竹发生火灾爆炸事故的主要措施有(　　)。

A. 降低工业炸药和烟花爆竹药料的燃烧爆炸敏感度

B. 防止民用爆破器材和烟花爆竹接触点火源

C. 避免民用爆破器材和烟花爆竹接触氧气

D. 避免运输过程中发生碰撞和摩擦

E. 加强民用爆破器材和烟花爆竹储运和使用各环节的安全管理

参考答案：

1. BCD	2. ACD	3. ABE	4. ACDE	5. ABCD
6. ABC	7. ABCD	8. ABCD	9. ABD	10. ABDE
11. ABDE	12. DE	13. ACD	14. ABCD	15. ABD
16. ABCE	17. ABDE			

能力提升

1. 按照爆炸反应相的不同，爆炸可以分为气相爆炸、液相爆炸和固相爆炸。下列属于气相爆炸的有(　　)。

A. 空气和氢气混合气发生的爆炸　　B. 空气中飞散的玉米淀粉引起的爆炸

C. 钢水与水混合产生蒸气发生的爆炸　　D. 液氧和煤粉混合时引起的爆炸

E. 喷漆作业引起的爆炸

【答案】ABE

【解析】气相爆炸分类如下表所列。

类别	爆炸原因	举例
混合气体爆炸	可燃性气体和助燃气体以适当的浓度混合，由于燃烧的迅速加剧转化成爆炸	空气和甲烷、汽油蒸气构成混合气的爆炸
气体的分解爆炸	单一气体由于分解反应产生大量分解热引起的爆炸	乙炔、乙烯等气体在分解时引起爆炸
粉尘爆炸	分散在空气中的可燃粉尘，由于快速的燃烧引起的爆炸	空气中飘浮的面粉、亚麻纤维、镁粉等引起的爆炸
喷雾爆炸	可燃液体被喷成雾状分散在空气中，在剧烈燃烧时引起的爆炸	油压机喷出的油雾、喷漆作业引起的爆炸

2. 危险化学物品如果储存不当，往往会酿成严重的事故，因此，要防止不同性质物品在储存中相互接触而引起火灾和爆炸。下列物品中，必须单独隔离储存、不准与任何其他类物品共存的有（　　）。

A. 梯恩梯　　B. 硝化甘油　　C. 乙炔　　D. 氮气　　E. 雷汞

【答案】ABE

【解析】爆炸物品不准和其他类物品同储，必须单独隔离限量储存。爆炸性物品主要包括苦味酸、梯恩梯、硝化棉、硝化甘油、硝铵炸药、雷汞等。

3. 在工业生产过程中，存在着多种引起火灾和爆炸的因素。因此，在易发生火灾和爆炸的危险区域进行动火作业前，必须采取的安全措施有（　　）。

A. 严格执行动火工作票制度

B. 动火现场配备必要的消防器材

C. 将现场可燃物品清理干净

D. 对附近可能积存可燃气的管沟进行妥善处理

E. 利用与生产设备相连的金属构件作为电焊地线

【答案】ABCD

【解析】动火现场应配备必要的消防器材，并将可燃物品清理干净。在可能积存可燃气体的管沟、电缆沟、深坑、下水道内及其附近，应用惰性气体吹扫干净，再用非燃体，如石棉板进行遮盖。

4. 在烟花爆竹生产过程中，为实现安全生产，必须采取安全措施。下列安全措施中，正确的有（　　）。

A. 按“少量、多次、勤运走”的原则限量领药

B. 一次领走当班工作使用药量

C. 装药、筑药须在单独工房操作

D. 钻孔与切割有药半成品应在专用工房内进行

E. 干燥烟火爆竹尽量不使用明火

【答案】ACD

【解析】烟花爆竹生产过程中的防火防爆措施主要包括：

(1)领药时要按照“少量、多次、勤运走”的原则限量领药。

(2)装、筑药应在单独工房操作。装、筑不含高感度烟火药时，每间工房定员 2 人；装、筑高感度烟火药时，每间工房定员 1 人。半成品、成品要及时转运，工作台应靠近出口窗口。装、筑药工具应采用木、铜、铝制品或不产生火花的材质制品，严禁使用铁质工具。工作台上等冲击部位必须垫上接地导电橡胶板。

(3)钻孔与切割有药半成品时,应在专用工房内进行,每间工房定员 2 人,人均使用工房面积不得少于 3.5 m^2,严禁使用不合格工具和长时间使用同一件工具。

(4)贴筒标和封口时,操作间主通道宽度不得少于 1.2 m,人均使用面积不得少于 3.5 m^2,半成品停滞量的总药量,人均不得超过装、筑药工序限量的 2 倍。

(5)手工生产硝酸盐引火线时,应在单独工房内进行,每间工房定员 2 人,人均使用工房面积不得少于 3.5 m^2,每人每次限量领药 1 kg;机器生产硝酸盐引火线时,每间工房不得超过两台机组,工房内药物停滞量不得超过 2.5 kg;生产氯酸盐引火线时,无论手工或机器生产,都限于单独工房、单机、单人操作,药物限量 0.5 kg。

(6)干燥烟花爆竹时,一般应采用日光、热风散热器、蒸气干燥,或用红外线、远红外线烘烤,严禁采用明火。

5. 下列关于爆炸性气体环境危险区域划分以及爆炸性气体环境危险区域范围的说法中,正确的是(　　)。

A. 爆炸性气体危险区域划分为 0 区时,其危险程度低于 1 区

B. 有效通风可以使高一级的危险环境降为低一级的危险环境

C. 良好的通风标志是混合物中危险物质的浓度被稀释到爆炸下限 30%以下

D. 利用堤或墙等障碍物,可限制比空气重的爆炸性气体混合物扩散,缩小爆炸危险范围

E. 当厂房内空间大,释放源释放的易燃物质量少时,可按厂房内部分空间划定爆炸危险的区域范围

【答案】 BDE

【解析】 根据爆炸性气体混合物出现的频繁程度和持续时间,对危险场所分区,分为:0 区、1 区、2 区。①0 区。指正常运行时连续或长时间出现或短时间频繁出现爆炸性气体、蒸气或薄雾的区域。例如:油罐内部液面上部空间。②1 区。指正常运行时可能出现(预计周期性出现或偶然出现)爆炸性气体、蒸气或薄雾的区域。例如:油罐顶上呼吸阀附近。③2 区。指正常运行时不出现,即使出现也只可能是短时间偶然出现爆炸性气体、蒸气或薄雾的区域。例如:油罐外 3 m 内。存在连续级释放源的区域可划为 0 区;存在第一级释放源区域,可划为 1 区;存在第二级释放源的区域,可划为 2 区。当通风良好时,应降低爆炸危险区域等级。当通风不良时,应提高爆炸危险区域等级。在障碍物、凹坑、死角等处,由于通风不良,应局部提高的爆炸危险区域等级。利用堤或墙等障碍物,可限制比空气重的爆炸性气体混合物的扩散,缩小爆炸危险范围。良好的通风标志是混合物中危险物质的浓度被稀释到爆炸下限的 25%以下。局部机械通风在降低爆炸性气体混合物浓度方面建筑物内部,宜以厂房为单位划定爆炸危险区域的范围。但也应根据生产的具体情况,当厂房内空间大,释放源释放的易燃物质量少时,可按厂房内部分空间划定爆炸危险的区域范围。

6. 某钢厂在出钢水过程中,由于钢包内有雨水,熔融的钢水在进入钢包后,发生了剧烈爆炸,造成 8 死 5 伤的严重后果,该爆炸属于(　　)。

A. 物理爆炸　　B. 化学爆炸　　C. 气相爆炸

D. 液相爆炸　　E. 气液两相爆炸

【答案】 AD

【解析】 ①物理爆炸现象是容器内高压气体迅速膨胀并以高速释放内在能量。由于物质发生极迅速的化学反应,产生高温、高压而引起的爆炸称为化学性爆炸。化学爆炸前后物质的性质和成分均发生了根本的变化。②化学性爆炸按爆炸时所发生的化学变化,可分为:简单分解爆炸,如乙炔在压力下的分解爆炸。这种爆炸不一定发生燃烧反应,所需热量由爆炸物质本身分解

时产生，受轻微震动即可引爆。复杂分解爆炸，如炸药的爆炸。爆炸性混合物爆炸，即所有可燃气体、蒸气、雾滴和粉尘与空气混合所形成的混合物的爆炸，包括石油、天然气的爆炸，均属于此类。这类爆炸需要一定条件，如爆炸物质含量、空气含量及激发能源等。其危险性虽较前两类化学性爆炸为低，但很普遍，造成的危害也较大。③气相爆炸包括可燃性气体和助燃性气体混合物的爆炸；气体的分解爆炸；液体被喷成雾状物在剧烈燃烧时引起的爆炸（称为喷雾爆炸）；飞扬悬浮于空气中的可燃粉尘引起的爆炸等。④液相爆炸包括聚合爆炸、蒸发爆炸以及由不同液体混合所引起的爆炸。例如硝酸和油脂、液氧和煤粉等混合时引起的爆炸；熔融的矿渣与水接触或钢水包与水接触时，由于过热发生快速蒸发引起的蒸汽爆炸等。

7. 一些火灾和爆炸的点火源为静电放电火花，为防止静电放电火花引起爆炸，可根据生产过程中的具体情况采取相应的防静电措施。下列措施中，属于防止静电措施的有（　　）。

A. 控制流速　　B. 保持良好接地　　C. 人体静电防护

D. 采用静电消散技术　　E. 设法降低厂房或者设备内的湿度

【答案】ABCD

【解析】为防止静电放电火花引起的燃烧爆炸，可根据生产过程中的具体情况采取相应的防静电措施：

(1)控制流速。流体在管道中的流速必须加以控制，例如易燃液体在管道中的流速不宜超过4～5 m/s，可燃气体在管道中的流速不宜超过6～8 m/s。灌注液体时，应防止产生液体飞溅和剧烈的搅拌现象。向储罐输送液体的导管，应放在液面之下或将液体沿容器的内壁缓慢流下，以免产生静电。易燃液体灌装结束时，不能立即进行取样等操作，因为在液面上积聚的静电荷不会很快消失，易燃液体蒸气也比较多，因此，应经过一段时间，待静电荷松弛后，再进行操作，以防静电放电火花引起着火爆炸。

(2)保持良好接地。接地是消除静电危害最为常用的方法之一。下列生产设备应有可靠的接地装置：输送可燃气体和易燃液体的管道以及各种阀门、灌油设备和油槽车（包括灌油桥台、铁轨、油桶、加油用鹤管和漏斗等）；通风管道上的金属网过滤器；生产或加工易燃液体和可燃气体的设备储罐；输送可燃粉尘的管道和生产粉尘的设备以及其他能够产生静电的生产设备。为消除各部件的电位差，可采用等电位措施。例如在管道法兰之间加装跨接导线，既可以消除两者之间的电位差，又可以造成良好的电气通路，以防止静电放电火花。

(3)采用静电消散技术。工艺过程中产生的静电总是伴随着产生和消散两个区域，静电电荷在这里依照电荷守恒定律进行着交换。在静电产生区域是把静电分离成相等的正、负电荷，在静电消散区，带电物体上的电荷经过泄漏而消散。显然，通过增强消散过程可以使静电危害得以减轻和消除。流体在管道输送过程中，一般来说，管道部分是产生静电的区域，管道末端的容器（对液体输送而言）或料斗、料仓（对粉体输送而言）等接收容器则是静电消散区域。我们已经在管道上采取了一些静电接地措施，消散了部分静电电荷，为进一步提高安全系数，在有条件的情况下，如果在管道的末端再加装一直径较大的“松弛容器”，还可大大地消除流体在管内流动时所积累的静电。当液体输送管线上装有过滤器时，甲、乙类液体输送自过滤器至装料之间应有30 s的缓冲时间。如满足不了缓冲时间，可配置缓和器或采取其他防静电措施。

(4)人体静电防护。在静电场中，人体是一个活动的静电导体，很容易由静电感应而导致火花放电，因此要特别注意防止其他人员过分接近正在操作有爆炸危险品的工作人员，以避免不必要的静电放电现象的发生。生产和工作人员应尽量避免穿尼龙或的确良等易产生静电的工作服，而且为了导除人身上积累的静电，最好穿布底鞋或导电橡胶底胶鞋。工作地点宜采用水泥地面。

(5)其他技术。在具有爆炸危险的厂房内，一般不允许采用平皮带传动，可以采用三角皮带传动。但最好的方法是安设单独的防爆式电动机，即电动机和设备之间用轴直接传动或经过减速器传动。采用皮带传动时，为防止传动皮带在运转中产生静电发生危险时，可每隔3～5天在皮带上涂抹一次防静电的涂料。此外，还应防止皮带下垂，皮带与金属接地物的距离不得小于20～30 cm，以减小对接地金属物放电的可能性。增高厂房或设备内空气的湿度，也是防止静电的基本措施之一。当空气相对湿度在65%～70%以上时，能防止静电的积累。对于不会因空气湿度而影响产品质量的生产，可用喷水或喷水蒸气的方法增加空气湿度。

8. 爆炸控制的措施分为若干种，用于防止容器或室内爆炸的安全措施有(　　)。

A. 采用爆炸抑制系统　B. 设计和使用抗爆容器　C. 采用爆炸卸压措施
D. 采用房间泄压措施　E. 进行设备密闭

【答案】BCD

【解析】防止容器或室内爆炸的安全措施：①抗爆容器。对已知的爆炸结果做系统的评定表明，在符合一定结构要求的前提下，即使容器和设备没有附加的防护措施，也能承受一定的爆炸压力。若选择这种结构形式的设备在剧烈爆炸下没有被炸碎，而只产生部分变形，那么设备的操作人员就可以安然无恙，这也就达到了最重要的防护目的。②爆炸卸压。通过固定的开口及时进行泄压，则容器内部就不会产生高爆炸压力，因而也就不必使用能抗这种高压的结构。把没有燃烧的混合物和燃烧的气体排放到大气里去，就可把爆炸压力限制在容器材料强度所能承受的某一数值。卸压装置可分为一次性(如爆破膜)和重复使用的装置(如安全阀)。③房间泄压。它主要是用来保护容器和装置的，能使被保护设备不被炸毁和使用人员不受伤害。它可用卸压措施来保护房间，但不能保护房间里的人。这种情况下，房间内的设施必须是遥控的，并在运行期间严禁人员进入房间。一般可以通过窗户、外墙和建筑物的房顶来进行卸压。

9. 烟花爆竹安全生产措施主要包括制造过程措施和生产过程措施两类。下列防止烟花爆竹火灾爆炸的安全措施中，属于生产过程措施的有(　　)。

A. 所选烟火原材料符合质量要求
B. 领药时，要少量、多次、勤运走
C. 工作台等受冲击的部位设接地导电橡胶板
D. 黑火药粉碎，应将硫黄和木炭两种原料分开粉碎
E. 干燥烟花爆竹，应采用日光、热风散热器、蒸气干燥，可用红外线烘烤

【答案】BCE

【解析】考查烟花爆竹生产过程中的防火防爆措施，详见前面第4题。

10. 不同爆炸危险环境应选用相应等级的防爆设备。爆炸危险场所分级的主要依据有(　　)。

A. 爆炸危险物出现的频繁程度　B. 爆炸危险物出现的持续时间
C. 爆炸危险物释放源的等级　D. 电气设备的防爆等级
E. 现场通风等级

【答案】ABCE

【解析】根据爆炸危险物出现的频繁程度和持续时间、释放源的等级和通风条件进行区分。

11. 按照爆炸反应相的不同，爆炸可分为气相爆炸、液相爆炸和固相爆炸。下列各种爆炸中，属于气相爆炸的有(　　)。

A. 熔融的钢水与水混合产生蒸气爆炸　B. 空气和氢气、丙烷、乙醚等混合气的爆炸
C. 油压器喷出的油雾、喷漆作业引起的爆炸　D. 粉尘引起的爆炸
E. 乙炔铜引起的爆炸

【答案】BCD

【解析】气相爆炸包括可燃性气体和助燃性气体混合物的爆炸；气体的分解爆炸；液体被喷成雾状物在剧烈燃烧时引起的爆炸(称为喷雾爆炸)；飞扬悬浮于空气中的可燃粉尘引起的爆炸等。

12. 工业生产过程中，存在着多种引起火灾和爆炸的着火源。化工企业中常见的着火源有(　　)。

A. 化学反应热、原料分解自燃、热辐射　　B. 高温表面、摩擦和撞击、绝热压缩

C. 电气设备及线路的过热和火花、静电放电　　D. 明火、雷击和日光照射

E. 粉尘自燃、电磁感应放电

【答案】ABCD

【解析】化工企业常见着火源有明火、化学反应热、化工原料的分解自燃、热辐射、高温表面、摩擦和撞击、绝热压缩、电气设备及线路的过热和火花、静电放电、雷击和日光照射等。

13. 在生产过程中，应根据可燃易燃物质的爆炸特性，以及生产工艺和设备等条件，采取有效措施，预防在设备和系统里或在其周围形成爆炸性混合物。这些措施主要有(　　)。

A. 设备密闭　　B. 厂房通风　　C. 惰性介质保护

D. 危险物品隔离储存　　E. 装设报警装置

【答案】ABCD

【解析】在生产过程中，应根据可燃易燃物质的爆炸特性，以及生产工艺和设备等条件，采取有效措施，预防在设备和系统里或在其周围形成爆炸性混合物。这些措施主要有设备密闭、厂房通风、惰性介质保护、以不燃熔剂代替可燃熔剂、危险物品隔离储存等。

14. 在烟花爆竹的生产中，制药、装药、筑药等工序所使用的工具应采用不产生火花和静电的材质制品。下列材质制品中，可以使用的有(　　)。

A. 铁质　　B. 铝质　　C. 普通塑料　　D. 木质　　E. 铜质

【答案】BDE

【解析】装、筑药工具应采用木、铜、铝制品或不产生火花的材质制品，严禁使用铁质工具。

15. 按照爆炸反应相的不同，爆炸可分为气相爆炸、液相爆炸和固相爆炸。下列爆炸中，属于气相爆炸的是(　　)。

A. 熔融的钢水与水混合产生蒸汽爆炸

B. 空气和氢气、丙烷、乙醚等混合气的爆炸

C. 油压机喷出的油雾、喷漆作用引起的爆炸

D. 空气中飞溅的铝粉、镁粉、亚麻、玉米淀粉等引起的爆炸

E. 氯乙烯分解引起的爆炸

【答案】BCDE

【解析】选项A属于液相爆炸。

16. 防爆的基本原则是根据对爆炸过程特点的分析采取相应的控制措施。下列关于爆炸预防的措施中，正确的有(　　)。

A. 防止爆炸性混合物的形成　　B. 严格控制火源

C. 密闭和负压操作　　D. 及时泄出燃爆开始时的压力

E. 检测报警

【答案】ABDE

【解析】选项C错误，应改为密闭和正压操作。

17. 在烟花爆竹生产中，制药、装药、筑药等工序所使用的工具，应采用不产生火花和静电的材质制造。下列材质的工具中，不能使用的有(　　)工具。

A. 铁质　　B. 铝质　　C. 塑料　　D. 木质　　E. 铜质

【答案】AC

【解析】在烟花爆竹生产中，不得使用铁质、塑料等产生火花和静电的工具。

18. 描述火灾的基本概念及参数通常有闪燃、阴燃、爆燃、自燃、闪点、燃点、自燃点等。下列关于火灾参数的说法中，正确的有(　　)。

A. 一般情况下闪点越低，火灾危险性越大

B. 固体可燃物粉碎越细，其自燃点越高

C. 一般情况下燃点越低，火灾危险性越小

D. 液体可燃物受热分解出的可燃气体越多，其自燃点越低

E. 一般情况下，密度越大，闪点越高且自燃点越低

【答案】ADE

【解析】本题考查的是火灾。在规定条件下，材料或制品加热到释放出的气体瞬间着火并出现火焰的最低温度。闪点是衡量物质火灾危险性的重要参数。一般情况下闪点越低，火灾危险性越大；燃点是在规定的条件下，可燃物质产生自燃的最低温度。燃点越低，火灾危险越高。闪点与自燃点一般成反比，即闪点越高则自燃点越低。

19. 防火防爆技术主要包括控制可燃物、控制助燃物、控制点火源。下列安全措施中，属于控制点火源技术的有(　　)。

A. 生产场所采用防爆型电气设备　　B. 采用防爆泄压装置

C. 生产场所采取防静电措施　　D. 关闭容器或管道的阀门

E. 提高空气湿度防止静电产生

【答案】ACE

【解析】本题考查的是防火防爆措施。消除点火源能引发事故的点火源有明火、高温表面、冲击、摩擦、自燃、发热、电气火花、静电火花、化学反应热、光线照射等。具体的做法有：①控制明火和高温表面；②防止摩擦和撞击产生火花；③火灾爆炸危险场所采用防爆电气设备避免电气火花。

20. 爆炸造成的后果大多非常严重，在化工生产作业中，爆炸不仅会使生产设备遭受损失，而且使建筑物破坏，甚至致人死亡。因此，科学防爆是非常重要的一项工作。防止可燃气体爆炸的一般原则有(　　)。

A. 防止可燃气向空气中泄漏

B. 控制混合气体中的可燃物含量处在爆炸极限以外

C. 减弱爆炸压力和冲击波对人员、设备和建筑的损坏

D. 使用惰性气体取代空气

E. 用惰性气体冲淡泄漏的可燃气体

【答案】ABD

【解析】本题考查的是爆炸控制。防止爆炸的一般原则：一是控制混合气体中的可燃物含量处在爆炸极限以外；二是使用惰性气体取代空气；三是使氧气浓度处于其极限值以下。为此，应防止可燃气向空气中泄漏，或防止空气进入可燃气体中；控制、监视混合气体各组分浓度；装设报警装置和设施。

21. 根据输送介质特性和生产工艺的不同，有害气体可采用不同的方法净化，有害气体净化的主要方法有(　　)。

A. 洗涤法　B. 吸附法　C. 离心法　D. 燃烧法　E. 掩埋法

【答案】ABD

【解析】本题考查的是生产性毒物危害治理措施。有害气体净化方法大致分为洗涤法、吸附法、袋滤法、静电法、燃烧法和高空排放法。

22. 下列爆炸中，属于气相爆炸的有（　　）。

A. 高锰酸钾和浓酸混合时引起的爆炸
B. 氢气和空气混合物的爆炸
C. 钢水和水混合产生的蒸汽爆炸
D. 空气中飞散的铝粉引起的爆炸
E. 乙炔在分解时引起的爆炸

【答案】BDE

【解析】选项A、C属于液相爆炸。气相爆炸包括可燃性气体和助燃性气体混合物的爆炸，气体的分解爆炸，液体被喷成雾状物在剧烈燃烧时引起的喷雾爆炸，飞扬悬浮于空气中的可燃粉尘引起的爆炸等。空气和氢气混合物的爆炸属于混合气体爆炸。液相爆炸包括聚合爆炸、蒸发爆炸以及由不同液体混合所引起的爆炸，例如硝酸和油脂、液氧和煤粉等混合时引起的爆炸；熔融的矿渣与水接触或钢水包与水接触时由于过热发生快速蒸发引起的蒸汽爆炸等。钢水与水混合物产生的爆炸属于液相爆炸。

23. 有的物质受热升温能分解放出具有催化作用的气体，如硝化棉、赛璐珞等受热能放出氧化氮和热量，氧化氮对其进一步分解有催化作用，以致发生燃烧和爆炸。下列关于此类物质存放措施的说法中，正确的有（　　）。

A. 加入30%左右的乙醇或水为湿润剂，以避免燃烧和爆炸
B. 远离火种、热源，润湿储存于阴凉通风仓库内，仓库温度不宜超过30 ℃
C. 单独隔离存放，保持容器封闭
D. 可储存在玻璃容器中
E. 可储存在铁质容器中

【答案】ABCD

【解析】硝化棉可能会在存放中释放出微量酸性物质，不能使用金属容器存放，而且铁锈还会加速硝化纤维素的自分解反应。

24. 工业通风按气流组织形式分为全面通风和局部通风两大类。下列关于通风技术的说法中，正确的是（　　）。

A. 有害物质是高危粉尘时，应优先选用局部通风系统
B. 局部通风主要靠稀释作用来降低污染物的浓度
C. 全面通风按气流组织方法又可分为置换通风与混合通风
D. 有害物质是高危粉尘时，应优先采用全面通风方式
E. 就地密闭、排出、净化是通风工程的重要技术准则

【答案】ACE

【解析】有害物质是高危粉尘时，应优先采用局部通风，避免产生高危粉尘飘散的危险；全面通风主要靠稀释作用来降低污染物浓度。

25. 焊接切割时，飞散的火花及金属熔融碎粒滴的温度高达1500～2000 ℃，高空飞散距离可达20 m。下列焊接切割作业的注意事项中，正确的有（　　）。

A. 在可燃易爆区动火时，应将系统和环境进行彻底的清洗或清理
B. 若气体爆炸下限大于4%，环境中该气体浓度应小于1%
C. 可利用与可燃易爆生产设备有联系的金属构件作为电焊地线

D. 动火现场应配备必要的消防器材

E. 气焊作业时，应将乙炔发生器放置在安全地点

【答案】ADE

【解析】选项B错误，可燃气体应符合爆炸下限大于4%(体积百分数)的可燃气体或蒸气，浓度应小于0.5%；爆炸下限小于4%的可燃气体或蒸气，浓度应小于0.2%的标准。选项C错误，不得利用与可燃易爆生产设备有联系的金属构件作为电焊地线。

26. 在烟花爆竹厂的设计过程中，危险性建筑物、场所与周围建筑物之间应保持一定的安全距离，该距离分别按建筑物的危险等级和计算药量计算后取其最大值。下列对安全距离的要求中，正确的有(　　)。

A. 围墙与危险性建筑物、构筑物之间的距离宜设为12 m，且不应小于5 m

B. 距离危险性建筑物、构筑物外墙四周5 m内宜设置防火隔离带

C. 危险品生产区内的危险性建筑物与本企业总仓库区的最小允许距离，应分别按建筑物的危险等级和计算药量计算后取其最大值

D. 烟花爆竹企业的危险品销毁场边缘距场外建筑物外部的最小允许距离不应小于65 m，一次销毁药量不应超过20 kg

E. 危险性建筑物中抗爆间室的危险品药量必须计入危险性建筑物的计算药量

【答案】ABCD

【解析】选项A正确，围墙与危险性建筑物、构筑物之间的距离宜设为12 m，且不应小于5 m。选项B正确，距离危险性建筑物、构筑物外墙四周5 m内宜设置防火隔离带。选项C正确，危险品生产区内的危险性建筑物与其周围零散住户、村庄、公路、铁路、城镇和本企业总仓库区等外部最小允许距离，应分别按建筑物的危险等级和计算药量计算后取其最大值。选项D正确，烟花爆竹企业的危险品销毁场边缘距场外建筑物外部的最小允许距离不应小于65 m，一次销毁药量不应超过20 kg。选项E错误，抗爆间室的危险品药量可不计入危险性建筑物的计算药量。参见《烟花爆竹工程设计安全规范》。

27. 衡量物质火灾危险性的参数有最小点火能、着火延滞期、闪点、着火点、自燃点等。关于火灾危险性的说法，正确的有(　　)。

A. 一般情况下，闪点越低，火灾危险性越大

B. 一般情况下，着火点越高，火灾危险性越小

C. 一般情况下，最小点火能越高，火灾危险性越小

D. 一般情况下，自燃点越低，火灾危险性越小

E. 一般情况下，着火延滞期越长，火灾危险性越大

【答案】ABC

【解析】选项D错误，一般情况下，自燃点越低，火灾危险性越大。选项E错误，一般情况下，着火延滞期越长，火灾危险性越小。

第五章　危险化学品安全技术

大纲要求：

其他通用安全技术。运用其他相关通用安全技术和标准，辨识和分析生产经营过程中的危险、有害因素，制订相应安全技术措施。

单项选择题

基础训练

1. 按照《危险货物运输包装通用技术条件》的规定，危险货物包装分为三类，当(　　)时应采用第Ⅱ类包装。

A. 货物具有较大危险性、包装强度要求高　　B. 货物具有较大危险性、包装强度要求较高

C. 货物具有中等危险性、包装强度要求高　　D. 货物具有中等危险性、包装强度要求较高

2. 危险化学品是指具有(　　)等性质，在生产、经营、储存、运输、使用和废弃物处置过程中，容易造成人员伤亡和财产损毁而需要特殊防护的化学品。

A. 毒害、高压、爆炸、腐蚀、辐射　　B. 爆炸、易燃、毒害、腐蚀、放射性

C. 易燃、易爆、有毒、有害、高温　　D. 爆炸、易燃、毒害、腐蚀、低温

3. 为加强对危险化学品运输过程的安全管理，我国对危险化学品的运输实行(　　)。

A. 资质认定制度　　B. 区域限批制度　　C. 申报制度　　D. 定期检查制度

4. 在化工厂内，可能散发有毒气体的设备应布置在(　　)。

A. 全年主导风向的下风向　　B. 全年主导风向的上风向

C. 无通风的厂房内　　D. 厂区中心位置

5. 动火作业使用测爆仪时，被测气体或蒸气的浓度应小于或等于爆炸下限的(　　)。

A. 0.2%　　B. 0.5%　　C. 10%　　D. 20%

6. 在事故救援和抢修过程中，为防止有毒有害物质通过呼吸道进入人体，正确选择个人劳动防护用品，特别是呼吸道防护用具是非常重要的，但每一种呼吸道防护用具都有其特定的使用范围。在毒性气体浓度高，毒性不明或缺氧的可移动性作业时，应选择(　　)。

A. 隔离式送风长管　　B. 自给供氧(气)式呼吸器

C. 过滤式全面罩面具　　D. 过滤式半面罩防毒口罩

7. 输送有毒或者有腐蚀性介质的管道，不得在人行道上空设置(　　)。

A. 拐弯、交叉、并列等管道　　B. 管架、管卡、管撑

C. 阀体、伸缩器、法兰　　D. 拐弯、标志、阀体

8. 当粉尘、液体在管路中流动，或从容器中抽出或注入容器时，都会产生静电。这些静电如不及时消除，很容易产生电火花而引起火灾或爆炸。管路的抗静电措施主要包括静电接地和控制流体的(　　)。

A. 压力　　B. 温度　　C. 湿度　　D. 流速

9. 为确保氧化反应过程安全，阻止火焰蔓延，防止回火，在反应器和管道上应安装(　　)。

A. 泄压装置　　B. 自动控制　　C. 报警连锁　　D. 阻火器

10. 对环境空气中可燃气的监测，常常直接给出可燃气环境危险度，即该可燃气在空气中的含量与其(　　)的百分比。

A. 爆炸上限　　B. 爆炸下限　　C. 爆炸均值　　D. 爆炸极值

11. 根据国家标准《常用化学危险品贮存通则》(GB 15603—1995)的规定，贮存的危险化学品应有明显的标志。在同一区域贮存两种或两种以上不同危险级别的危险化学品，应(　　)。

A. 按中等危险等级化学品的性能标志　　B. 按最低等级危险化学品的性能标志

C. 按最高等级的危险化学品标志　　D. 按同类危险化学品的性能标志

12. 按国家标准《常用化学危险品贮存通则》(GB 15603—1995)，危险化学品贮存方式有三种，下列不属于标准规定的贮存方式的是(　　)。

A. 隔离贮存　　B. 隔开贮存　　C. 毗邻贮存　　D. 分离贮存

13. 金属钾、钠通常保存在有一定量油的铁桶里，如果油漏掉了，金属钾、钠会燃烧起火。这时，正确的灭火方法是(　　)。

A. 用大量水灭火　　B. 用油灭火

C. 用泡沫灭火　　D. 用干砂或干粉灭火

14. 过滤式防毒面具适用于(　　)。

A. 低氧环境　　B. 任何有毒性气体环境

C. 高浓度毒性气体环境　　D. 低浓度毒性气体环境

15. 在一些可能产生缺氧的场所，特别是人员进入设备作业时，必须进行氧含量的监测，氧含量低于(　　)时，严禁入内，以免造成缺氧窒息事故。

A. 14%　　B. 16%　　C. 18%　　D. 20%

16. 下列对可燃固体燃烧过程的叙述中，正确的是(　　)。

A. 硫、磷等单体物质，受热时首先融化，而后蒸发为蒸气进行燃烧

B. 硫、磷等单体物质，受热时融化，而后燃烧

C. 复合物质必须受热分解成单体物质后才能发生燃烧

D. 点燃固体可燃物质所需要的热量只用于本身的融化分解

17. 防止火灾、爆炸事故发生的主要措施包括：防止燃烧、爆炸物质形成，消除点火源和限制火灾爆炸蔓延扩散。下列防止火灾、爆炸事故发生的措施中，属于消除点火源的措施是(　　)。

A. 对盛装危险化学品的容器进行清洗置换　　B. 加强现场气体监测

C. 生产场所采用防爆型电气设备　　D. 采用防爆泄压装置

18. 目前，预防控制危险化学品中毒、污染事故的主要措施有替代、隔离、通风、个体防护等。下列做法中，属于替代措施的是(　　)。

A. 用甲苯代替喷漆和涂料中用的苯

B. 用乙烯氧化制乙醛工艺代替乙炔制乙醛工艺

C. 用催化裂化技术代替热裂化技术

D. 用全面通风代替局部通风

19. 粉尘、液体和气体电解质在管路中流动时会产生静电。这些静电如不及时消除，很容易产生电火花而引起火灾或爆炸事故。常用的管路抗静电措施是(　　)。

A. 增设波形补偿器　　B. 有气体积聚的管路设置气体排放装置

C. 配置安全阀、防爆膜　　D. 控制流体的流速

20. 对环境空气中可燃气的监测，常常用可燃气环境危险度表示。如监测结果为20%LEL，则表明环境空气中可燃气体含量为(　　)。

A. 20%(V)　　B. 20%(m)　　C. 爆炸下限的20%　　D. 爆炸上限的20%

21. 石油天然气场站总平面布置，应充分考虑生产工艺特点、火灾危险性等级、地形、风向等因素。下列关于石油天然气场站布置的叙述中，正确的是(　　)。

A. 锅炉房、加热炉等有明火或散发火花的设备，宜布置在场站或油气生产区边缘

B. 可能散发可燃气体的场所和设施，宜布置在人员集中场所及明火或可能散发火花地点的全年最小频率风向的下风侧

C. 甲、乙类液体储罐，宜布置在站场地势较高处

D. 在山区设输油站时，为防止可燃物扩散，宜选择窝风地段

参考答案：

1. D	2. B	3. A	4. A	5. D
6. B	7. C	8. D	9. D	10. B
11. C	12. C	13. D	14. D	15. C
16. A	17. C	18. A	19. D	20. C
21. A				

能力提升

1. 危险化学品是指具有爆炸、易燃、毒害、腐蚀、放射性等性质，在生产、经营、储存、运输、使用和废弃物处置过程中，容易造成人员伤亡和财产损毁而需要特殊防护的化学品。根据《化学品分类和危险性公示　通则》(GB 13690—2009)，危险化学品的危险种类分为(　　)危险三大类。

A. 理化、健康、环境　　B. 爆炸、中毒、污染

C. 理化、中毒、环境　　D. 爆炸、中毒、环境

【答案】A

【解析】根据《化学品分类和危险性公示　通则》，危险化学品的危险种类分为3大类。第1大类为理化危险，含爆炸物等16类；第2大类为健康危险，含急性毒性等10类；第3大类为环境危险，含危害水生环境等7类。

2. 在用乙炔制乙醛过程中需采用汞做催化剂。为消除汞对人体的危害，工厂决定用乙烯替代乙醛，通过氧化制乙醛，从而不再使用汞做催化剂。这一控制危险化学品中毒的措施属于(　　)。

A. 原料替代　　B. 变更工艺　　C. 毒物隔离　　D. 汞替技术

【答案】B

【解析】变更工艺：虽然替代是控制化学品危害的首选方案，但是目前可供选择的替代品往往是很有限的，特别是因技术和经济方面的原因，不可避免地要生产、使用有害化学品。这时可通过变更工艺消除或降低化学品危害。如以往用乙炔制乙醛，采用汞做催化剂，现在发展为用乙烯为原料，通过氧化或氧氯化制乙醛，不需用汞做催化剂。通过变更工艺，彻底消除了汞害。

3. 根据《常用化学危险品贮存通则》(GB 15603—1995)，危险化学品露天堆放，应符合防火、防爆的安全要求。下列各组危险化学品中，均为禁止露天堆放的是(　　)。

A. 爆炸物品、易燃固体、剧毒物品　　B. 爆炸物品、剧毒物品、氧化剂

C. 爆炸物品、一级易燃物品、遇湿燃烧物品　　D. 爆炸物品、一级易燃物品、氧化剂

【答案】C

【解析】危险化学品露天堆放，应符合防火、防爆的安全要求，爆炸物品、一级易燃物品、遇湿燃烧物品、剧毒物品不得露天堆放。

4. 化学品火灾的扑救要特别注意灭火剂的选择。扑救遇湿易燃物品火灾时，禁止用水、酸碱等湿性灭火剂扑救。对于钠、镁等金属火灾的扑救，应选择的灭火剂是(　　)。

A. 二氧化碳　　B. 泡沫　　C. 干粉　　D. 卤代烷

【答案】C

【解析】扑救遇湿易燃物品火灾时，绝对禁止用水、泡沫、酸碱等湿性灭火剂扑救。一般可使用干粉、二氧化碳、卤代烷扑救，但钾、钠、铝、镁等物品用二氧化碳、卤代烷无效。固体遇湿易燃物品应使用水泥、干砂、干粉、硅藻土等覆盖。对镁粉、铝粉等粉尘，切忌喷射有压力的灭火剂，以防止将粉尘吹扬起来，引起粉尘爆炸。

5. 工业生产中，有毒危险化学品进入人体的最重要途径是呼吸道。与呼吸道吸收程度密切相关的是有毒危险化学品(　　)。

A. 与空气的相对密度　　B. 在空气中的浓度

C. 在空气中的粒度　　D. 在空气中的分布形态

【答案】B

【解析】工业生产中毒性危险化学品进入人体的最重要的途径是呼吸道。凡是以气体、蒸气、雾、烟、粉尘形式存在的毒性危险化学品，均可经呼吸道侵入体内。呼吸道吸收程度与其在空气中的浓度密切相关，浓度越高，吸收越快。

6. 氧化反应中的强氧化剂具有很大的危险性，在受到高温、撞击、摩擦或与有机物、酸类接触，易引起燃烧或者爆炸。下列物质中，属于氧化反应中的强氧化剂的是(　　)。

A. 甲苯　　B. 氯酸钾　　C. 乙烯　　D. 甲烷

【答案】B

【解析】氧化反应中的有些氧化剂本身是强氧化剂，如高锰酸钾、氯酸钾、过氧化氢、过氧化苯甲酰等，具有很大的危险性，如受高温、撞击、摩擦或与有机物、酸类接触，易引起燃烧或爆炸。

7. 人体吸入或经皮肤吸收苯、甲苯等苯系物质可引起刺激或灼伤。甲苯的这种特性称为危险化学品的(　　)。

A. 腐蚀性　　B. 燃烧性　　C. 毒害性　　D. 放射性

【答案】C

【解析】危险化学品的主要危险特性：①燃烧性。爆炸品、压缩气体和液化气体中的可燃性气体、易燃液体、易燃固体、自燃物品、遇湿易燃物品、有机过氧化物等，在条件具备时均可能发生燃烧。②爆炸性。爆炸品、压缩气体和液化气体、易燃液体、易燃固体、自燃物品、遇湿易燃物品、氧化剂和有机过氧化物等危险化学品均可能由于其化学活性或易燃性引发爆炸事故。③毒害性。许多危险化学品可通过一种或多种途径进入人体和动物体内，当其在人体累积到一定量时，便会扰乱或破坏机体的正常生理功能，引起暂时性或持久性的病理改变，甚至危及生命。④腐蚀性。强酸、强碱等物质能对人体组织、金属等物品造成损坏，接触人的皮肤、眼睛或肺部、食道等时，会引起表皮组织坏死而造成灼伤。内部器官被灼伤后可引起炎症，甚至会造成死亡。⑤放射性。放射性危险化学品通过放出的射线可阻碍和伤害人体细胞活动机能并导致细胞死亡。

8. 某化工公司粗苯产品装车采用压缩气体压送。压缩气源应选用(　　)。

A. 氮气　　B. 氧气　　C. 氨气　　D. 空气

【答案】A

【解析】本题考查的是物料输送。对于易燃液体，不可采用压缩空气压送，因为空气与易燃液体蒸汽混合，可形成爆炸性混合物，且有产生静电的可能。对于闪点很低的可燃液体，应用氮气或二氧化碳等惰性气体压送。

9. 2013年8月，某硫酸厂生产过程中三氧化硫管线上的视镜超压破裂，气态三氧化硫泄漏，现场2人被灼伤。三氧化硫致人伤害，体现了危险化学品的（ ）。

A. 腐蚀性　　B. 燃烧性　　C. 毒害性　　D. 放射性

【答案】 A

【解析】 强酸、强碱等物质能对人体组织、金属等物品造成损坏，接触人的皮肤、眼睛或肺部、食道等时，会引起表皮组织发生破坏作用而造成灼伤。内部器官被灼伤后可引起炎症，甚至会造成死亡。

10. 油品罐区火灾爆炸风险非常高，进入油品罐区的车辆尾气排放管必须装设的安全装置是（ ）。

A. 阻火装置　　B. 防爆装置　　C. 泄压装置　　D. 隔离装置

【答案】 A

【解析】 阻火装置防止火花引起火灾爆炸。

11. 危险化学品运输过程中事故多发。不同种类危险化学品对运输工具、运输方法有不同要求。下列各种危险化学品的运输方法中，正确的是（ ）。

A. 用电瓶车运输爆炸物品　　B. 用翻斗车搬运液化石油气钢瓶

C. 用小型机帆船运输有毒物品　　D. 用汽车槽车运输甲醇

【答案】 D

【解析】 禁止用电瓶车、翻斗车、铲车、自行车等运输爆炸物品；禁止用叉车、铲车、翻斗车搬运易燃、易爆液化气体等危险物品；遇水燃烧物品及有毒物品，禁止用小型机帆船、小木船和水泥船承运。

12. 2012年4月23日，某发电公司脱销系统液氨储槽发生泄漏，现场操作工人立即向公司汇报，并启动液氨泄漏现场处置方案。现场处置的正确步骤是（ ）。

A. 佩戴空气呼吸器—关闭相关阀门—打开消防水枪

B. 打开消防水枪—观察现场风向标—佩戴空气呼吸器

C. 观察现场风向标—佩戴空气呼吸器—关闭相关阀门

D. 关闭相关阀门—佩戴空气呼吸器—打开消防水枪

【答案】 A

【解析】 现场处置的人员必须先做好自身防护。

13. 工业生产中有毒化学品一旦泄漏，可经呼吸道等途径进入人体，对人造成伤害，进入现场的人员应佩戴合适的呼吸道防毒劳动防护用具。按作用机理，呼吸道防毒面具分为（ ）。

A. 全面罩式和半面罩式　　B. 过滤式和隔离式

C. 自给式和隔离式　　D. 电动式和人工式

【答案】 B

【解析】 按作用机理，呼吸道防毒面具分为过滤式和隔离式。

14. 某发电厂因生产需要购入一批危险化学品，主要包括氨气、液氨、盐酸、氢氧化钠溶液等，上述危险化学品的危害特性为（ ）。

A. 爆炸、易燃、毒害、放射性　　B. 爆炸、粉尘、腐蚀、放射性

C. 爆炸、粉尘、毒害、腐蚀　　D. 爆炸、易燃、毒害、腐蚀

【答案】 D

【解析】本题考查的是危险化学品的主要危险特性。氨气、液氨、盐酸、氢氧化钠溶液，这些都是气体和液体，没有粉尘和放射性危害，因此，本题正确答案是选项 D。

15. 甲化工厂设有 3 座循环水池，采用液氯杀菌。该工厂决定用二氧化氯泡腾片杀菌，消除了液氯的安全隐患。这种控制危险化学品危害的措施属于(　　)。

A. 替换　　B. 变更工艺　　C. 改善操作条件　　D. 保持卫生

【答案】A

【解析】本题考查的是危险化学品事故的控制和防护措施。本题是用二氧化氯泡腾片替代液氯杀菌，故应选 A。

16.《常用化学危险品贮存通则》(GB 15603—1995)对危险化学品的贮存作了明确的规定。下列贮存方式中，不符合危险化学品贮存规定的是(　　)。

A. 隔离贮存　　B. 隔开贮存　　C. 分离贮存　　D. 混合贮存

【答案】D

【解析】本题考查的是危险化学品的贮存与运输安全。危险化学品贮存方式分为 3 种：隔离贮存、隔开贮存、分离贮存。

17. 危险化学品泄漏事故救援和抢修中，使用呼吸防护用品可防止有害物质由呼吸道侵入人体，依据危险化学品的物质特性，可选用的呼吸道防毒面具分为(　　)。

A. 稀释式、隔离式　　B. 过滤式、隔离式　　C. 过滤式、稀释式　　D. 降解式、隔离式

【答案】B

【解析】本题考查的是危险化学品对人体的侵入途径、危害、抢救及防护用品选用原则。呼吸道防毒面具分为过滤式和隔离式。

18. 当液体、粉尘等在管路中流动时会产生静电，这些静电如不及时消除，很容易产生电火花而引起火灾爆炸事故，下列措施中，能够有效防止静电危害的是(　　)。

A. 管路可靠接地　　B. 法兰间采用非金属垫片
C. 管路架空敷设　　D. 设置补偿器

【答案】A

【解析】本题考查的是静电危害的防止。根据生产过程中的具体情况采取相应的防静电措施：①控制流速；②保持良好接地；③采用静电消除技术；④人体静电防护；⑤其他措施。

19. 人体吸入或经皮肤吸收苯、甲苯等苯系物质可引起刺激或灼伤。甲苯的这种特性称为危险化学品的(　　)。

A. 腐蚀性　　B. 燃烧性　　C. 毒害性　　D. 放射性

【答案】C

【解析】危险化学品的主要危险特性如下：①燃烧性。爆炸品、压缩气体和液化气体中的可燃性气体、易燃液体、易燃固体、自燃物品、遇湿易燃物品、有机过氧化物等，在条件具备时均可能发生燃烧。②爆炸性。爆炸品、压缩气体和液化气体、易燃液体、易燃固体、自燃物品、遇湿易燃物品、氧化剂和有机过氧化物等危险化学品均可能由于其化学活性或易燃性引发爆炸事故。③毒害性。许多危险化学品可通过一种或多种途径进入人体和动物体内，当其在人体内累积到一定量时，便会扰乱或破坏机体的正常生理功能，引起暂时性或持久性的病理改变，甚至危及生命。④腐蚀性。强酸、强碱等物质能对人体组织、金属等物品造成损坏，接触人的皮肤、眼睛或肺部、食道等时，会引起表皮组织坏死而造成灼伤。内部器官被灼伤后可引起炎症，甚至会造成死亡。⑤放射性。放射性危险化学品通过放出的射线可阻碍和伤害人体细胞活动机能并导致细胞死亡。

20. 有些危险化学品可通过一种或多种途径进入人体内，当其在人体内累积到一定量时，便会扰乱或破坏肌体的正常生理功能，引起暂时性或持久性的病理改变，甚至危及生命。预防危险化学品中毒的措施有多种。下列措施中，不属于危险化学品中毒事故预防控制措施的是(　　)。

A. 替代　　B. 连锁　　C. 变更工艺　　D. 通风

【答案】B

【解析】危险化学品中毒、污染事故预防控制措施目前采取的主要措施是替代、变更工艺、隔离、通风、个体防护和保持卫生。防止化学物品燃烧、爆炸系统的形成可采取以下措施：替代，密闭，惰性气体保护，通风置换，安全监测及连锁。

21.《常用化学危险品贮存通则》(GB 15603—1995)规定，危险化学品露天堆放，应符合防火、防爆的安全要求；爆炸物品、一级易燃物品和(　　)物品不得露天堆放。

A. 强氧化性　　B. 遇湿易溶　　C. 遇湿燃烧　　D. 强腐蚀性

【答案】C

【解析】《常用化学危险品贮存通则》(GB 15603—1995)规定，危险化学品露天堆放，应符合防火、防爆的安全要求，爆炸物品、一级易燃物品、遇湿燃烧物品、剧毒物品不得露天堆放。

22. 某化工厂一条液氨管道腐蚀泄漏，当班操作工人甲某及时关闭截止阀，切断泄漏源，对现场泄漏残留液氨采用的处理方法是(　　)。

A. 喷水吸附稀释　　B. 沙子覆盖

C. 氢氧化钠溶液中和　　D. 氢氧化钾溶液中和

【答案】A

【解析】氨易溶于水，可以喷水稀释。

23. 毒性危险化学品可通过呼吸道、消化道和皮肤进入人体，并对人体产生危害。危害的表现形式有刺激、过敏、致癌、致畸、尘肺等。下列危险化学品中，能引起再生障碍性贫血的是(　　)。

A. 苯　　B. 滑石粉　　C. 氯仿　　D. 水银

【答案】A

【解析】长期接触一定的化学物质可能引起癌细胞的无节制生长，形成恶性肿瘤。这些肿瘤可能在第一次接触这些物质的许多年以后才表现出来，潜伏期一般为4～40年。造成职业肿瘤的部位是变化多样的，并不局限于接触区域。如砷、石棉、铬、镍等物质可能导致肺癌；鼻腔癌和鼻窦癌是由铬、镍、木材、皮革粉尘等引起的；膀胱癌与接触联苯胺、萘胺、皮革粉尘等有关；皮肤癌与接触砷、煤焦油和石油产品等有关；接触氯乙烯单体可引起肝癌；接触苯可引起再生障碍性贫血等。

24. 有机化合物分子中加入硝基取代氢原子而生成硝基化合物的反应，称为硝化。用硝酸根取代有机化合物中的羟基的化学反应，是另一种类型的硝化反应。下列关于硝化反应及其产物的说法中，错误的是(　　)。

A. 硝酸酯具有火灾、爆炸危险性　　B. 硝酸盐和氧化氮可以作为硝化剂

C. 硝化反应是吸热反应　　D. 多硝基化合物具有火灾、爆炸危险性

【答案】C

【解析】硝化反应的主要危险性如下：①硝化反应是放热反应，温度越高，硝化反应的速度越快，放出的热量越多，极易造成温度失控而爆炸。②被硝化的物质大多为易燃物质，有的兼具毒性，如苯、甲苯、脱脂棉等，使用或储存不当时，易造成火灾。③混酸具有强烈的氧化性和腐蚀性，与有机物特别是不饱和有机物接触即能引起燃烧。硝化反应的腐蚀性很强，会导致设备的强烈腐蚀。混酸在制备时，若温度过高或落入少量水，会促使硝酸大量分解，引起突沸冲料或爆炸。

④硝化产品大都具有火灾、爆炸危险性，尤其是多硝基化合物和硝酸酯，受热、摩擦、撞击或接触点火源，极易爆炸或着火。

25. 关于化工管道布置的说法，错误的是(　　)。

A. 管道应尽量埋地敷设，以减少对空间的占用

B. 对于温度较高的管道要采取热补偿措施

C. 有凝液的管道要安排凝液排除装置

D. 有气体积聚的管道要设置气体排放装置

【答案】A

【解析】化工管路布置的原则：①应合理安排管路，使管路与墙壁、柱子、场地、其他管路等之间应有适当的距离，并尽量采用标准件，以便于安装、操作、巡查与检修。管道尽量架空敷设，平行成列走直线，少拐弯、少交叉以减少管架的数量；并列管线上的阀门应尽量错开排列；从主管上引出支管时，气体管从上方引出，液体管从下方引出。②输送有毒或有腐蚀性介质的管道，不得在人行道上空设置阀体、伸缩器、法兰等，若与其他管道并列时应在外侧或下方安装；输送易燃、易爆介质的管道不应敷设在生活间、楼梯和走廊等处；配置安全阀、防爆膜、阻火器、水封等防火防爆安全装置，并应采取可靠的接地措施；易燃易爆及有毒介质的放空管应引至室外指定地点或高出层面 2 m 以上。③管道敷设应有坡度，以免管内或设备内积液，坡度方向要根据介质流动方向和生产工艺特点确定。④对于温度变化较大的管路要采取热补偿措施，有凝液的管路要安排凝液排出装置，有气体积聚的管路要设置气体排放装置。长距离输送蒸气的管道要在一定距离处安装疏水阀，以排除冷凝水。

26. 在化工生产过程中，气体吸收是经常采用的工艺过程。按溶质和溶剂是否发生显著的化学反应来划分，气体吸收可分为物理吸收和化学吸收。在选择吸收剂时，不必考虑的因素是(　　)。

A. 选择性　　B. 溶解度　　C. 分子量　　D. 挥发度

【答案】C

【解析】气体吸收按溶质与溶剂是否发生显著的化学反应可分为物理吸收和化学吸收；按被吸收组分的不同，可分为单组分吸收和多组分吸收；按吸收体系(主要是液相)的温度是否显著变化，可分为等温吸收和非等温吸收。在选择吸收剂时，应注意溶解度、选择性、挥发度、黏度。工业生产中使用的吸收塔的主要类型有板式塔、填料塔、湍球塔、喷洒塔和喷射式吸收器等。解吸又称脱吸，是脱除吸收剂中已被吸收的溶质而使溶质从液相逸出到气相的过程。在生产中解吸过程用来获得所需较纯的气体溶质，使溶剂得以再生，返回吸收塔循环使用。工业上常采用的解吸方法有加热解吸、减压解吸、在惰性气体中解吸、精馏方法。

27. 在化工装置停工检修过程中，将检修设备与其他设备有效隔离是保证检修安全的重要措施。通常在检修设备与其他设备之间的管道法兰连接处插入盲板以实现隔离的目的。下列关于盲板的说法中，错误的是(　　)。

A. 盲板的尺寸应符合阀门或管道的口径

B. 盲板垫片的材质应根据介质的特性、温度、压力选定

C. 盲板的材质应根据介质的特性、温度、压力选定

D. 盲板应该是一块椭圆形的金属板，以方便安装

【答案】D

【解析】盲板必须符合安全要求并进行编号。根据现场实际情况制作合适的盲板：盲板的尺寸应符合阀门或管道的口径；盲板的厚度需通过计算确定，原则上盲板厚度不得低于管壁厚度。

盲板及垫片的材质，要根据介质特性、温度、压力选定。盲板应有大的突耳并涂上特别颜色，用于挂牌编号和识别。

28.《工业企业设计卫生标准》(GBZ 1—2010)规定，进入设备内作业前，应分析测定空气中有毒有害气体的浓度和氧含量。允许进入设备内作业的氧含量应为(　　)。

A. 10%～12%　　B. 12%～14%　　C. 15%～17%　　D. 18%～22%

【答案】D

【解析】在一些可能产生缺氧的场所，特别是人员进入设备内动火，须分析测定空气中有毒有害气体和氧含量。有毒有害气体含量不得超过《工业企业设计卫生标准》(GBZ 1—2010)规定的最高容许浓度，氧含量应为18%～22%。

29. 某石化企业氢氟酸烷基化装置检修过程中，因置换不彻底，残存氢氟酸介质喷出，造成现场1名工人呼吸道灼伤，经抢救无效死亡。这体现了氢氟酸的(　　)。

A. 毒害性　　B. 腐蚀性　　C. 放射性　　D. 燃烧性

【答案】B

【解析】强酸、强碱等物质能对人体组织、金属等物品造成损坏，接触人的皮肤、眼睛或肺部、食道等时，会引起表皮组织发生破坏作用而造成灼伤。内部器官被灼伤后可引起炎症，甚至会造成死亡。

30. 某化工有限公司硫酸铵车间，采用硫酸饱和器工艺，硫酸溶液吸收废气中的氢，生产硫酸铵。鉴于硫酸的强腐蚀特性，为控制车间内腐蚀事故的发生，应采用的防护措施是隔离、通风和(　　)。

A. 个人防护　　B. 低温操作　　C. 中和反应　　D. 高温操作

【答案】A

【解析】危险化学品中毒、污染事故预防控制目前采取的措施主要是替代、变更工艺、隔离、通风、个体防护和保持卫生。

31.《常用化学危险品贮存通则》(GB 15603—1995)对露天堆放的危险化学品有严格限制。下列各组危险化学品中，均为禁止露天堆放的是(　　)。

A. 爆炸物品、剧毒物品、遇湿燃烧物品　　B. 爆炸物品、易燃固体、压缩气体

C. 剧毒物品、一级易燃物品、液化气体　　D. 遇湿燃烧物品、一级易燃物品、易燃固体

【答案】A

【解析】危险化学品露天堆放，应符合防火、防爆的安全要求，爆炸物品、一级易燃物品、遇湿燃烧物品、剧毒物品不得露天堆放。

32. 化学品火灾必须坚持科学扑救。下列关于化学品火灾扑救的注意事项中，错误的是(　　)。

A. 扑救气体火灾时，在漏点封堵前要保持稳定燃烧

B. 扑救爆炸物品时，应使用沙土覆盖

C. 扑救遇湿易燃固体危险化学品时，应使用水泥等覆盖

D. 扑救水溶性易燃液体火灾时，应使用抗溶性泡沫

【答案】B

【解析】扑救爆炸物品火灾时，切忌用沙土盖压，以免增强爆炸物品的爆炸威力；另外，扑救爆炸物品堆垛火灾时，水流应采用吊射，避免强力水流直接冲击堆垛，以免堆垛倒塌引起再次爆炸。

33. 许多危险化学品进入人体后，会扰乱或破坏肌体的正常生理功能，引起暂时性或永久性的病理改变，甚至危及生命。同一种毒性危险化学品引起的急性和慢性中毒，其损害的器官及表

现也有很大差别。急性苯中毒主要表现为对中枢神经系统的麻醉作用。而慢性苯中毒主要损害人体的(　　)。

A. 呼吸系统　　B. 消化系统　　C. 造血系统　　D. 循环系统

【答案】C

【解析】同一种毒性危险化学品引起的急性和慢性中毒其损害的器官及表现也有很大差别。例如,苯急性中毒主要表现为对中枢神经系统的麻醉作用,而慢性中毒主要表现为对造血系统的损害。

34. 硝化反应常用的硝化剂是由硝酸和硫酸配制的混酸。在制备混酸过程中,应严格控制(　　)。

A. 温度和酸的配比　　B. 酸的配比和液位　　C. 酸的配比和压力　　D. 温度和压力

【答案】A

【解析】制备混酸时,应严格控制温度和酸的配比,并保证充分的搅拌和冷却条件,严防因温度猛升而造成的冲料或爆炸。不能把未经稀释的浓硫酸与硝酸混合。稀释浓硫酸时,不可将水流入酸中。

35. 化工厂内部一般分为工艺装置区、罐区、公用设施区、运输装卸区、辅助生产区和管理区。下列关于各区块布置的说法中,正确的是(　　)。

A. 为方便事故状态下的应急救援,工艺装置区应靠近工厂边界

B. 储存物料为常温常压的储罐,应布置在工厂的上风区域

C. 为防止洪水影响,罐区应设置在地势比工艺装置略高的区域

D. 装卸运输区应设置在工厂边缘地区

【答案】D

【解析】工艺装置区应该离工厂边界有一定距离,而且应该集中分布,选项A错误。储存容器可能释放出大量的毒性或易燃性物质,务必将其置于工厂的下风区域,选项B错误。灌区应设在地势比工艺装置略低的区域,绝不能设在高坡上,选项C错误。

36. 石油、化工生产装置在经过一定的运行周期后都要进行停工检修,停工检修首先要制订检修方案,并按规定程序将生产装置安全平稳停下来。下列关于装置停车作业的说法中,错误的是(　　)。

A. 降温应按规定的降温速率进行

B. 一般要求设备内介质温度低于60 ℃

C. 系统卸压要缓慢由高压降至低压,直至压力降为零

D. 高温设备不能急骤降温,避免造成设备损伤

【答案】C

【解析】系统卸压要缓慢,由高压降至低压,应注意压力不得降至零,更不能造成负压,一般要求系统内保持微弱正压。在未做好卸压前,不得拆动设备。

37. 石油、化工生产装置检修经常需要进行设备内作业,凡是进入石油、化工生产区域的罐、塔、槽、容器、炉膛等以及地坑、下水道或其他封闭场所内进行的作业均称为设备内作业。下列关于设备内作业的安全要求中,错误的是(　　)。

A. 进设备内作业前,可以采取关闭阀门的措施进行安全隔离

B. 设备内作业必须设有专人监护,并与设备内作业人员保持有效的联系

C. 采取适当的通风措施,确保设备内空气良好流通

D. 设备内作业必须办理设备内作业许可证,并严格履行审批手续

【答案】A

【解析】进设备内作业前，必须将该设备与其他设备进行安全隔离（加盲板或拆除一段管线，不允许采用其他方法代替），并清洗、置换干净。

38. 化学品安全技术说明书是关于化学品燃爆、毒性和环境危险以及安全使用、泄漏应急处理、主要理化参数、法律法规等方面信息的综合性文件。下列关于化学品安全技术说明书的说法中，错误的是（　　）。

A. 化学品安全技术说明书的内容，从制作之日算起，每 5 年更新 1 次

B. 化学品安全技术说明书为危害控制和预防措施的设计提供技术依据

C. 化学品安全技术说明书由化学品安全监管部门编印

D. 化学品安全技术说明书是企业安全教育的主要内容

【答案】C

【解析】化学品安全技术说明书由化学品生产供应企业编印，在交付商品时提供给用户；化学品的用户在接收、使用化学品时，要认真阅读技术说明书，了解和掌握化学品危险性，并根据使用的情形制订安全操作规程，选用合适的防护器具，培训作业人员。

2019 年考试真题与解析

2019 年考试真题

一、单项选择题(共 70 题,每题 1 分。每题的备选项中,只有 1 个最符合题意)

1. 凡土石方施工工程、路面建设与养护、流动式起重装卸作业和各种建筑工程所需的综合性机械化施工工程所必需的机械装备通称为工程机械。下列机械装备中,属于工程机械的是(　　)。

A. 卷扬机　　B. 拖拉机　　C. 压缩机　　D. 挖掘机

2. 机械安全防护措施包括防护装置、保护装置及其他补充保护措施。机械保护装置通过自身的结构功能限制或防止机器的某种危险,实现消除或降低风险的目的。下列用于机械安全防护措施的机械装置中,不属于保护装置的是(　　)。

A. 连锁装置　　B. 能动装置　　C. 限制装置　　D. 固定装置

3. 运动部件是金属切削机床安全防护的重点,当通过设计不能避免或不能充分限制危险时,应采取必要的安全防护装置。对于有行程距离要求的运动部件,应设置(　　)。

A. 限位装置　　B. 缓冲装置　　C. 超负荷保护装置　　D. 防挤压保护装置

4. 冲压机是危险性较大的设备,从劳动安全卫生角度看,冲压加工过程的危险有害因素来自机电、噪声、振动等方面。下列冲压机的危险有害因素中,危险性最大的是(　　)。

A. 噪声伤害　　B. 振动伤害　　C. 机械伤害　　D. 电击伤害

5. 压力机危险性较大,其作业区应安装安全防护装置,以保护暴露于危险区的人员安全。下列安全防护装置中,属于压力机安全保护控制装置的是(　　)。

A. 推手式安全装置　　B. 拉手式安全装置　　C. 光电式安全装置　　D. 栅栏式安全装置

6. 易熔塞合金装置由钢制塞体及其中心孔中浇铸的易熔合金塞构成,其工作原理是通过温度控制气瓶内部的温升压力,当气瓶周围发生火灾或遇到其他意外高温达到预定的动作温度时,易熔合金即熔化,易熔合金塞装置动作,瓶内气体由此塞孔排出,气瓶泄压。用压缩天然气气瓶的易熔合金装置的动作温度为(　　)。

A. 80 ℃　　B. 95 ℃　　C. 110 ℃　　D. 125 ℃

7. 电气隔离是指工作回路与其他回路实现电气上的隔离。其安全原理是在隔离变压器的二次侧构成了一个不接地的电网,防止在二次侧工作的人员被电击。关于电气隔离技术的说法,正确的是(　　)。

A. 隔离变压器一次侧应保持独立,隔离回路应与大地有连接

B. 隔离变压器二次侧线路电压高低不影响电气隔离的可靠性

C. 为防止隔离回路中各设备相线漏电,各设备金属外壳采用等电位接地

D. 隔离变压器的输入绕组与输出绕组没有电气连接,并具有双重绝缘的结构

8. 锻造加工过程中,当红热的坯料、机械设备、工具等出现不正常情况时,易造成人身伤害。

因此,在作业过程中必须对设备采取安全措施加以控制。关于锻造作业安全措施的说法,错误的是(　　)。

A. 外露传动装置必须有防护罩　　B. 机械的突出部分不得有毛刺

C. 锻造过程必须采用湿法作业　　D. 各类型蓄力器必须配安全阀

9. 电气设备运行过程中如果散热不良或发生故障,可能导致发热量增加、温度升高、达到危险温度。关于电动机产生危险温度的说法,正确的是(　　)。

A. 电动机卡死导致电动机不转,造成无转矩输出,不会产生危险温度

B. 电动机长时间运转导致铁芯涡流损耗和磁滞损耗增加,产生危险温度

C. 电动机长时间运转由于风扇损坏、风道堵塞,会导致电动机产生危险温度

D. 电动机运转时连轴节脱离,会造成负载转矩过大,电动机产生危险温度

10. 防止火灾爆炸事故的基本原则是:防止和限制可燃可爆系统的形成;当燃烧爆炸物质不可避免地出现时,要尽可能消除或隔离各类点火源;阻止和限制火灾爆炸的蔓延扩展,尽量降低火灾爆炸事故造成的损失。下列预防火灾爆炸事故的措施中,属于阻止和限制火灾爆炸蔓延扩展原则的是(　　)。

A. 严格控制环境温度　　B. 安装避雷装置

C. 使用防爆电气　　D. 安装火灾报警系统

11. 钢质无缝气瓶的钢印标志包括制造钢印标志和检验钢印标志,是识别气瓶的重要依据。根据下图,气瓶公称工作压力、气瓶容积和充装介质的编号分别是(　　)。

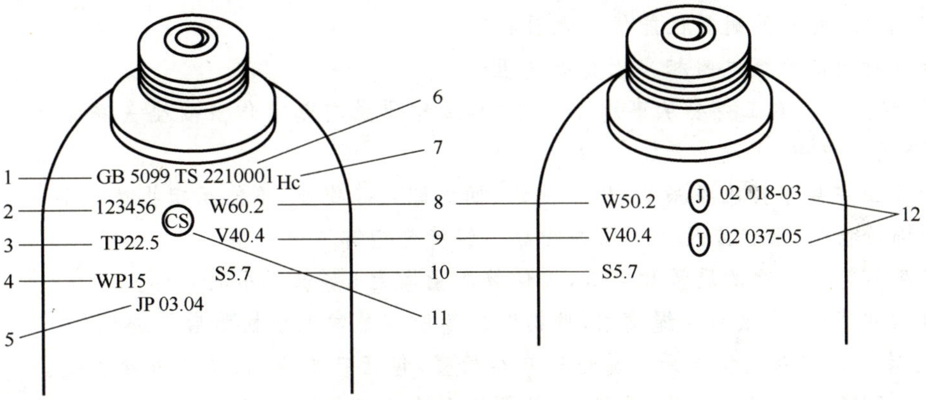

气瓶钢印示意图

A. 4,9,7　　B. 4,8,7　　C. 3,5,8　　D. 5,8,7

12. 安全阀按其结构和作用原理可分为杠杆式、弹簧式和脉冲式等,按气体排放方式可分为全封闭式、半封闭式和敞开式三种。关于不同类型安全阀适用系统的说法,正确的是(　　)。

A. 弹簧式安全阀适用于移动式压力容器　　B. 杠杆式安全阀适用于持续运行的系统

C. 杠杆式安全阀适用于高压系统　　D. 弹簧式安全阀适用于高温系统

13. 《危险货物运输包装通用技术条件》(GB 12463)规定了危险货物包装分类、包装的基本要求、性能试验和检验方法;《危险货物运输包装类别划分方法》(GB/T 15098)规定了划分各类危险化学品运输包装类别的基本原则。根据上述两个标准,关于危险货物包装的说法,错误的是(　　)。

A. 危险货物具有两种以上的危险性时,其包装类别须按级别高的确定

B. 毒性物质根据口服、皮肤接触以及吸入粉尘和烟雾的方式来确定其包装类别

C. 易燃液体根据其闭杯闪点和初沸点的大小来确定其包装类别

D. 包装类别中Ⅰ类包装适用于危险性较小的货物,Ⅲ类包装适用于危险性较大的货物

14. 化学品安全技术说明书是向用户传递化学品基本危害信息(包括运输、操作处置、储存和应急行动信息)的一种载体。下列化学品信息中,不属于化学品安全技术说明书内容的是(　　)。

A. 安全信息　　B. 健康信息　　C. 常规化学反应信息　D. 环境保护信息

15. 在人机系统中,人始终处于核心并起主导作用,机器起着安全可靠的保障作用。分析研究人和机器的特性有助于构建和优化人机系统。关于机器特性的说法,正确的是(　　)。

A. 处理柔软物体比人强　　B. 单调重复作业能力强

C. 修正计算错误能力强　　D. 图形识别能力比人强

16. 锅炉水位高于水位表最高安全水位刻度的现象,称为锅炉满水。严重满水时,锅水可进入蒸汽管道和过热器,造成水击及过热器结垢,降低蒸汽品质,损害以致破坏过热器。下列针对锅炉满水的处理措施中,正确的是(　　)。

A. 加强燃烧,开启排污阀及过热器、蒸汽管道上的疏水阀

B. 启动"叫水"程序,判断满水的严重程度

C. 立即停炉,打开主汽阀加强疏水

D. 立即关闭给水阀停止向锅炉上水,启用省煤器再循环管路

17. 良好的绝缘是保证电器设备和线路正常运行的必要条件,也是防止触及带电体的安全保障。关于绝缘材料性能的说法,正确的是(　　)。

A. 绝缘材料的耐热性能用最高工作温度表征

B. 绝缘材料的介电常数越大极化过程越慢

C. 有机绝缘材料的耐弧性能优于无机材料

D. 绝缘材料的绝缘电阻相当于交流电阻

18. 起重作业司索工主要从事地面工作,其工作质量与起重作业安全关系极大。下列对起重操作安全的要求中,正确的是(　　)。

A. 司索工主要承接准备吊具、挪移挂钩、摘钩卸载等作业,不能承担指挥任务

B. 捆绑吊物时,形状或尺寸不同的物品不经特殊捆绑不得混吊

C. 目测估算被吊物的质量和重心,按估算质量增大5%选择吊具

D. 摘钩卸载时,应采用抖绳摘索,摘钩时应等所有吊索完全松弛后再进行

19. 运营单位应对大型游乐设施进行自行检查,包括日检查、月检查和年检查。下列对大型游乐设施进行检查的项目中,属于日检查必须检查的项目是(　　)。

A. 限速装置　　B. 动力装置

C. 绳索、链条　　D. 控制电路和电器元件

20. 木工平刨床的刀轴由刀轴主轴、侧刀片、侧刀体和压刀组成,装入刀片后的总成称为刨刀轴或刀轴,如下图所示。关于刀轴安全要求的说法,正确的是(　　)。

A. 组装后的侧刀片径向伸出量大于1.1 mm

B. 刀轴可以是装配式圆柱形或方形结构

C. 组装后的刀轴须进行强度试验和离心试验

D. 刀体上的装刀槽应为矩形或方形结构

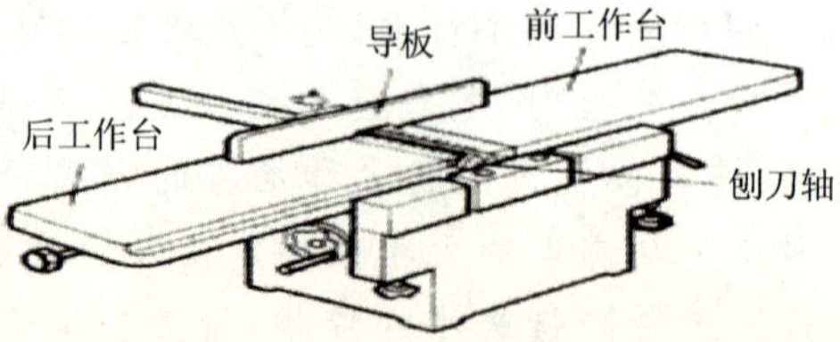

21. 起重机械作业过程，由于起升机构取物缠绕系统出现问题而经常发生重物坠落事故，如脱绳、脱钩、断绳和断钩等。关于起重机械起升机构安全要求的说法，错误的是（　　）。

A. 为防止钢丝绳托槽，卷筒装置上应用压板固定

B. 钢丝绳在卷筒上的极限安全圈应保证在1圈以上

C. 钢丝绳在卷筒上应有下降限位保护

D. 每根起升钢丝绳两端都应固定

22. 防止火灾、爆炸事故发生的基本原则主要有：防止燃烧、爆炸系统的形成，消除点火源，限制火灾、爆炸蔓延扩散。下列预防火灾爆炸事故的措施中，属于防止燃烧、爆炸系统形成的措施是（　　）。

A. 控制明火和高温表面　　B. 防爆泄压装置

C. 安装阻火装置　　D. 惰性气体保护

23. 气瓶充装作业安全是气瓶使用安全的重要环节之一。下列气瓶充装安全要求中，错误的是（　　）。

A. 气瓶充装单位应当按照规定，取得气瓶充装许可

B. 充装高（低）压液化气体，应当对充装量逐瓶复检

C. 除特殊情况下，应当充装本单位自有并已办理使用登记的气瓶

D. 气瓶充装单位不得对气瓶充装混合气体

24. 根据《烟花爆竹安全与质量》(GB 10631)，烟花爆竹、原材料和半成品的主要安全性能检测项目有摩擦感度、撞击感度、静电感度、爆发点、相容性、吸湿性、水分、pH值等。关于烟花爆竹、原材料和半成品的安全性能的说法，错误的是（　　）。

A. 静电感度包括药剂摩擦时产生静电的难易程度和对静电放电火花的敏感度

B. 摩擦感度是指在摩擦作用下，药剂发生燃烧或爆炸的难易程度

C. 撞击感度是指药剂在冲击和摩擦作用下发生燃烧或爆炸的难易程度

D. 烟花爆竹药剂的外相容性是指药剂中组分与组分之间的相容性

25. 预防控制危险化学品事故的主要措施是替代、变更工艺、隔离、通风、个体防护和保持卫生等。关于危险化学品中毒、污染事故预防控制措施的说法，错误的是（　　）。

A. 生产中可以通过变更工艺消除或者降低危险化学品的危害

B. 隔离是通过封闭、设置屏障等措施，避免作业人员直接暴露于有害环境中

C. 个体防护应作为预防中毒、控制污染等危害的主要手段

D. 通风是控制作业场所中有害气体、蒸汽或者粉尘最有效的措施之一

26. 爆炸是物质系统的一种极为迅速的物化或化学能量的释放或转化过程，在此过程中，系统的能量将转化为机械功、光和热的辐射等。按照能量来源，爆炸可分为物理爆炸、化学爆炸和核爆炸。下列爆炸现象中，属于物理爆炸的是（　　）。

A. 导线因电流过载而引起的爆炸　　B. 活泼金属与水接触引起的爆炸

C. 空气中的可燃粉尘云引起的爆炸　　D. 液氧和煤粉混合而引起的爆炸

27. 可燃物质在规定条件下，不用任何辅助引燃能源而达到自行燃烧的最低温度称为自燃点。关于可燃物质自燃点的说法，正确的是（　　）。

A. 液体可燃物质受热分解越快，自身散热越快，其自燃点越高

B. 固体可燃物粉碎得越细，其自燃点越高

C. 固体可燃物受热分解的可燃气体挥发物越多，其自燃点越低

D. 一般情况下密度越小，闪点越高，其自燃点越低

28. 抱索器是客运索道的重要安全部件，一旦出现问题，必定会造成人身伤害。因此，应在规

定的周期内对抱索器进行无损检测。根据《客运索道监督检验和定期检验规则》(TSG S7001)，抱索器的无损检测应当采用(　　)。

A. 磁粉检测法　　B. 超声检测法　　C. 射线检测法　　D. 渗透检测法

29. 危险化学品的燃烧爆炸事故通常伴随发热、发光、高压、真空和电离等现象，具有很强的破坏效应，该效应与危险化学品的数量和性质、燃烧爆炸时的条件以及位置等因素均有关系。关于危险化学品破坏效应的说法，正确的是(　　)。

A. 爆炸的破坏作用主要包括高温的破坏作用和爆炸冲击波的破坏作用

B. 在爆炸中心附近，空气冲击波波阵面上的超压可达到几个甚至十几个大气压

C. 当冲击波大面积作用于建筑物时，所有建筑物将全部被破坏

D. 机械设备、装置、容器等爆炸后产生许多碎片，碎片破坏范围一般在 0.5～1.0 km

30. 某化工技术有限公司污水处理车间发生火灾。经现场勘查，污水处理车间废水罐内主要含水、甲苯、燃油、少量废弃催化剂(雷尼镍)等，事故调查分析认为雷尼镍自燃引起甲苯燃爆。根据《火灾分类》(GB/T 4968)，该火灾类型属于(　　)。

A. A 类火灾　　B. C 类火灾　　C. B 类火灾　　D. D 类火灾

31. 间接接触触电是在触及故障状态下意外带电的带电体时发生的触电。下列触电事故中，属于间接接触触电的是(　　)。

A. 小张在带电更换空气开关时，由于使用改锥不规范造成触电事故

B. 小李清扫配电柜的电闸时，使用绝缘的毛刷清扫精力不集中造成触电事故

C. 小赵在配电作业时，无意中触碰带电导线的裸露部分发生触电事故

D. 小王使用手持电动工具时，由于使用时间过长绝缘破坏造成触电事故

32. 电气防火防爆技术包括消除或减少爆炸性混合物，消除引燃源，隔离和间距，爆炸危险环境接地和接零等。下列爆炸危险环境电气防火燃爆技术的要求中，正确的是(　　)。

A. 在危险空间充填清洁的空气，防止形成爆炸性混合物

B. 隔墙上与变、配电室连通的沟道、孔洞等，应使用难燃性材料严密封堵

C. 设备的金属部分、金属管道以及建筑物的金属结构必须分别接地

D. 低压侧断电时，应先断开闸刀开关，再断开电磁起动器或低压断路器

33. 毒性危险化学品通过一定途径进入人体，在体内积蓄到一定剂量后，就会表现出中毒症状。毒性危险化学品通常进入人体的途径是(　　)。

A. 呼吸道、皮肤、消化道　　B. 呼吸道、口腔、消化道

C. 皮肤、口腔、消化道　　D. 口腔、鼻腔、呼吸道

34. 火灾自动报警系统应具有探测、报警、联动、灭火、减灾等功能，国内外有关标准规范都对建筑中安装的火灾自动报警系统作了规定。根据《火灾自动报警系统设计规范》(GB 50116)，该标准不适用于(　　)。

A. 工矿企业的要害部门　　B. 高层宾馆、饭店、商场等场所

C. 生产和贮存火药、炸药的场所　　D. 行政事业单位、大型综合楼等场所

35. 起重机械吊运的准备工作和安全检查是保证起重机械安全作业的关键。下列起重机械吊运作业安全要求中，错误的是(　　)。

A. 流动式起重机械应将支撑地面夯实垫平，支撑应牢固可靠

B. 开机作业前，应确认所有控制器都置于零位

C. 大型构件吊运前需编制作业方案，必要时报请有关部门审查批准

D. 不允许用两台起重机吊运同一重物

36. 危险化学品会通过皮肤、眼睛、肺部、食道等，引起表皮细胞组织发生破坏而造成灼伤。内部器官被灼伤时，严重的会引起炎症甚至造成死亡。下列危险化学品特性中，会造成食道灼伤的是（　　）。

A. 燃烧性　　B. 爆炸性　　C. 腐蚀性　　D. 刺激性

37. 消除或减少相关风险是实现机械安全的主要对策和措施，一般通过本质安全技术、安全防护措施、安全信息来实现。下列实现机械安全的对策和措施中属于安全防护措施的是（　　）。

A. 采用易熔塞、限压阀　　B. 设置信号和警告装置

C. 采用安全可靠的电源　　D. 设置双手操纵装置

38. 锅炉定期检验是指在锅炉设计使用期限内，每间隔一定时间对锅炉承压部件和安全装置进行检验，可分为内部检验、外部检验和水（耐）压试验。下列对某锅炉进行现场水压试验的过程和结果中，不符合《锅炉定期检验规则》（TSG G7002）的是（　　）。

A. 升压至工作压力，升压速率为 0.1 MPa/min

B. 环境温度 10 ℃，未采取防冻措施

C. 试验压力下，保压时间 10 min，压降为 0

D. 受压部件为奥氏体材料，水中氯离子浓度为 25 mg/L

39. 在人机工程中，机器与人之间的交流只能通过特定的方式进行，机器在特定条件下比人更加可靠。下列机器特性中，不属于机器可靠性特性的是（　　）。

A. 不易出错　　B. 固定不变

C. 难做精细的调整　　D. 出错则不易修正

40. 保护接地是将低压用电设备金属外壳直接接地，适用于 IT 和 TT 系统三相低压配电网。关于 IT 和 TT 系统保护接地的说法，正确的是（　　）。

A. IT 系统低压配电网中，由于单相接地电流很大，只有通过保护接地才能把漏电设备对地电压限制在安全范围内

B. IT 系统低压配电网中，电气设备金属外壳直接接地，当电气设备发生漏电时，造成该系统零点漂移，使中性线带电

C. TT 系统中应设自动切断漏电故障的漏电保护装置，所以装有漏电保护装置的电气设备的金属外壳可以不接保护接地线

D. TT 系统低压配电网中，电气设备金属外壳直接接地，当电气设备发生漏电时，造成控制电气设备空气开关跳闸

41. 工艺过程中产生的静电可能引起爆炸和火灾，也可能给人以电击，还可能妨碍生产。下列燃爆事故中，属于静电因素引起的是（　　）。

A. 实验员小王忘记关氢气阀门，当他取出金属钠放在水中时产生火花发生燃爆

B. 实验员小李忘记关氢气阀门，当他在操作台给特钢做耐磨试验过程时发生燃爆

C. 司机小张跑长途用塑料桶盛装汽油备用，当他开到半路给汽车加油时瞬间发生燃爆

D. 维修工小赵未按规定穿防静电服维修天然气阀门，当用榔头敲击钎子时瞬间发生燃爆

42. 触电防护技术包括屏护、间距、绝缘、接地等。屏护是采用护罩、护盖、栅栏、箱体、遮栏等将带电体与外界隔绝。下列用于触电防护的户外栅栏的高度要求中，正确的是（　　）。

A. 户外栅栏的高度不应小于 1.2 m　　B. 户外栅栏的高度不应小于 1.8 m

C. 户外栅栏的高度不应小于 2.0 m　　D. 户外栅栏的高度不应小于 1.5 m

43. 火灾探测器的基本功能就是对表征烟雾、温度、火焰（光）和燃烧气体的火灾参量作出有效反应，通过敏感元件，将表征火灾参量的物理量转化为电信号，传送到火灾报警控制器。关于

火灾探测器适用场合的说法，正确的是(　　)。

A. 感光式探测器特别适用于阴燃阶段的燃料火灾

B. 红外火焰探测器不适合有大量烟雾存在的场合

C. 紫外火焰探测器特别适用于无机化合物燃烧的场合

D. 感光式探测器适用于监视有易燃物质区域的火灾

44. 色彩对人的生理作用主要表现在对视觉疲劳的影响。下列颜色中，最容易引起眼睛疲劳的是(　　)。

A. 黄色　　B. 蓝色　　C. 绿色　　D. 红色

45. 某机械系统由甲乙两人监控，他们的操作可靠度均为 0.9000，机械系统的可靠度为 0.9800。当两人并联工作并同时发生异常时，该人机系统的可靠度为(　　)。

A. 0.9702　　B. 0.9604　　C. 0.7938　　D. 0.8820

46. 工业炸药在生产、储存、运输和使用过程中存在的火灾爆炸危险因素包括高温、撞击摩擦、静电火花、雷电等。关于因静电积累放电而导致工业炸药发生火灾爆炸事故的说法，正确的是(　　)。

A. 静电放电的火花能量达到工业炸药的引燃能量

B. 静电放电的火花温度达到工业炸药的着火点

C. 静电放电的火花温度达到工业炸药的自燃点

D. 静电放电的火花温度达到工业炸药的闪点

47. 电流通过人体，当电流大于某一值时，会引起麻感、针刺感、打击感、痉挛、窒息、心室纤维性颤动等。关于电流对人体伤害的说法，正确的是(　　)。

A. 小电流给人以不同程度的刺激，但人体组织不会发生变异

B. 数百毫安的电流通过人体时，使人致命的原因是引起呼吸麻痹

C. 发生心室纤维颤动时，心脏每分钟颤动上万次

D. 电流除对机体直接起作用外，还可能对中枢神经系统起作用

48. 防雷装置包括外部防雷装置和内部防雷装置，外部防雷装置由接闪器和接地装置组成，内部防雷装置由避雷器、引下线和接地装置组成。下列安全技术要求中，正确的是(　　)。

A. 金属屋面不能作为外部防雷装置的接闪器

B. 独立避雷针的冲击接地电阻应小于 100 Ω

C. 独立避雷针可与其他接地装置共用

D. 避雷器应装设在被保护设施的引入端

49. 安全人机工程是运用人机工程学的理论和方法研究“人-机-环境”系统，并使三者在安全的基础上达到最佳匹配。人的心理特性是决定人的安全性的一个重要因素。下列人的特性中，不属于心理特性的是(　　)。

A. 能力　　B. 动机　　C. 情感　　D. 心率

50. 下列关于自动化系统的安全性主要取决于(　　)。

A. 人机功能分配的合理性，机器的本质安全及人为失误

B. 机器的本质安全、机器的冗余系统是否失灵及人处于低负荷时应急反应变差

C. 机器的本质安全、机器的冗余系统是否失灵及人为失误

D. 人机功能分配的合理性、机器的本质安全及人处于低负荷时应急反应变差

51. 考虑使用工具与烟火药发生爆炸的概率之间的关系，在手工直接接触烟火药的工序中，对使用的工具材质有严格要求。下列工具中，不应使用的工具是(　　)。

A. 铝质工具　　B. 瓷质工具　　C. 木质工具　　D. 竹质工具

52. 由烟道或车辆尾气排放管飞出的火星也可能引起火灾。因此，通常在可能产生火星设备的排放系统安装火星熄灭器，以防止飞出的火星引燃可燃物。关于火星熄灭器工作机理的说法中，错误的是(　　)。

A. 火星由粗管进入细管，加快流速，火星就会熄灭，不会飞出

B. 在火星熄灭器中设置网格等障碍物，将较大、较重的火星挡住

C. 设置旋转叶轮改变火星流向，增加路程，加速火星的熄灭或沉降

D. 在火星熄灭器中采用喷水或通水蒸气的方法熄灭火星

53. 评价粉尘爆炸危险性的主要特征参数有爆炸极限、最小点火能量、最低爆炸压力及压力上升速率。关于粉尘爆炸危险性特征参数的说法，错误的是(　　)。

A. 粒度对粉尘爆炸压力的影响比其对粉尘爆炸压力上升速率的影响大

B. 粉尘爆炸极限不是固定不变的

C. 容器尺寸会对粉尘爆炸压力及压力上升速率有很大的影响

D. 粉尘爆炸压力及压力上升速率受湍流度等因素的影响

54. 烟花爆竹生产企业生产设施及管理应当符合《烟花爆竹工程设计安全规范》(GB 50161)。下列对烟花爆竹生产企业不同级别建筑物的安全管理要求中，符合该标准的是(　　)。

A. A1级建筑物应确保作业者单人单间使用

B. A2级建筑物应确保作业者单人单栋使用

C. A3级建筑物每栋同时作业应不超过5人

D. C级建筑物内的人均面积不得少于2.0 m^2

55. 接地装置是接地体和接地线的总称，运行中的电气设备的接地装置要保持在良好状态。关于接地装置技术要求的说法，正确的是(　　)。

A. 自然接地体应由三根以上导体在不同地点与接地网相连

B. 三相交流电网的接地装置采用角钢作接地体，埋于地下不超过50 mm

C. 当自然接地体的接地电阻符合要求时，可不敷设人工接地体

D. 为了减少自然因素对接地电阻的影响，接地体上端离地面深度不应小于10 mm

56. 漏电保护装置主要用于防止间接接触电击和直接接触电击。关于装设漏电保护装置要求的说法，正确的是(　　)。

A. 使用特低电压供电的电气设备，应安装漏电保护装置

B. 医院中可能直接接触人体的电气医用设备，应设漏电保护装置

C. 一般环境条件下使用Ⅲ类移动式电气设备，应装设漏电保护装置

D. 隔离变压器且二次侧为不接地系统供电的电气设备，应装设漏电保护装置

57. 下列对带锯机操纵机构的安全要求中，错误的是(　　)。

A. 启动按钮应设置在能够确认锯条位置状态，便于调节锯条的位置上

B. 启动按钮应灵敏、可靠，不应因接触振动等原因而产生误动作

C. 上锯轮机动升降机构与带锯机启动操纵机构不应进行连锁

D. 带锯机控制装置系统必须设置急停按钮

58. 安全电压是在一定条件下，一定时间内不危及生命安全的安全电压额定值。关于安全电压限制和安全电压额定值的说法正确的是(　　)。

A. 潮湿环境中工频安全电压有效值的限值为16 V

B. 隧道内工频安全电压有效值的限值为36 V

C. 金属容器内的狭窄环境应采用24 V安全电压

D. 存在电击危险的环境照明灯应采用 42 V 安全电压

59. 下表所列爆炸性气体危险性最大的是(　　)。

气体名称	在空气中的爆炸极限%(体积分数)	
	爆炸下限	爆炸上限
丁烷	1.5	8.5
乙烯	2.8	34.0
氢气	4.0	75.0
一氧化碳	12.0	74.5

A. 丁烷　　B. 氢气　　C. 乙烯　　D. 一氧化碳

60. 对盛装可燃易爆介质的设备和管路应保证其密闭性,但很难实现绝对密闭,一般总会有一些可燃气体、蒸气或粉尘从设备系统中泄漏出来。因此,必须采用通风的方法使可燃气体、蒸气或粉尘的浓度不会达到危险的程度。一般应控制在爆炸下限的(　　)。

A. 1/5 以下　　B. 1/2 以下　　C. 1/3 以下　　D. 1/4 以下

61. 材料在一定的高温环境下长期使用,所受到的拉应力低于该温度下的屈服强度,也会随时间的延长而发生缓慢持续的伸长,即蠕变现象。材料长期发生蠕变会导致性能下降或产生蠕变裂纹,最终造成破坏失效。关于管道材料蠕变失效说法,错误的是(　　)。

A. 管道在长度方向有明显的变形　　B. 蠕变断口表面被氧化层覆盖

C. 管道焊缝熔合线处蠕变开裂　　D. 管道在运行中沿轴向开裂

62. 由安全阀和爆破片组合构成的压力容器安全附件,一般采用并联或串联安装安全阀和爆破片。当安全阀与爆破片装置并联组合时,爆破片的标定爆破压力不得超过压力容器的(　　)。

A. 工作压力　　B. 设计压力　　C. 最高工作压力　　D. 爆破压力

63. 起重机械,是指用于垂直升降或者垂直升降并水平移动重物的机电设备,根据运动形式不同,分为桥架类起重机和臂架类起重机。下列起重机械中,属于臂架类型起重机的是(　　)。

A. 垂直起重机　　B. 门式起重机　　C. 流动式起重机　　D. 缆索式起重机

64. 叉车在叉装物件时,司机应检查并确认被叉装物件重量,当物件重量不明时,应将被叉装物件叉离地面一定高度,认为无超载现象后,方可运送。下列给出的离地高度中,正确的是(　　)。

A. 400 mm　　B. 300 mm　　C. 200 mm　　D. 100 mm

65. 压力容器,一般泛指在工业生产中盛装用于完成反应、传质、传热、分离和储存等生产工艺过程的气体或液体,并能承载一定压力的密闭设备。压力容器的种类和型式有很多,分类方法也很多。根据压力容器在生产中作用的分类,石油化工装置中的吸收塔属于(　　)。

A. 反应压力容器　　B. 换热压力容器　　C. 分离压力容器　　D. 储存压力容器

66. 铸造作业过程中存在诸多的不安全因素,因此,应从工艺、建筑、除尘等方面采取安全技术措施。工艺安全技术措施包括:工艺布置、工艺设备、工艺方法、工艺操作。下列安全技术措施中,属于工艺方法的是(　　)。

A. 浇包盛铁水不得超过容积的 80%

B. 球磨机的旋转滚筒应设在全封闭罩内

C. 大型铸造车间的砂处理工段应布置在单独的厂房

D. 冲天炉熔炼不宜加萤石

67. 危险化学品废弃物的销毁处置包括固定危险废弃物无害化的处置、爆炸品的销毁、有机过氧化物废弃物的处置等。下列关于危险废弃物销毁处置的说法,正确的是(　　)。

A. 固体危险废弃物的固化/稳定化方法有水泥固化、石灰固化、塑料材料固化、有机聚合物固化等

B. 确认不能使用的爆炸性物品必须予以销毁，企业选择适当的地点、时间和销毁方法后直接销毁

C. 应根据有机过氧化物特征选择合适的方法进行处理，主要包括溶解、烧毁、填埋等

D. 一般危险废弃物可直接进入填埋场填埋，粒度很小的废弃物可装入编织袋后填埋

68. 压力容器的定期检验分为年度检验和全面检查。某工厂车间压力容器，在投用满 3 年时进行了首次全面检查，检验机构根据此次检查结果认定，该压力容器安全状况属于 1 级和 2 级压力容器，则该压力容器下次检查周期是（　　）。

A. 2 年　　B. 4 年　　C. 6 年　　D. 8 年

69. 低压电器可分为控制电器和保护电器。保护电器主要用来获取、转换和传递信号，并通过其他电器实现对电路的控制。关于低压保护电器工作原理的说法，正确的是（　　）。

A. 熔断器是串联在线路上的易熔元件，遇到短路电流时迅速熔断来实施保护

B. 热继电器作用是当热元件温度达到设定值时迅速动作，并通过控制触头断开控制电路

C. 由于热继电器和热脱扣器的热容量较大，动作延时也较大，只宜用于短路保护

D. 在生产冲击电流的线路上，串联在线路上的熔断器可用做过载保护元件

70. 压力容器专职操作人员在容器运行期间经常检查容器的工作状况，发现其不正常状态而进行针对性处置。下列对压力容器的检查项目，不属于运行期间检查的项目是（　　）。

A. 容器、连接管道的振动情况　　B. 容器工作介质的情况

C. 容器材质裂化情况　　D. 容器安全附件的情况

二、多项选择题（共 15 题，每题 2 分。每题的备选项中，有 2 个或 2 个以上符合题意，至少有 1 个错项。错选，本题不得分；少选，所选的每个选项得 0.5 分）

71. 正确操作对锅炉的安全运行至关重要，尤其是在启动和点火升压阶段，经常由于误操作而发生事故。下列针对锅炉启动和点火升压的安全要求中，正确的有（　　）。

A. 长期停用的锅炉，在正式启动前必须煮炉，以减少受热面的腐蚀，提高锅水和蒸汽品质

B. 新投入运行锅炉向共用蒸汽母管并汽前应减弱燃烧，打开蒸汽管道上的所有疏水阀

C. 点燃气、油、煤粉锅炉时，应先送风，之后投入点燃火炬，最后送入燃料

D. 新装锅炉的炉膛和烟道的墙壁非常潮湿，在向锅炉上水前要进行烘炉作业

E. 对省煤器，在点火升压期间，应将再循环管上的阀门关闭

72. 根据《化学品分类和危险性公示通则》(GB 13690)，化学品分为物理危险类、健康危险类和环境危险类。下列化学品中，属于健康危险类的是（　　）。

A. 急性毒性化学品　　B. 金属腐蚀剂　　C. 生殖毒性化学品

D. 皮肤腐蚀化学品　　E. 有机过氧化物

73. 爆炸危险环境的电气设备和电气线路不应产生能构成引燃源的火花、电弧或危险温度。下列对防爆电气线路的安全要求中，正确的有（　　）。

A. 当可燃物质比空气重时，电气线路宜在较高处敷设或在电缆沟内敷设

B. 在爆炸性气体环境内 PVC 管配线的电气线路必须做好隔离封堵

C. 在 1 区内电缆线路严禁中间有接头

D. 钢管配线可采用无护套的绝缘单芯导线

E. 电气线路宜在有爆炸危险的建、构筑物的墙外敷设

74. 物质爆炸会产生多种毁伤效应。下列毁伤效应中，属于黑火药在容器内爆炸后可能产

生的效应有(　　)。

A. 冲击波毁伤　　B. 碎片毁伤　　C. 震荡毁伤

D. 毒气伤害　　E. 电磁力毁伤

75. 叉车是工程和物流企业广泛使用的搬运机械，各运行系统和控制系统的正确设置是其安全可行的重要保证。根据《场(厂)内专用机动车辆安全技术监察规程》(TSG N0001)，下列针对叉车运行系统和控制系统的安全要求中，正确的有(　　)。

A. 蓄电池叉车的控制系统应当具有过热保护功能

B. 蓄电池叉车的电气系统应当采用单线制，并保证良好绝缘

C. 蓄电池叉车的控制系统应当具有过电压、欠电流保护功能

D. 液压传动叉车，应具有微动功能

E. 静压传动叉车，只有处于制动状态时才能启动发动机

76. 危险化学品容易引发火灾爆炸事故，一旦泄漏，应针对其特性采用合适方法处置。下列危险化学品微漏事故的处置措施中，正确的有(　　)。

A. 扑救遇湿易燃物品火灾时，绝对禁止用泡沫、酸碱等灭火剂扑救

B. 对镁粉、铝粉等粉尘，切忌喷射有压力的灭火剂，防止引起粉尘爆炸

C. 某区域有易燃易爆化学品泄漏，应作为重点保护对象，及时用沙土覆盖

D. 扑灭气体类火灾时，要立即扑灭火焰，再采取堵漏措施，避免二次火灾

E. 扑救爆炸物品堆垛火灾时，应避免强力水流直接冲击堆垛

77. 某企业维修人员进入储油罐内检修前，不仅要确保放空油罐油料，还要用惰性气体吹扫油罐。维修人员去库房提取氮气瓶时，发现仅有的5个氮气瓶标签上的含氧量有差异。下列标出含氧量的氮气瓶中，维修人员可以提取的氮气瓶有(　　)。

A. 含氧量小于3.5%的气瓶　　B. 含氧量小于2.0%的气瓶

C. 含氧量小于1.5%的气瓶　　D. 含氧量小于3.0%的气瓶

E. 含氧量小于2.5%的气瓶

78. 干粉灭火器以液态二氧化碳或氮气作为动力，将灭火器内干粉灭火剂喷出进行灭火，按使用范围可分为普通干粉和多用干粉两类。下列火灾类型中，可选取多用干粉灭火器进行灭火的有(　　)。

A. 轻金属火灾　　B. 可燃液体火灾　　C. 带电设备火灾

D. 可燃气体火灾　　E. 一般固体物质火灾

79. 锻造机械的结构不但应保证设备运行中的安全，而且应能确保安装、拆卸和检修等环节的人身安全。因此，在锻造机械上采取了很多安全措施，保证操作人员的安全。关于锻造机械安全技术措施的说法，正确的有(　　)。

A. 启动装置的结构应能防止锻造机械意外动作

B. 大修后的锻造设备可以直接使用

C. 高压蒸汽管道上必须装有安全阀和凝结罐

D. 模锻锤的脚踏板应置于挡板之上

E. 安全阀的重锤必须封在带锁的锤盒内

80. 人机功能分配指根据人和机器各自的长处和局限性，把人机系统中的任务分解，合理分配给人和机器去承担，使人与机器能够取长补短，相互匹配和协调，使系统安全、经济、高效地完成人和机器往往不能单独完成的工作任务。根据人机特性和人机功能分配的原则，下列人机系统的工作中，适合人来承担的有(　　)。

A. 系统运行的监督控制
B. 机器设备的维修与保养
C. 长期连续不停的工作
D. 操作复杂的重复工作
E. 意外事件的应急处理

81. 危险化学品的爆炸按照爆炸反应物质分类分为简单分解爆炸、复杂分解爆炸和爆炸性混合物爆炸。下列物质爆炸中，属于简单分解爆炸的有(　　)。

A. 乙炔银　B. 环氧乙烷　C. 甲烷　D. 叠氮化铅　E. 梯恩梯

82. 木工平刨床操作危险区必须设置可以速盖刀轴防止切手的安全防护装置，包括遮盖式、护指键式、护罩或护板等形式，控制方式有机械式、光电式、电磁式、电感应式。下列对平刨床遮盖式安全装置的安全要求中，正确的有(　　)。

A. 安全装置应涂耀眼颜色，以引起操作者的注意
B. 非工作状态下，护指键(或防护罩)必须在工作台面全宽度上盖住刀轴
C. 安全装置闭合时间不得小于规定的时间
D. 刨削时仅打开与工件等宽的相应刀轴部分，其余的刀轴部分仍被遮盖
E. 整体护罩或全部护指键应承受规定的径向压力

83. 按照电流转换成作用于人体的能量的不同形式，电伤分为电弧烧伤、电流灼伤、皮肤金属化、电烙印、电器机械性伤害、电光眼等类别。关于电伤情景及电伤类别的说法，正确的有(　　)。

A. 赵某在维修时发生相间短路，产生的弧光烧伤了手臂，属电弧烧伤
B. 孙某在维修时发生相间短路，产生的弧光造成皮肤内有许多钢颗粒，属皮肤金属化
C. 李某在维修时发生手部触电，手接触的部位被烫出印记，属电烙印
D. 钱某在维修时发生相间短路，短路电流达到 2000 A 使导线熔化烫伤手臂，属电流灼伤
E. 张某在维修时发生手部触电，手臂被弹开碰伤，属电气机械性伤害

84. 关于气体、液体、固体击穿，下列说法正确的是(　　)。

A. 气体击穿是由碰撞电离产生的
B. 液体击穿和纯净度有关
C. 固体电击穿，击穿电压高，时间短
D. 固体热击穿，击穿电压高，时间长
E. 固体放电击穿，击穿电压低，击穿时间长

85. 关于起重机械，每日检查的内容有(　　)。

A. 动力系统控制装置
B. 安全装置
C. 轨道的安全状况
D. 机械零部件安全情况
E. 紧急报警装置

2019 年考试真题参考答案与解析

1. D	2. D	3. A	4. C	5. C
6. C	7. D	8. C	9. C	10. D
11. A	12. A	13. D	14. C	15. B
16. D	17. B	18. B	19. A	20. C
21. B	22. D	23. D	24. D	25. C
26. A	27. C	28. A	29. B	30. C

续表

31. D	32. B	33. A	34. C	35. D
36. C	37. D	38. C	39. C	40. B
41. C	42. D	43. D	44. B	45. A
46. A	47. D	48. D	49. D	50. B
51. B	52. A	53. A	54. B	55. C
56. B	57. C	58. A	59. B	60. A
61. A	62. B	63. C	64. D	65. C
66. D	67. A	68. C	69. A	70. C
71. ABC	72. ACD	73. BCDE	74. ABCD	75. ADE
76. ABE	77. BC	78. BCDE	79. ACE	80. ABE
81. ABD	82. BDE	83. AB	84. ABC	85. BCE

一、单项选择题

1.**【答案】**D

【解析】考查机械分类。凡土石方施工工程、路面建设与养护、流动式起重装卸作业和各种建筑工程所需的综合性机械化施工工程所必需的机械装备通称为工程机械。包括挖掘机、铲运机、工程起重机、压实机、打桩机、钢筋切割机、混凝土搅拌机、路面机、凿岩机、线路工程机械以及其他专用工程机械等。卷扬机属于起重运输机械，拖拉机属于农业机械，压缩机属于通用机械。

2.**【答案】**D

【解析】考查实现机械安全的途径与对策措施。消除或降低相关的风险，应按下列等级顺序选择安全技术措施，即“三步法”。一是本质安全设计措施，也称直接安全技术措施；二是安全防护措施，也称间接安全技术措施；三是使用安全信息，也称提示性安全技术措施。其中，安全防护措施又包括防护装置、保护装置和补充保护措施。保护装置是通过自身的结构功能限制或防止机器的某种危险，实现消除或降低风险的装置。常见的有连锁装置、双手操作式装置、能动装置、限制装置。本题中固定装置属于防护装置而非保护装置。

3.**【答案】**A

【解析】考查防止机械危险的安全措施。运动部件在有限滑轨运行或有行程距离要求的，应设置可靠的限位装置。对于有惯性冲击的机动往复运动部件，应设置缓冲装置。对于可能超负荷（压力、起升量、温度等）发生部件损坏而造成伤害的，应设置超负荷保护装置，并在机床上或说明书中标明极限使用条件。运动部件与运动部件之间、运动部件与静止部件（包括墙体等构筑物）之间，不应存在挤压危险和剪切危险，否则应限定避免人体各部位受到伤害的最小安全距离或按有关规定采用防止挤压、剪切的保护装置。

4.**【答案】**C

【解析】考查冲压剪切机械安全技术。压力机（包括剪切机）是危险性较大的机械，从劳动安全卫生角度看，压力加工的危险因素有机械危险、电气危险、热危险、噪声振动危险（对作业环境的影响很大）、材料和物质危险以及违反安全人机学原则导致危险等，其中以机械伤害的危险性最大。

5.**【答案】**C

【解析】考查冲压剪切机械安全技术。压力机作业区的安全保护包括操作控制系统、安全防护装置、消减冲模危险区的措施和其他保护措施。其中，安全防护装置包括安全保护装置和安全保护控制装置。安全保护装置包括活动式、固定栅栏式、推手式、拉手式等。安全保护控制装置包括双手操作式、光电感应式保护装置等。

6.【答案】C

【解析】考查气瓶安全技术。常用的气瓶安全泄压装置有4种，即易熔塞合金装置、爆破片装置、安全阀和爆破片、易熔塞负荷装置。本题考查其中的易熔塞合金装置。我国目前使用的易熔塞合金装置的公称动作温度有102.5 ℃、100 ℃和70 ℃三种。其中用于溶解乙炔的易熔塞合金装置，其公称动作温度为100 ℃。公称动作温度为70 ℃的易熔塞合金装置用于溶解除乙炔气瓶外的公称工作压力小于或等于3.45 MPa的气瓶；公称动作温度为102.5 ℃的易熔塞合金装置用于公称工作压力大于3.45 MPa且不大于30 MPa的气瓶。车用压缩天然气气瓶的易熔塞合金装置的动作温度为110 ℃。

7.【答案】D

【解析】考查触电防护技术。电气隔离和不导电环境都属于防止间接接触电击的安全技术措施。该题目考查电气隔离的回路必须符合电源变压器必须是隔离变压器、二次侧保持独立、二次侧线路要求和等电位联结。为保证安全，被隔离回路不得与其他回路及大地有任何连接，故选项A错误。二次侧线路电压过高或二次侧线路过长，都会降低这种措施(电器隔离)的可靠性，故选项B错误。为了防止隔离回路中两台设备的不同相线漏电时的故障电压带来的危险，各台设备的金属外壳之间应采取等电位连接措施，故选项C错误。与安全隔离变压器一样，隔离变压器的输入绕组与输出绕组没有电气连接，并具有双重绝缘的结构，选项D正确。

8.【答案】C

【解析】考查锻造安全技术措施。锻压机械的机架和突出部分不得有棱角或毛刺。外露的传动装置(齿轮传动、摩擦传动、曲柄传动或皮带传动等)必须有防护罩。防护罩需用铰链安装在锻压设备的不动部件上。任何类型的蓄力器都应有安全阀。安全阀必须由技术检查员加铅封，并定期进行检查。

9.【答案】C

【解析】考查电气引燃源中的危险温度。电动机被卡死或轴承损坏、缺油，造成堵转或负载转矩过大，都将产生危险温度，故选项A错误。电气设备稳定运行时，其最高温度和最高温升都不会超过允许范围，故选项B错误。对于电动机、变压器、接触器等带有铁芯的电气设备，如铁芯短路，或线圈电压过高，或通电后铁芯不能吸合，由于涡流损耗和磁滞损耗增加都将造成铁芯过热并产生危险温度，故选项C正确。电动机运转时连轴节脱离，相当于断开了传动系统，导致负载转矩减小，不会产生危险温度，故选项D错误。

10.【答案】D

【解析】考查防火防爆技术。从理论上讲，防止火灾爆炸事故发生的基本原则为：一是防止和限制可燃可爆系统的形成；二是当燃烧爆炸物质不可避免地出现时，要尽可能消除或隔离各类点火源；三是阻止和限制火灾爆炸的蔓延扩展，尽量降低火灾爆炸事故造成的损失。工业生产过程中，存在多种引起火灾和爆炸的点火源，例如，化工企业中常见的点火源有明火、化学反应热、化工原料的分解自燃、热辐射、高温表面、摩擦和撞击、绝热压缩、电气设备及线路的过热和火花、静电放电、雷击和日光照射等。消除点火源是防火和防爆的最基本措施，控制点火源对防止火灾和爆炸事故的发生具有极其重要的意义。严格控制环境温度、安装避雷装置和使用防爆电器均属于消除或隔离各类点火源的原则；安装火灾报警系统则属于阻止和限制火灾爆炸蔓延扩展的原则。

11.【答案】A

【解析】考查气瓶钢印标志。气瓶的钢印标志是识别气瓶的重要依据。气瓶的钢印标志包括制造钢印标志和检验钢印标志。国产无缝气瓶制造钢印标志包含以下内容：①气瓶制造依据标准编号。②气瓶编号。③检验压力(MPa)。④公称工作压力(MPa)。⑤制造厂代码、生产日期。⑥制造许可证编号。⑦充装介质。⑧气瓶质量(kg)。⑨气瓶容积(L)。⑩气瓶壁厚(mm)。⑪国家监督检查标记。⑫检验单位代码、检验日期及检验周期。

12.【答案】A

【解析】考查防爆泄压技术中的安全阀的分类、作用原理、结构特点及使用范围。弹簧式安全阀的作用原理是利用压缩弹簧的力来平衡介质作用在阀瓣上的力,结构特点及适用范围是:①通过调整螺母来调整弹簧压缩量,从而按需要来校正安全阀的开启压力;②弹簧力随阀的开启高度而变化,不利于阀的迅速开启;③结构紧凑,灵敏度较高,安装位置无严格限制,应用广泛;④对振动的敏感性小,可用于移动式的压力容器;⑤长期高温会影响弹簧力,不适用于高温系统。杠杆式安全阀的作用原理是利用加载机构(重锤和杠杆)来平衡介质作用在阀瓣上的力,结构特点及适用范围是:①加载机构中重锤质量和位置的变化可以获得较大的开启或关闭力,调整容易而且较正确;②加载不因阀瓣的升高而增加;③加载机构对振动敏感,常因振动产生泄漏;④结构简单但笨重,限于中、低压系统;⑤适用于温度较高的系统;⑥不适用于持续运行的系统。

13.【答案】D

【解析】考查危险化学品包装安全要求。《危险货物运输包装类别划分方法》(GB/T 15098)4.1中规定,危险货物具有两种以上的危险性时,其包装类别须按级别高的确定,故选项A正确;4.5中规定,毒性物质根据口服、皮肤接触以及吸入粉尘和烟雾的方式来确定其包装类别,故选项B正确;4.2中规定,易燃液体根据其闭杯闪点和初沸点的大小来确定其包装类别,故选项C正确。《危险货物运输包装通用技术条件》(GB 12463)中规定,Ⅰ类包装适用于内装危险性较大的货物;Ⅱ类包装适用于内装危险性中等的货物;Ⅲ类包装适用于危险性较小的货物,故选项D错误。

14.【答案】C

【解析】考查化学品安全技术说明书内容。化学品安全技术说明书包括16大项的安全信息内容,具体项目如下:化学品及企业标识、危险性概述、成分/组成信息、急救措施、消防措施、泄漏应急处理、操作处置与储存、接触控制和个体防护、理化特性、稳定性和反应活性、毒理学资料、生态学信息、废弃处置、运输信息、法规信息、其他信息。安全信息和健康信息包含在危险性概述、急救措施、接触控制和个体防护、毒理学资料等相关信息中,环境保护信息包含在泄漏应急处理、生态学信息、废弃处置、运输信息等相关信息中。

15.【答案】B

【解析】考查人与机器特性比较。机器处理柔软物体的能力不如人,故选项A错误;机器可进行单调的重复性作业而不会疲劳和厌烦,属于机器的可靠性和适应性方面的特性,故选项B正确;机器能够正确地进行计算,但难以修正错误,故选项C错误;机器图形识别能力弱,故选项D错误。

16.【答案】D

【解析】考查锅炉满水的处理。发现锅炉满水后,应冲洗水位表,检查水位表有无故障;一旦确认满水,应立即关闭给水阀停止向锅炉上水,启用省煤器再循环管路,减弱燃烧,开启排污阀及过热器、蒸汽管道上的疏水阀;待水位恢复正常后,关闭排污阀及各疏水阀;查清事故原因并予以消除,恢复正常运行。如果满水时出现水击,则在恢复正常水位后,还须检查蒸汽管道、附件、支架等,确定无异常情况,才可恢复正常运行。

17.【答案】B

【解析】考查绝缘材料性能。绝缘材料的耐热性能用允许工作温度来衡量,故选项A错误;介电常数是表明绝缘极化特征的性能参数,介电常数越大,极化过程越慢,故选项B正确;绝缘材料的耐弧性能指接触电弧时表面抗炭化的能力，无机绝缘材料的耐弧性能优于有机绝缘材料的耐弧性能，故选项 C 错误；电阻率是相应于漏导电流，也就是相应于在稳定直流状态下材料所表现的电阻率，故选项 D 错误。

18.【答案】B

【解析】考查司索工安全操作技术。司索工主要从事地面工作，如准备吊具、捆绑挂钩、摘钩卸载等，多数情况下还担任指挥任务，故选项 A 错误。捆绑吊物时，形状或尺寸不同的物品不经特殊捆绑不得混吊，故选项 B 正确。对吊物的质量和重心估计要准确，如果是目测估算，应增大 20%来选择吊具，故选项 C 错误。摘钩时应等所有吊索完全松弛后再进行，确认所有绳索从钩上卸下再起钩，不允许抖绳摘索，更不许利用起重机抽索，故选项 D 错误。

19.【答案】A

【解析】考查大型游乐设施使用安全管理。日检查项目包括：控制装置、限速装置、制动装置和其他安全装置是否有效及可靠；运行是否正常，有无异常的振动或噪声；易磨损件状况；门连锁开关及安全带等是否完好；润滑点的检查和加添润滑油；重要部位（轨道、车轮等）是否正常。因此，可以判断正确的是选项 A。选项 B 动力装置，选项 C 绳索、链条，选项 D 控制电路和电器元件均属于月检查应检测的项目。

20.【答案】C

【解析】考查木工平刨安全技术。组装后的刨刀片径向伸出量不得大于 1.1 mm，故选项 A 错误；刀轴必须是装配式圆柱形结构，严禁使用方形刀轴，故选项 B 错误；组装后的刀轴须经强度试验和离心试验，试验后的刀片不得有卷刃、崩刃或显著磨钝现象，故选项 C 正确；刀体上的装刀梯形槽应上底在外，下底靠近圆心，故选项 D 错误。

21.【答案】B

【解析】考查典型起重机械事故及预防。起重机械重物坠落事故主要是发生在起升机构取物缠绕系统中，如脱绳、脱钩、断绳和断钩等。每根起升钢丝绳两端的固定也十分重要，如钢丝绳在卷筒上的极限安全圈是否能保证在 2 圈以上，是否有下降限位保护，钢丝绳在卷筒装置上的压板固定及模块固定是否安全可靠。另外，钢丝绳脱槽（脱离卷筒绳槽）或脱轮（脱离滑轮），也会造成失落事故。

22.【答案】D

【解析】考查危险化学品火灾、爆炸事故的预防。从理论上讲，防止火灾、爆炸事故发生的基本原则主要有三点：①防止燃烧、爆炸系统的形成，包括替代、密闭、惰性气体保护、通风置换、安全监测及连锁。②消除点火源，能引发事故的点火源有明火、高温表面、冲击、摩擦、自燃、发热、电气火花、静电火花、化学反应热、光线照射等。具体的做法有控制明火和高温表面；防止摩擦和撞击产生火花；火灾爆炸危险场所采用防爆电气设备避免电气火花。③限制火灾、爆炸蔓延扩散，措施包括阻火装置、防爆泄压装置及防火防爆分隔等。

23.【答案】D

【解析】考查气瓶充装。气瓶充装单位应当按照《气瓶充装许可规则》（TSG R4001）的规定，取得气瓶充装许可。气瓶充装单位应当按照规定申请办理气瓶使用登记。气瓶实行固定充装单位充装制度，气瓶充装单位应当充装本单位自有并且办理使用登记的气瓶（车用气瓶、非重复充装气瓶、呼吸器用气瓶以及托管气瓶除外），故选项 A、C 正确。充装高（低）压液化气体，应当对充装量逐瓶复检（设复检用计量衡器），严禁过量充装，故选项 B 正确。充装混合气体的气瓶应当采用加温、抽真空等适当方式进行预处理。气体充装前，应当根据混合气体的每一气体组分性质，确定各种气体组分的充装顺序。在充入每一气体组分之前，应用待充气体对充装配制系统管道进行置换，故选项D错误。

24.【答案】D

【解析】考查烟花爆竹基本安全知识。静电感度包括两个方面，一是炸药摩擦时产生静电的难易程度；二是炸药对静电放电火花的敏感度，故选项A正确。摩擦感度是指在摩擦作用下，火药发生燃烧或爆炸的难易程度，故选项B正确。烟花爆竹药剂在冲击和摩擦作用下发生爆炸的原因，是由于炸药内部产生了所谓"热点"，也叫灼热核。一般来说，热点的半径越小，临界温度越高；炸药的敏感度越低，临界温度越高，故选项C正确。内相容性是药剂中组分与组分之间的相容性。外相容性是把药剂作为一个体系，它与相关的接触物质(另一种药剂或结构材料)之间的相容性，故选项D错误。

25.【答案】C

【解析】考查危险化学品中毒、污染事故预防控制措施。目前可供选择的替代品往往是很有限的，特别是因技术和经济方面的原因，不可避免地要生产、使用有害化学品。这时可通过变更工艺消除或降低化学品危害。如以往用乙炔制乙醛，采用汞作催化剂，现在发展为用乙烯为原料，通过氧化或氧氯化制乙醛，不需用汞作催化剂。通过变更工艺，彻底消除了汞害，故选项A正确。隔离就是通过封闭、设置屏障等措施，避免作业人员直接暴露于有害环境中。最常用的隔离方法是将生产或使用的设备完全封闭起来，使工人在操作中不接触化学品，故选项B正确。当作业场所中有害化学品的浓度超标时，工人就必须使用合适的个体防护用品。个体防护用品不能降低作业场所中有害化学品的浓度，它仅仅是一道阻止有害物进入人体的屏障。防护用品本身的失效就意味着保护屏障的消失，因此，个体防护不能被视为控制危害的主要手段，而只能作为一种辅助性措施，故选项C的说法错误。通风是控制作业场所中有害气体、蒸汽或粉尘最有效的措施之一。借助于有效的通风，使作业场所空气中有害气体、蒸汽或粉尘的浓度低于规定浓度，保证工人的身体健康，防止火灾、爆炸事故的发生，故选项D正确。

26.【答案】A

【解析】考查爆炸的分类。物理爆炸是一种极为迅速的物理能量因失控而释放的过程，在此过程中，体系内的物质以极快的速度把内部所含有的能量释放出来，转变成机械能、热能等能量形态。这是一种纯物理过程，只发生物态变化，不发生化学反应。蒸汽锅炉爆炸、轮胎爆炸、水的大量急剧气化等均属于此类爆炸。化学爆炸是物质发生高速放热化学反应(主要是氧化反应及分解反应)，产生大量气体，并急剧膨胀做功而形成的爆炸现象。炸药爆炸，可燃气体、可燃粉尘与空气形成的爆炸性混合物的爆炸，均属于化学爆炸。核爆炸(原子爆炸)是某些物质的原子核发生裂变或聚变反应，瞬间放出巨大能量而形成的爆炸现象。如原子弹、氢弹的爆炸。选项A属于物理爆炸，其他属于化学爆炸。

27.【答案】C

【解析】考查火灾参数的自燃点。液体和固体可燃物受热分解并析出来的可燃气体挥发物越多，其自燃点越低，故选项A错误，选项C正确。固体可燃物粉碎得越细，其自燃点越低，故选项B错误。一般情况下，密度越大，闪点越高而自燃点越低，故选项D错误。

28.【答案】A

【解析】考查客运索道安全技术。根据《客运索道监督检验和定期检验规则》中的规定，全部抱索器或者夹索器应当在使用3000 h或者2年后进行首次无损检测，无损检测的零件清单应当满足使用维护说明书的要求。此后每3年全部无损检测一次。当使用期达到10年时，固定抱索器应当每年、脱挂抱索器和夹索器应当每2年全部无损检测一次。使用达到15年时应当予以更换。无损检测应当采用磁粉检测法，并符合JB/T 4730中的Ⅱ级要求。无损检测人员应当具有特种设备无损检测的相关资格。故本题正确选项为 A。

29.【答案】B

【解析】考查危险化学品燃烧爆炸事故危害中爆炸的破坏作用。爆炸的破坏作用主要包括：爆炸碎片的破坏作用、爆炸冲击波的破坏作用和造成中毒和环境污染，故选项 A 错误。机械设备、装置、容器等爆炸后产生许多碎片，飞出后会在相当大的范围内造成危害。一般碎片飞散范围在 100～500 m，这是爆炸碎片的破坏作用，故选项 D 错误。冲击波的破坏作用主要是由其波阵面上的超压引起的。在爆炸中心附近，空气冲击波波阵面上的超压可达几个甚至十几个大气压，在这样高的超压作用下，建筑物被摧毁，机械设备、管道等也会受到严重破坏。当冲击波大面积作用于建筑物时，波阵面超压在 20～30 kPa 内，就足以使大部分砖木结构建筑物受到严重破坏。超压在 100 kPa 以上时，除坚固的钢筋混凝土建筑外，其余部分将全部破坏，这是爆炸冲击波的破坏作用，故选项 B 正确，选项 C 错误。

30.【答案】C

【解析】考查火灾的分类。《火灾分类》(GB/T 4968)按可燃物的类型和燃烧特性将火灾分为 6 类。A 类火灾：指固体物质火灾，这种物质通常具有有机物性质，一般在燃烧时能产生灼热灰烬，如木材、棉、毛、麻、纸张火灾等。B 类火灾：指液体或可熔化的固体物质火灾，如汽油、煤油、柴油、原油、甲醇、乙醇、沥青、石蜡火灾等。C 类火灾：指气体火灾，如煤气、天然气、甲烷、乙烷、丙烷、氢气火灾等。D 类火灾：指金属火灾，如钾、钠、镁、钛、锆、锂、铝镁合金火灾等。E 类火灾：指带电火灾，是物体带电燃烧的火灾，如发电机、电缆、家用电器等。F 类火灾：指烹饪器具内烹饪物火灾，如动植物油脂等。本事故源于真实案例，系江苏泰兴经济开发区某化工技术有限公司火灾爆炸事故。其题干中所描述的雷尼镍(镍铝合金)属于经特殊处理的加氢催化剂，在此次事故中最终燃烧的物质为甲苯燃爆，而雷尼镍的自燃属于点火源，因此，该火灾应判断为甲苯产生的火灾，故为液体火灾，属于 B 类火灾。

31.【答案】D

【解析】考查电气事故及危害。触电事故分为电击和电伤。其中按照发生电击时电气设备的状态，电击分为直接接触电击和间接接触电击。直接接触电击是触及正常状态下带电的带电体时(如误触接线端子)发生的电击，也称为正常状态下的电击。间接接触电击是触及正常状态下不带电，而在故障状态下意外带电的带电体时(如触及漏电设备的外壳)发生的电击，也称为故障状态下的电击。选项 A、B、C 均属于触及正常状态下带电的带电体时发生的电击，因此属于直接接触电击。

32.【答案】B

【解析】考查电气防火防爆技术。消除或减少爆炸性混合物包括采取封闭式作业，防止爆炸性混合物泄漏；清理现场积尘，防止爆炸性混合物积累；设计正压室，防止爆炸性混合物侵入；采取开式作业或通风措施，稀释爆炸性混合物；在危险空间充填惰性气体或不活泼气体，防止形成爆炸性混合物；安装报警装置，当混合物中危险物品的浓度达到其爆炸下限的 10%时报警等，因此，选项 A 错误。配电室允许通过走廊或套间与火灾危险环境相通，但走廊或套间应由非燃材料制成。隔墙上与变、配电室有关的孔洞、沟道应用难燃性材料严密堵塞，故选项 B 正确。将所有设备的金属部分、金属管道以及建筑物的金属结构全部接地(或接零)，并连接成连续整体，故选项 C 错误。发生火灾后高压侧应先断开断路器，后断开隔离开关；低压侧应先断开电磁起动器或低压断路器，后断开闸刀开关，故选项 D 错误。

33.【答案】A

【解析】考查危险化学品的危害及防护。毒性危险化学品可经呼吸道、消化道和皮肤进入人体。在工业生产中,毒性危险化学品主要经呼吸道和皮肤进入体内,有时也可经消化道进入。

34.**【答案】**C

【解析】考查火灾自动报警系统的适用范围。火灾自动报警系统是一种用来保护生命与财产安全的技术设施。理论上讲,除某些特殊场所如生产和储存火药、炸药、弹药、火工品等场所外,其余场所应该都能适用。由于建筑,特别是工业与民用建筑,是人类的主要生产和生活场所,因而也就成为火灾自动报警系统的基本保护对象。从实际情况看,国内外有关标准规范都对建筑中安装的火灾自动报警系统作了规定,我国现行国家标准《火灾自动报警系统设计规范》(GB 50116)明确规定,本规范适用于新建、扩建和改建的建、构筑物中设置的火灾自动报警系统的设计,不适用于生产和贮存火药、炸药、弹药、火工品等场所设置的火灾自动报警系统的设计。

35.**【答案】**D

【解析】考查起重机械安全技术。开机作业前,应确认处于安全状态方可开机:所有控制器是否置于零位;起重机上和作业区内是否有无关人员,作业人员是否撤离到安全区;起重机运行范围内是否有未清除的障碍物;起重机与其他设备或固定建筑物的最小距离是否在 0.5 m 以上;电源断路装置是否加锁或有警示标牌;流动式起重机是否按要求平整好场地,支脚是否牢固可靠,故选项 A、B 正确。对于大型、重要的物件的吊运或多台起重机共同作业的吊装,事先要在有关人员参与下,由指挥、起重机司机和司索工共同讨论,编制作业方案,必要时报请有关部门审查批准,故选项 C 正确。用两台或多台起重机吊运同一重物时,每台起重机都不得超载。吊运过程应保持钢丝绳垂直,保持运行同步。吊运时,有关负责人员和安全技术人员应在场指导,故选项 D 错误。

36.**【答案】**C

【解析】考查危险化学品的主要危险特性。燃烧性指爆炸物、易燃气体、易燃气溶胶、压力下可燃性气体、易燃液体、易燃固体、自反应物质或混合物、自燃液体、自燃固体、自热物质和混合物、遇水放出易燃气体的物质或混合物、有机过氧化物等,在条件具备时均可能发生燃烧。爆炸性指爆炸物、易燃气体、易燃气溶胶、压力下可燃性气体、易燃液体、易燃固体、自反应物质或混合物、自燃液体、自燃固体、自热物质和混合物、遇水放出易燃气体的物质或混合物、有机过氧化物等危险化学品均可能由于其化学活性或易燃性引发爆炸事故。腐蚀性指强酸、强碱等物质能对人体组织、金属等物品造成损坏,接触人的皮肤、眼睛或肺部、食道等时,会引起表皮组织坏死而造成灼伤。内部器官被灼伤后可引起炎症,甚至会造成死亡。

37.**【答案】**D

【解析】考查实现机械安全的途径与对策措施。消除或减少相关的风险,应按下列等级顺序选择安全技术措施,即"三步法"。第一步:本质安全技术,也称直接安全技术措施。第二步:安全防护措施,也称间接安全技术措施。第三步:使用安全信息,也称提示性安全技术措施。本质安全技术是指通过改变机器设计或工作特性,来消除危险或减少与危险相关的风险的保护措施,包括合理的结构型式、限制机械应以保证足够的抗破坏能力、使用本质安全的工艺过程和动力源、控制系统的安全设计、材料和物质的安全性、机械的可靠性设计、遵循安全人机工程学的原则。易熔塞、安全阀属于"限制机械应以保证足够的抗破坏能力",安全可靠的电源属于"使用本质安全的工艺过程和动力源"。安全防护措施是指从人的安全需要出发,采用特定技术手段,防止仅通过本质安全设计不足以减少或充分限制各种危险的安全措施,包括防护装置、保护装置及其他补充安全保护措施。双手操纵装置属于"保护装置"。使用信息由文本、文字、标记、信号、符号或图表等组成,以单独或联合使用的形式向使用者传递信息,用以指导使用者安全、合理、正确地使用机器,警示剩余风险和可能需要应对机械危险事件。信号和警告装置属于"使用信息"。

38.【答案】C

【解析】对于奥氏体材料受压部位，水中的氯离子的浓度不得超过 25 mg/L，如果不能满足要求，试验后应当立即将水渍去除干净。锅炉水压试验时对试验环境进行确认，周围的环境温度不应低于 5 ℃，否则应当采取有效的防冻措施。在试验压力下保持 20 min。缓慢升压至工作压力，升压速率不超过 0.5 MPa/min。

39.【答案】C

【解析】考查机器的特性。机器在持续性、可靠性和适应性方面有以下特点：可连续、稳定、长期地运转，但是也需要适当地进行维修和保养；机器可进行单调的重复性作业而不会疲劳和厌烦；可靠性与成本有关，设计合理的机器对设定的作业有很高的可靠性，但对意外事件则无能为力；机器的特性固定不变，不易出错，但是一旦出错则不易修正。难做精细的调整属于机器的信息交流与输出特性，故选项 C 不属于机器可靠性特性。

40.【答案】B

【解析】考查保护接地。IT 系统的字母 I 表示配电网不接地或经高阻抗接地，字母 T 表示电气设备外壳直接接地。应当指出，只有在不接地配电网中，由于单相接地电流较小，才有可能通过保护接地把漏电设备故障对地电压限制在安全范围之内，故选项 A 错误。TT 系统第一个字母 T 表示电源是直接接地的。由于故障电流不可能太大，一般的短路保护不起作用，不能及时切断电源，使故障长时间延续下去。在 TT 系统中应装设能自动切断漏电故障的漏电保护装置，故选项 C 错误。应注意空气开关属于空气断路器，断路器一般用于断开电源负载，而在 TT 系统中是漏电保护装置(剩余电流保护装置)起到切断保护作用，而非断路器断开起到保护作用，因此，选项 D 的描述，属于 TN 系统的基本原理，即通过设备外壳形成该相对保护零线的单相短路，短路电流促使线路上的短路保护迅速动作(例如：空气开关)，从而将故障部分断开电源，消除电击危险。

41.【答案】C

【解析】考查雷击和静电防护技术。选项 A 点火源为金属钠与水反应生成的反应热；选项 B 点火源是特钢耐磨试验过程中的机械火花；选项 C 点火源是汽油在塑料桶内摇晃产生的静电火花；选项 D 点火源为榔头敲击钎子发生的机械火花。

42.【答案】D

【解析】考查屏护装置须符合的安全条件。遮栏高度不应小于 1.7 m，下部边缘离地面高度不应大于 0.1 m。户内栅栏高度不应小于 1.2 m；户外栅栏高度不应小于 1.5 m。

43.【答案】D

【解析】考查火灾探测器中的感光式火灾探测器。火灾探测器包括感光式火灾探测器、感烟式火灾探测器、感温式火灾探测器、可燃气体火灾探测器和复合式火灾探测器。感光式探测器适用于监视有易燃物质区域的火灾发生，特别适用于没有阴燃阶段的燃料火灾，故选项 A 错误，选项 D 正确。红外线波长较长，烟粒对其吸收和衰减能力较弱，致使有大量烟雾存在的火场，在距火焰一定距离内，仍可使红外线敏感元件感应，发出报警信号，故选项 B 错误。紫外火焰探测器适用于有机化合物燃烧的场合，特别适用于火灾初期不产生烟雾的场所，故选项 C 错误。

44.【答案】B

【解析】考查安全人机工程中的色彩环境。对引起眼睛疲劳而言，蓝、紫色最甚，红、橙色次之，黄绿、绿、绿蓝等色调不易引起视觉疲劳且认读速度快、准确度高。

45.【答案】A

【解析】考查人机系统的可靠度计算。两人监控并联工作的系统异常状况时 $R=[1-(1-$

$R_1)(1-R_2)]\cdot R_m$，R_1、R_2 表示两人的可靠度，R_m 表示机器的可靠度，代入计算得 $R=[1-(1-0.9)(1-0.9)]\cdot 0.98=0.9702$。

46.【答案】A

【解析】考查危险物质的主要性能参数。火灾爆炸事故可能有多种引火源，包括明火、静电、雷电等，只要点火源能量达到火灾爆炸的初始能量，就能够引燃引爆系统。最小引燃能量是在规定的试验条件下，能使爆炸性混合物燃爆所需最小电火花的能量。例如，甲烷的最小引燃能量为0.33 mJ，乙炔的为0.02 mJ等，故选项A正确。

47.【答案】D

【解析】考查电流对人体的作用。小电流对人体的作用主要表现为生物学效应，给人以不同程度的刺激，使人体组织发生变异。电流对机体除直接起作用外，还可能通过中枢神经系统起作用，故选项A错误，选项D正确。数十至数百毫安的小电流通过人体短时间使人致命的最危险的原因是引起心室纤维性颤动。呼吸麻痹和中止、电休克虽然也可能导致死亡，但其危险性比引起心室纤维性颤动的危险性小得多。发生心室纤维性颤动时，心脏每分钟颤动1000次以上，但幅值很小，而且没有规则，血液实际上中止循环，如抢救不及时，数秒钟至数分钟将由诊断性死亡转为生物性死亡，故选项B、C错误。

48.【答案】D

【解析】考查防雷装置。避雷针(接闪杆)、避雷线、避雷网和避雷带都可作为接闪器，建筑物的金属屋面可作为第一类工业建筑物以外其他各类建筑物的接闪器，用金属屋面做接闪器时，金属板之间的搭接长度不得小于100 mm，故选项A错误。独立避雷针的冲击接地电阻一般不应大于10 Ω；附设接闪器每一引下线的冲击接地电阻一般也不应大于10 Ω，但对于不太重要的第三类建筑物可放宽至30 Ω，故选项B错误。独立避雷针是离开建筑物单独装设的。一般情况下，其接地装置应当单设，故选项C错误。避雷器装设在被保护设施的引入端，故选项D正确。

49.【答案】D

【解析】考查人的心理特性。人的心理特性包括能力、性格、需要与动机、情绪与情感、意志等方面。

50.【答案】B

【解析】考查人机系统。在自动化系统中，以机为主体，机器的正常运转完全依赖于闭环系统的机器自身的控制，人只是一个监视者和管理者，监视自动化机器的工作。只有在自动控制系统出现差错时，人才进行干预，采取相应的措施。该系统的安全性主要取决于机器的本质安全性、机器的冗余系统是否失灵以及人处于低负荷时的应急反应变差等情形，故选项B正确。

51.【答案】B

【解析】考查烟花爆竹、烟火药生产的安全措施。直接接触烟火药的工序应按规定设置防静电装置，并采取增加湿度等措施，以减少静电积累。手工直接接触烟火药的工序应使用铜、铝、木、竹等材质的工具，不应使用铁器、瓷器和不导静电的塑料、化纤材料等工具盛装、掏挖、装筑(压)烟火药；盛装烟火药时药面应不超过容器边缘，故本题正确选项为B。

52.【答案】A

【解析】考查防火防爆安全装置及技术。火星熄灭器熄火的基本方法主要有以下几种：①当烟气由管径较小的管道进入管径较大的火星熄灭器中，致使流速减慢、压力降低，烟气中携带的体积、质量较大的火星就会沉降下来，故选项A错误。②在火星熄灭器中设置网格等障碍物，将较大、较重的火星挡住，故选项B正确；或者采用设置旋转叶轮等方法改变烟气流动方向，增加烟气所走的路程，以加速火星的熄灭或沉降，故选项C正确。③用喷水或通水蒸气的方法熄灭火星，故选项D正确。

53.【答案】A

【解析】考查粉尘爆炸的特征及影响因素。评价粉尘爆炸危险性的主要特征参数是爆炸极限、最小点火能量、最低着火温度、粉尘爆炸压力及压力上升速率。粉尘爆炸极限不是固定不变的，它的影响因素主要有粉尘粒度、分散度、湿度、点火源的性质、可燃气含量、氧含量、温度、惰性粉尘和灰分等。一般来说，粉尘粒度越细，分散度越高，可燃气体和氧的含量越高，火源强度、初始温度越高，湿度越低，惰性粉尘及灰分越少，爆炸极限范围越大，粉尘爆炸危险性也就越大。粉尘爆炸压力及压力上升速率$\left(\frac{dp}{dt}\right)$主要受粉尘粒度、初始压力、粉尘爆炸容器、湍流度等因素的影响。粒度对粉尘爆炸压力上升速率的影响比其对粉尘爆炸压力的影响大得多。当粉尘粒度越细，比表面越大，反应速度越快，爆炸上升速率就越大。随着初始压力的增大，对密闭容器的粉尘爆炸压力及压力上升速率也增大，当初始压力低于压力极限时（如数十毫巴），粉尘则不再可能发生爆炸。与可燃气爆炸一样，容器尺寸会对粉尘爆炸压力及压力上升速率有很大的影响。粉尘爆炸在管道中传播碰到障碍片时，因湍流的影响，粉尘呈漩涡状态，使爆炸波阵面不断加速。当管道长度足够长时，甚至会转化为爆轰。

54.【答案】B

【解析】考查烟花爆竹生产企业生产设施应当符合的安全生产条件。A1级建筑物应设有安全防护屏障。A2级建筑物应单人单栋使用。A3级建筑物应单人单间使用，并且每栋同时作业人员的数量不得超过2人。C级建筑物的人均使用面积不得少于3.5 m^2。故本题正确答案为B。

55.【答案】C

【解析】考查接地装置。自然接地体是用于其他目的，但与土壤保持紧密接触的金属导体。例如，埋设在地下的金属管道（有可燃或爆炸性介质的管道除外）、金属井管、与大地有可靠连接的建筑物的金属结构、水工构筑物及类似构筑物的金属管、桩等自然导体均可用作自然接地体。当自然接地体的接地电阻符合要求时，可不敷设人工接地体（发电厂和变电所除外）。在利用自然接地体的情况下，应考虑到自然接地体拆装或检修时，接地体被断开，断口处出现的电位差及接地电阻发生变化的可能性。自然接地体至少应有两根导体在不同地点与接地网相连（线路杆塔除外）。交流电气设备应优先利用自然导体作接地线。在非爆炸危险环境，如自然接地线有足够的截面，可不再另行敷设人工接地线。非经允许，接地线不得作其他电气回路使用。不得利用蛇皮管、管道保温层的金属外皮或金属网以及电缆的金属护层作接地线。为了减少自然因素对接地电阻的影响，接地体上端离地面深度不应小于0.6 m（农田地带不应小于1 m）并应在冰冻层以下。接地体宜避开人行道和建筑物出入口附近。接地体的引出导体应引出地面0.3 m以上。接地体离独立避雷针接地体之间的地下水平距离不得小于3 m；离建筑物墙基之间的地下水平距离不得小于1.5 m。故本题正确选项为C。

56.【答案】B

【解析】考查漏电保护。属于Ⅰ类的移动式电气设备及手持式电动工具；生产用的电气设备；施工工地的电气机械设备；安装在户外的电气装置；临时用电的电气设备；机关、学校、宾馆、饭店、企事业单位和住宅等除壁挂式空调电源插座外的其他电源插座或插座回路；游泳池、喷水池、浴池的电气设备；安装在水中的供电线路和设备；医院中可能直接接触人体的电气医用设备等均必须安装漏电保护装置。对于公共场所的通道照明电源和应急照明电源、消防用电梯及确保公共场所安全的电气设备、用于消防设备的电源（如火灾报警装置、消防水泵、消防通道照明等)、用于防盗报警的电源,以及其他不允许突然停电的场所或电气装置的电源,漏电时立即切断电源将会造成其他事故或重大经济损失。在这些情况下,应装设不切断电源的报警式漏电保护装置。从防止触电的角度考虑,使用特低电压供电的电气设备、一般环境条件下使用的具有双重绝缘或加强绝缘结构的电气设备、使用隔离变压器且二次侧为不接地系统供电的电气设备,以及其他没有漏电危险和触电危险的电气设备可以不安装漏电保护装置,故本题正确选项为 B。

57.【答案】C

【解析】考查带锯机安全技术。带锯机操控机构的要求:①启动按钮应设置在能够确认锯条位置状态、便于调整锯条的位置上。②启动按钮应灵敏、可靠,不应因接触振动等原因而产生误动作。③上锯轮机动升降机构应与锯机启动操纵机构连锁;下锯轮应装有能对运转进行有效制动的装置。④必须设置急停控制按钮。故选项 C 为错误选项。

58.【答案】A

【解析】考查安全电压。安全电压限值是在任何情况下,任意两导体之间都不得超过的电压值。中国标准规定,工频安全电压有效值的限值为 50 V,直流安全电压的限值为 120 V。对于电动儿童玩具及类似电器,当接触时间超过 1 s 时,推荐干燥环境中工频安全电压有效值的限值取 33 V,直流安全电压的限值取 70 V;潮湿环境中工频安全电压有效值的限值取 16 V,直流安全电压的限值取 35 V。我国规定工频有效值的额定值有 42 V、36 V、24 V、12 V 和 6 V。凡特别危险环境使用的手持电动工具应采用 42 V 安全电压的Ⅲ类工具;凡有电击危险环境使用的手持照明灯和局部照明灯应采用 36 V 或 24 V 安全电压;金属容器内、隧道内、水井内以及周围有大面积接地导体等工作地点狭窄、行动不便的环境应采用 12 V 安全电压;6 V 安全电压用于特殊场所。当电气设备采用 24 V 以上安全电压时,必须采取直接接触电击的防护措施。

59.【答案】B

【解析】考查物质爆炸浓度极限。能发生爆炸的最低浓度称为爆炸下限;能发生爆炸的最高浓度称为爆炸上限。用爆炸上限、下限之差与爆炸下限之比值表示其危险度 H,即 $H=(L_上-L_下)/L_下$。一般情况下,H 值越大,表示可燃性混合物的爆炸极限范围越宽,爆炸危险性越大。本题实质考查的是根据题干表格算出各物质的危险度值,进而进行比较。选项 A 丁烷危险度 $H=(8.5-1.5)/1.5=4.7$;选项 B 氢气危险度 $H=(75.0-4.0)/4.0=17.75$;选项 C 乙烯危险度 $H=(34.0-2.8)/2.8=11.14$;选项 D 一氧化碳危险度 $H=(74.5-12.0)/12.0=5.21$。故危险度最高者为氢气,危险度越大,危险性越大,本题正确选项为 B。

60.【答案】A

【解析】考查爆炸控制五种措施中的厂房通风措施。在生产过程中,应根据可燃易燃物质的燃烧爆炸特性,以及生产工艺和设备等条件,采取有效措施,预防在设备和系统里或在其周围形成爆炸性混合物。这类措施主要有设备密闭、厂房通风、惰性介质保护、以不燃溶剂代替可燃溶剂、危险物品隔离储存等。要使设备达到绝对密闭是很难办到的,总会有一些可燃气体、蒸气或粉尘从设备系统中泄漏出来,而且生产过程中某些工艺(如喷漆)会大量释放可燃性物质。因此,必须用通风的方法使可燃气体、蒸气或粉尘的浓度不致达到危险的程度,一般应控制在爆炸下限 1/5 以下。如果挥发物既有爆炸性又对人体有害,其浓度应同时控制到满足《工业企业设计卫生标准》的要求。因此本题正确选项为 A。

61.【答案】A

【解析】考查压力管道事故中的蠕变破坏。在一定的高温环境下,即使钢所受到的拉应力低于该温度下的屈服强度,也会随时间的延长而发生缓慢持续的伸长,即发生钢的蠕变现象。材料长期发生蠕变，使得性能下降或产生蠕变裂纹，最终造成破坏失效。蠕变断口可能因长期在高温下被氧化或腐蚀，表面被氧化层或其他腐蚀物覆盖。宏观上还有一个重要特征，即因长期蠕变，致使管道在直径方向有明显的变形：并伴有许多沿径线方向的小蠕变裂纹，甚至出现表面龟裂，或穿透壁厚而泄漏，或引起破裂事故。常见的管道蠕变断裂包括：管道焊缝熔合线处蠕变开裂；运行中管道沿轴向开裂；三通焊缝部位蠕变失效。故正确选项为 A。

62.**【答案】**B

【解析】考查安全阀与爆破片装置的组合。安全阀与爆破片组合装置分为两个大类，即串联组合装置和并联组合装置，其中串联组合装置中又分为两种。安全阀与爆破片装置并联组合时，爆破片的标定爆破压力不得超过容器的设计压力。安全阀的开启压力应略低于爆破片的标定爆破压力。当安全阀进口和容器之间串联安装爆破片装置时，应满足下列条件：①安全阀和爆破片装置组合的泄放能力应满足要求。②爆破片破裂后的泄放面积应不小于安全阀进口面积，同时应保证爆破片破裂的碎片不影响安全阀的正常动作。③爆破片装置与安全阀之间应装设压力表、旋塞、排气孔或报警指示器，以检查爆破片是否破裂或渗漏。当安全阀出口侧串联安装爆破片装置时，应满足下列条件：①容器内的介质应是洁净的，不含有胶着物质或阻塞物质。②安全阀泄放能力应满足要求。③当安全阀与爆破片之间存在背压时，阀仍能在开启压力下准确开启。④爆破片的泄放面积不得小于安全阀的进口面积。⑤安全阀与爆破片装置之间应设置放空管或排污管，以防止该空间的压力累积。故正确选项为 B。

63.**【答案】**C

【解析】考查起重机械分类。起重机械可分为桥架类起重机和臂架类起重机。桥架类起重机是取物装置悬挂在可沿桥梁架运行的起重小车或运行式葫芦上的起重机。桥架类起重机是桥式起重机和门式起重机的统称，桥架类起重机有桥式、门式、绳索式起重机。臂架类起重机是取物装置悬挂在臂架上或沿臂架运行的小车上的起重机，臂架类起重机有流动式、塔式、门座式起重机。故正确选项为 C。

64.**【答案】**D

【解析】考查叉车的安全操作技术。叉装物件时，被装物件重量应在该机允许载荷范围内。当物件重量不明时，应将该物件叉起离地 100 mm 后检查机械的稳定性，确认无超载现象后，方可运送，故本题正确选项为 D。

65.**【答案】**C

【解析】考查压力容器的分类。按容器在生产中的作用将压力容器分为反应压力容器、换热压力容器、分离压力容器、储存压力容器。反应压力容器主要是用于完成介质的物理、化学反应的压力容器，如各种反应器、分解锅、聚合釜、合成塔、反应釜、硫化罐、变换炉、蒸煮锅、蒸球、高压釜、蒸压釜、煤气发生炉等。换热压力容器主要是用于完成介质的热量交换的压力容器，如各种热交换器、冷却器、冷凝器、蒸发器等。分离压力容器主要是用于完成介质的流体压力平衡缓冲和气体净化分离的压力容器，如各种分离器、过滤器、集油器、洗涤器、吸收塔、干燥塔、汽提塔、分汽缸、除氧器等。储存压力容器主要是用于储存、盛装气体、液体、液化气体等介质的压力容器，如各种型式的储罐、缓冲罐、消毒锅、印染机、供缸、蒸锅等。故本题正确选项为 C。

66.**【答案】**D

【解析】考查铸造作业安全技术措施。选项 A 浇包盛铁水不得超过容积的 80%属于工艺操作中浇注作业的要求；选项 B 球磨机的旋转滚筒应设在全封闭罩内属于除尘措施，不属于工艺安全技术措施；选项 C 大型铸造车间的砂处理工段应布置在单独的厂房属于工艺布置；选项 D 萤石为氟化钙，只是作为一种炼钢的溶剂，改善炉渣的流动性，会使炉渣的反应增强，在冲天炉或者中频炉内加入后，会使炉衬的腐蚀速度增加。冲天炉熔炼不宜加萤石属于工艺方法。

67.**【答案】**A

【解析】考查废弃物销毁。①固体废弃物的处置包括：ⓐ危险废弃物。使危险废弃物无害化采用的方法是使它们变成高度不溶性的物质，也就是固化/稳定化的方法。目前常用的固化/稳定化方法有：水泥固化、石灰固化、塑性材料固化、有机聚合物固化、自凝胶固化、熔融固化和陶瓷固化。ⓑ工业固体废弃物。工业固体废弃物是指在工业、交通等生产过程中产生的固体废弃物。一般工业废弃物可以直接进入填埋场进行填埋。对于粒度很小的固体废弃物，为了防止填埋过程中引起粉尘污染，可装入编织袋后填埋。②爆炸性物品的销毁。凡确认不能使用的爆炸性物品，必须予以销毁，在销毁以前应报告当地公安部门，选择适当的地点、时间及销毁方法。一般可采用以下 4 种方法：爆炸法、烧毁法、溶解法、化学分解法。③有机过氧化物废弃物处理。有机过氧化物是一种易燃、易爆品。其废弃物应从作业场所清除并销毁，其方法主要取决于该过氧化物的物化性质，根据其特性选择合适的方法处理，以免发生意外事故。处理方法主要有分解、烧毁、填埋。本题正确选项为 A。

68.**【答案】**C

【解析】考查压力容器安全技术。根据《压力容器定期检验规则》(TSG R7001)，压力容器一般应当于投用满 3 年时进行首次全面检查，下次的全面检查周期，由检验机构根据本次全面检查的结果确定：①安全状况 1 级、2 级的，一般每 6 年一次；②安全状况为 3 级的，一般 3～6 年一次；③安全状况为 4 级的，应当监控使用，其检验周期由检验机构确定，累计监控使用时间不得超过 3 年。

69.**【答案】**A

【解析】考查低压保护电器的特点和性能。熔断器是将易熔元件串联在线路上，遇到短路电流时迅速熔断来实施保护的保护电器，故选项 A 正确。热继电器的核心元件是热元件，利用电流的热效应实施保护作用。当热元件温度达到设定值时迅速动作，并通过控制触头断开主电路。有些热继电器在一次电路缺相时也能动作，起缺相保护作用，故选项 B 错误。热继电器和热脱扣器的热容量较大，动作延时也较大，只宜用于过载保护，不能用于短路保护，故选项 C 错误。由于易熔元件的热容量小，动作很快，熔断器可用做短路保护元件；在有冲击电流出现的线路上，熔断器不可用做过载保护元件，故选项 D 错误。

70.**【答案】**C

【解析】考查压力容器运行期间的检查。对运行中的容器进行检查，包括工艺条件、设备状况以及安全装置等方面。在工艺条件方面，主要检查操作压力、操作温度、液位是否在安全操作规程规定的范围内，容器工作介质的化学组成。在设备状况方面，主要检查各连接部位有无泄漏、渗漏现象，容器的部件和附件有无塑性变形、腐蚀以及其他缺陷或可疑迹象，容器及其连接管道有无振动、磨损等现象。在安全装置方面，主要检查安全装置以及与安全有关的计量器具是否保持完好状态。容器材质裂化情况不属于运行期间检查的项目，故选项 C 错误。

二、多项选择题

71.**【答案】**ABC

【解析】考查锅炉使用安全技术。锅炉启动步骤包括：①检查准备；②上水；③烘炉；④煮炉；⑤点火升压；⑥暖管与并汽。新装、移装、大修或长期停用的锅炉，其炉膛和烟道的墙壁非常潮湿，一旦骤然接触高温烟气，将会产生裂纹、变形，甚至发生倒塌事故。为防止此种情况发生，此类锅炉在上水后，启动前要进行烘炉，故选项 A 正确，选项 D 错误。并汽前应减弱燃烧，打开蒸汽管道上的所有疏水阀，充分疏水以防水击；冲洗水位表，并使水位维持在正常水位线以下；使锅炉的蒸汽压力稍低于蒸汽母管内气压，缓慢打开主汽阀及隔绝阀，使新启动锅炉与蒸汽母管连通，故选项B正确。一般锅炉上水后即可点火升压。点火方法因燃烧方式和燃烧设备而异。层燃炉一般用木材引火，严禁用挥发性强烈的油类或易燃物引火，以免造成爆炸事故。对于自然循环锅炉来说，其升压过程与日常的压力锅升压相似，即锅内压力是由烧火加热产生的，升压过程与受热过程紧紧地联系在一起。为了防止炉膛爆炸，点火前开动引风机给锅炉通风5～10 min，没有风机的可自然通风5～10 min，以清除炉膛及烟道中的可燃物质。点燃气、油、煤粉炉时，应先送风，之后投入点燃火炬，最后送入燃料。一次点火未成功需重新点燃火炬时，一定要在点火前给炉膛烟道重新通风，待充分清除可燃物之后再进行点火操作，故选项C正确。对省煤器的保护措施是：对钢管省煤器，在省煤器与锅筒间连接再循环管，在点火升压期间，将再循环管上的阀门打开，使省煤器中的水经锅筒、再循环管（不受热）重回省煤器，进行循环流动。但在上水时应将再循环管上的阀门关闭，故选项E错误。

72.**【答案】**ACD

【解析】考查危险化学品的类别划分。根据《化学品分类和危险性公示通则》（GB 13690），将危险化学品分为物理危险、健康危险及环境危险三大类，28小类。其中物理危险类包括爆炸物、易燃气体、气溶胶、氧化性气体、加压气体、易燃液体、易燃固体、自反应物质和混合物、自燃液体、自燃固体、自热物质和混合物、遇水放出易燃气体的物质和混合物、氧化性液体、氧化性固体、有机过氧化物、金属腐蚀物16小类；健康危险类包括急性中毒、皮肤腐蚀/刺激、严重眼损伤/眼刺激、呼吸或皮肤过敏、生殖细胞致突变性、致癌性、生殖毒性、特异性靶器官系统毒性——一次接触、特异性靶器官系统毒性——反复接触、吸入危险10小类；环境危险类包括危害水生环境——急性及危害水生环境——慢性、危害臭氧层2小类。金属腐蚀和有机过氧化物属于物理危险分类，其余属于健康危害类，故本题正确选项为ACD。

73.**【答案】**BCDE

【解析】考查防爆电气线路。电气线路宜在爆炸危险性较小的环境或远离释放源的地方敷设。当可燃物质比空气重时，电气线路宜在较高处敷设或直接埋地，选项A中的电缆沟敷设不是埋地敷设，故选项A错误。敷设电气线路的沟道以及保护管、电缆或钢管在穿过爆炸危险环境等级不同的区域之间的隔墙或楼板时，应用非燃性材料严密堵塞。选项B中的PVC管线属于保护管的形式，采取隔离封堵的要求指穿越隔墙时采用非燃性材料严密堵塞，故选项B正确。在1区内电缆线路严禁有中间接头，在2区、20区、21区内不应有中间接头，故选项C正确。钢管配线可采用无护套的绝缘单芯或多芯导线，故选项D正确。电气线路宜在有爆炸危险的建、构筑物的墙外敷设，选项E正确。

74.**【答案】**ABCD

【解析】考查爆炸破坏作用。本题题干中设置的黑火药在容器内爆炸仅仅是一个爆炸场景，实质是考查爆炸有哪些破坏作用。爆炸破坏作用包括冲击波、碎片冲击、震荡作用、次生事故、有毒气体。有了以上的破坏作用就可以推导出所造成的对应毁伤或者伤害，故本题正确选项有A、B、C、D。

75.**【答案】**ADE

【解析】考查叉车运行系统及控制系统。注意本题在教材中无对应内容。根据《场（厂）内专用机动车辆安全技术监察规程》（TSG N0001），对叉车的传动系统有以下要求：①机械传动叉车，换挡应当有同步器；②液力传动叉车，应当具有微动功能；③静压传动叉车，只有处于制动状态时才能启动发动机，故选项D、E正确。对叉车的一般要求包括：蓄电池场车的控制系统应当具有欠电压、过电压、过电流和过热保护功能，故选项A正确，选项C错误；蓄电池场车的电气系统应当采用双线制，保证良好的绝缘，控制部分应当可靠，故选项 B 错误。

76.【答案】ABE

【解析】考查泄漏控制与销毁处置技术中的火灾控制。扑救遇湿易燃物品火灾时，绝对禁止用水、泡沫、酸碱等湿性灭火剂扑救，故选项 A 正确。固体遇湿易燃物品应使用水泥、干砂、干粉、硅藻土等覆盖。对镁粉、铝粉等粉尘，切忌喷射有压力的灭火剂，以防止将粉尘吹扬起来，引起粉尘爆炸，故选项 B 正确。扑救爆炸物品火灾时，切忌用沙土盖压，故选项 C 错误。扑救气体类火灾时，切忌盲目扑灭火焰，在没有采取堵漏措施的情况下，必须保持稳定燃烧。否则，大量可燃气体泄漏出来与空气混合，遇点火源就会发生爆炸，造成严重后果，选项 D 错误。扑救爆炸物品堆垛火灾时，水流应采用吊射，避免强力水流直接冲击堆垛，故选项 E 正确。

77.【答案】BC

【解析】考查爆炸控制。向可燃气体、蒸汽或粉尘与空气的混合物中加入惰性气体，可以达到两种效果，一是缩小甚至消除爆炸极限范围，二是将混合物冲淡。氮气等惰性气体在使用前应经过气体分析，其中含氧量不得超过 2%，选项 B、C 正确。

78.【答案】BCDE

【解析】考查灭火器种类及其使用范围。干粉灭火器以液态二氧化碳或氮气作动力，将灭火器内干粉灭火剂喷出进行灭火。该类灭火器主要通过抑制作用灭火，按使用范围可分为普通干粉和多用干粉两大类。普通干粉也称 BC 干粉，是指碳酸氢钠干粉、改性钠盐、氨基干粉等，主要用于扑灭可燃液体、可燃气体以及带电设备火灾。多用干粉也称 ABC 干粉，是指磷酸铵盐干粉、聚磷酸铵干粉等，它不仅适用于扑救可燃液体、可燃气体和带电设备的火灾，还适用于扑救一般固体物质火灾，但都不能扑救轻金属火灾。

79.【答案】ACE

【解析】考查锻造安全技术措施。启动装置的结构应能防止锻压机械意外地开动或自动开动。较大型的空气锤或蒸汽-空气自由锤一般是用手柄操纵的，应该设置简易的操作室或屏蔽装置。模锻锤的脚踏板应置于某种挡板之下，操作者需将脚伸入挡板内进行操纵。设备上使用的模具都必须严格按照图样上提出的材料和热处理要求进行制造，紧固模具的斜楔应经退火处理，锻锤端部只允许局部淬火，端部一旦卷曲，则应停止使用或修复后再使用，故选项 A 正确，选项 D 错误。新安装和经过大修理的锻压设备应该根据设备图样和技术说明书进行验收和试验，选项 B 错误。高压蒸汽管道上必须装有安全阀和凝结罐，以消除水击现象，降低突然升高的压力，选项 C 正确。安全阀的重锤必须封在带锁的锤盒内，选项 E 正确。

80.【答案】ABE

【解析】考查人机特性比较。人能根据情境改变工作方法，能学习和适应环境，能应付意外事件和排除故障，有良好的优化决策能力。而机器应对偶然事件的程序非常复杂，均需要预先设定，任何高度复杂的自动系统都离不开人的参与。故人适合承担系统运行的监督控制、机器设备的维修与保养以及意外事件的应急处理，本题正确答案为 ABE。

81.【答案】ABD

【解析】考查燃烧爆炸的分类。简单分解爆炸是指引起简单分解的爆炸物，在爆炸时并不一定发生燃烧反应，其爆炸所需要的热量是由爆炸物本身分解产生的。属于这一类的有乙炔银、叠氮化铅等物质，受轻微振动即可能引起爆炸，十分危险。此外，还有些可爆炸气体在一定条件下，特别是在受压情况下，能发生简单分解爆炸。例如，乙炔、环氧乙烷等在压力下的分解爆炸，故本题正确答案为 ABD。复杂分解爆炸物的危险性较简单分解爆炸物稍低。其爆炸时伴有燃烧现象，燃烧所需的氧由本身分解产生。例如，梯恩梯、黑索金等。爆炸性混合物爆炸是指所有可燃性气体、蒸气、液体雾滴及粉尘与空气(氧)的混合物发生的爆炸。这类混合物的爆炸需要一定的条件,如混合物中可燃物浓度、含氧量及点火能量等。实际上,这类爆炸就是可燃物与助燃物按一定比例混合后遇具有足够能量的点火源发生的带有冲击力的快速燃烧。

82.**【答案】**BDE

【解析】考查木工平刨床安全技术。平刨床遮盖式安全装置的安全技术要求如下:①非工作状态下,护指键(或防护罩)必须在工作台面全宽度上盖住刀轴,选项 B 正确。②刨削时仅打开与工件等宽的相应刀轴部分,其余的刀轴部分仍被遮盖。未打开的护指键或护罩部分必须能自锁或被锁紧,选项 D 正确。③应有足够的强度与刚度。整体护罩或全部护指键应承受 1 kN 径向压力,发生径向位移时,位移后与刀刃的剩余间隙要大于 0.5 mm,选项 E 正确。④安全装置闭合灵敏,从接到闭合指令开始到护指键或防护罩关闭为止,闭合时间不得大于 80 ms。爪形护指键式的相邻键间距应小于 8 mm,选项 C 错误。⑤装置不得涂耀眼颜色,不得反射光泽,选项 A 错误。

83.**【答案】**AB

【解析】考查触电事故中的电伤。

电弧烧伤是由弧光放电造成的烧伤,是最危险的电伤。电弧温度高达 8000 ℃,可造成大面积、大深度的烧伤,甚至烧焦、烧毁四肢及其他部位。发生弧光放电时,熔化了的炽热金属飞溅出来还会造成烫伤。高压电弧和低压电弧都能造成严重烧伤。高压电弧的烧伤更为严重一些,选项 A 属于电弧烧伤。

电流灼伤是电流通过人体由电能转换成热能造成的伤害。电流越大、通电时间越长、电流途径上的电阻越大,电流灼伤越严重。

皮肤金属化是电弧使金属熔化、气化,金属微粒渗入皮肤造成的伤害,选项 B 属于皮肤金属化。

电烙印是电流通过人体后在人体与带电体接触的部位留下的永久性斑痕。

电气机械性伤害是电流作用于人体时,由于中枢神经强烈反射和肌肉强烈收缩等作用造成的机体组织断裂、骨折等伤害,选项 E 不是由于电流使肌肉强烈收缩而导致的组织断裂和骨折,不属于电气机械性伤害。

电光眼是发生弧光放电时,由红外线、可见光、紫外线对眼睛的伤害。

84.**【答案】**ABC

【解析】考查绝缘破坏中的绝缘击穿。当施加于绝缘材料上的电场强度高于临界值时,绝缘材料发生破裂或分解,电流急剧增加,完全失去绝缘性能。这种现象就是绝缘击穿。气体绝缘击穿是由碰撞电离导致的电击穿。气体击穿后绝缘性能会很快恢复。气体的平均击穿场强随着电场不均匀程度的增加而下降,故选项 A 正确。气体绝缘的击穿特性与其纯净程度有关。纯净液体的击穿也是由碰撞电离最后导致的电击穿,选项 B 正确。固体绝缘的击穿有电击穿、热击穿、电化学击穿、放电击穿等击穿形式。固体电击穿也是碰撞电离导致的击穿。电击穿的特点是作用时间短、击穿电压高。热击穿是同体绝缘温度上升、局部熔化、烧焦或烧裂导致的击穿。热击穿的特点是电压作用时间较长,而击穿电压较低。电化学击穿是由于电离、发热和化学反应等因素综合作用造成的击穿。电化学击穿的特点是电压作用时间很长、击穿电压往往很低。放电击穿是固体绝缘在强电场作用下,内部气泡首先发生碰撞电离而放电,继而加热其他杂质,使之汽化形成气泡,由气泡放电进一步发展导致的击穿。除上述放电外,还可能发生沿绝缘固体与气体分界面的所谓沿面放电。当沿面放电发展到另一电极时称之为闪络。故选项 C 正确,选项 D、E 错误。

85.【答案】BCE

【解析】考查起重机械使用安全管理中的每日检查。起重机械检查方面，使用单位应进行起重机械的自我检查、每日检查、每月检查和年度检查。其中每日检查在每天作业前进行，应检查各类安全装置、制动器、操纵控制装置、紧急报警装置，轨道的安全状况，钢丝绳的安全状况。检查发现有异常情况时，必须及时处理，严禁带病运行。动力系统控制装置和机械零部件安全情况属于每月检查的内容。故正确答案为BCE。

2020 年考试真题与解析

2020 年考试真题

一、单项选择题(共 70 题,每题 1 分。每题的备选项中,只有 1 个最符合题意)

1. 机械使用过程中的危险可能来自机械设备和工具自身、原材料、工艺方法和使用手段等多方面,危险因素可分为机械性危险因素和非机械性危险因素。下列危险因素中,属于非机械性的是(　　)。

A. 挤压　　B. 碰撞　　C. 冲击　　D. 噪声

2. 安全保护装置是通过自身结构功能限制或防止机器某种危险,从而消除或减少风险的装置。常见种类包括连锁装置、能动装置、敏感保护装置、双手操作式装置、限制装置等。关于安全保护装置功能的说法,正确的是(　　)。

A. 连锁装置是防止危险机器功能在特定条件下停机的装置

B. 限制装置是防止机器或危险机器状态超过设计限度的装置

C. 能动装置是与停机控制一起使用的附加手动操纵装置

D. 敏感保护装置是探测周边敏感环境并发出信号的装置

3. 某工厂为了扩大生产能力,在新建厂房内需安装一批设备,有大、中、小型机床若干,安装时要确保机床之间的间距符合《机械工业职业安全卫生设计规范》(JBJ 18)。其中,中型机床之间操作面间距应不小于(　　)。

A. 1.1 m　　B. 1.3 m　　C. 1.5 m　　D. 1.7 m

4. 砂轮装置由砂轮、主轴、卡盘和防护罩组成,砂轮装置的安全与其组成部分的安全技术要求直接相关。关于砂轮装置各组成部分安全技术要求的说法,正确的是(　　)。

A. 砂轮主轴端部螺纹旋向应与砂轮工作时的旋转方向一致

B. 一般用途的砂轮卡盘直径不得小于砂轮直径的 1/5

C. 卡盘与砂轮侧面的非接触部分应有不小于 1.5 mm 的间隙

D. 砂轮防护罩的总开口角度一般不应大于 120°

5. 剪板机因其具有较大危险性,必须设置紧急停止按钮,其安装位置应便于操作人员及时操作。紧急停止按钮一般应设置在(　　)。

A. 剪板机的前面和后面　　B. 剪板机的前面和右侧面

C. 剪板机的左侧面和后面　　D. 剪板机的左侧面和右侧面

6. 危险化学品燃烧爆炸事故具有严重的破坏效应,其破坏程度与危险化学品的数量和性质、燃烧爆炸时的条件以及位置等因素有关。关于燃烧爆炸过程和效应的说法,正确的是(　　)。

A. 火灾损失随着时间的延续迅速增加,大约与时间的平方成比例

B. 爆炸过程时间很短,往往瞬间完成,因此,爆炸毁伤的范围相对较小

C. 爆炸会产生冲击波，冲击波造成的破坏主要由高温气体快速升温引起

D. 爆炸事故产生的有毒气体，因为爆炸伴随燃烧，会使气体毒性降低

7. 劳动者在劳动过程中，因工作因素产生的精神压力和身体负担，不断积累可能导致精神疲劳和肌肉疲劳。关于疲劳的说法，错误的是(　　)。

A. 肌肉疲劳是指过度紧张的肌肉局部出现酸疼现象

B. 肌肉疲劳和精神疲劳可能同时发生

C. 劳动效果不佳是诱发精神疲劳的因素之一

D. 精神疲劳仅与大脑皮层局部区域活动有关

8. 毒性危险化学品通过人体某些器官或系统进入人体，在体内积蓄到一定剂量后，就会表现出中毒症状。下列人体器官或系统中，毒性危险化学品不能直接侵入的是(　　)。

A. 呼吸系统　　B. 神经系统　　C. 消化系统　　D. 人体表皮

9. 事故统计表明，不良的照明条件是发生事故的重要影响因素之一，事故发生的频率与工作环境照明条件存在着密切的关系。关于工作环境照明条件影响效应的说法，正确的是(　　)。

A. 合适的照明能提高近视力，但不能提高远视力

B. 视觉疲劳可通过闪光融合频率和反应时间来测定

C. 环境照明强度越大，人观察物体越清

D. 遇眩光时，眼睛瞳孔放大，视网膜上的照度增加

10. 安全电压既能防止间接接触电击，也能防止直接接触电击。安全电压通过采用安全电源和回路配置来实现。下列实现安全电压的技术措施中，正确的是(　　)。

A. 安全电压回路应与保护接地或保护接零线连接

B. 安全电压设备的插座应具有接地保护的功能

C. 安全隔离变压器二次侧不需装设短路保护元件

D. 采用安全隔离变压器作为特低电压的电源

11. 电气安全检测仪器包括绝缘电阻测量仪，接地电阻测量仪、谐波测试仪、红外测温仪、可燃气体检测仪等。下图所列电气安全检测仪器中，属于接地电阻测量仪的是(　　)。

A　　B　　C　　D

12. 手动进料圆锯机作业过程中可能存在因木材反弹抛射而导致的打击伤害。下列此类打击伤害安全防护装置中，手动进料圆锯机必须装设的是(　　)。

A. 止逆器　　B. 压料装置　　C. 侧向挡板　　D. 分料刀

13. 重复接地指PE线或PEN线上除工作接地外的其他点再次接地。关于重复接地作用的说法，正确的是(　　)。

A. 降低零线断开的故障率　　B. 加速线路保护装置的动作

C. 提高漏电设备的对地电压　　D. 不影响架空线路的防雷性能

14. 当有两组以上(含两组)无人操作的游乐设施在同轨道、专用车道运行时,应设置防止相互碰撞的自动控制装置和缓冲装置。其中,缓冲装置的核心部分是缓冲器,游乐设施常见的缓冲器分为蓄能型缓冲器和耗能型缓冲器。下列缓冲器中,属于耗能型缓冲器的是(　　)。

A. 弹簧缓冲器　　B. 聚氨酯缓冲器　　C. 油压缓冲器　　D. 橡胶缓冲器

15. 为保证烟花爆竹安全生产,生产过程中常采取增加湿度的措施或者湿法操作,然后再进行干燥处理。下列干燥工艺的安全要求中,错误的是(　　)。

A. 产品干燥不应与药物干燥在同一晒场(烘房)进行

B. 蒸汽干燥的烘房应采用肋形散热器

C. 摩擦类产品不应与其他类产品在同一晒场(烘房)干燥

D. 循环风干燥应有除尘设备并定期清扫

16. 安全泄压装置是在气瓶超压、超温时迅速泄放气体、降低压力的装置。气瓶的安全泄压装置应根据盛装介质、使用条件等选择安装。下列安全泄压装置中,机动车用压缩天然气气瓶应当选装的是(　　)。

A. 易熔合金塞装置

B. 爆破片-易熔合金塞串联复合装置

C. 爆破片装置

D. 爆破片-安全阀复合装置

17. 危险化学品经营实行许可制度,任何单位和个人均需要获得许可,方可经营危险化学品。根据《危险化学品安全管理条例》,下列行政管理程序中,办理危险化学品经营许可证不需要的是(　　)。

A. 申请　　B. 行政备案　　C. 审查　　D. 发证

18. 某化工厂对储罐进行清洗作业时,罐内作业人员突然晕倒,原因不明,现场人员需要佩戴呼吸道防毒劳动防护用品进行及时营救。下列呼吸道防毒劳动防护用品中,营救人员应该选择佩戴的是(　　)。

A. 自给式氧气呼吸器　　B. 头罩式面具

C. 双罐式防毒口罩　　D. 长管式送风呼吸器

19. 危险化学品爆炸按照爆炸反应物质分为简单分解爆炸、复杂分解爆炸和爆炸性混合物爆炸。关于危险化学品分解爆炸的说法,正确的是(　　)。

A. 简单分解爆炸或者复杂分解爆炸不需要助燃性气体

B. 简单分解爆炸一定发生燃烧反应

C. 简单分解爆炸需要外部环境提供一定的热量

D. 复杂分解爆炸物的危险性较简单分解爆炸物高

20. 叉车是常用的场(厂)内专用机动车辆,由于作业环境复杂,容易发生事故,因此,安全操作非常重要。下列叉车安全操作的要求中,错误的是(　　)。

A. 两辆叉车可以同时对一辆货车进行装卸作业

B. 叉车将物件提升离地后,后仰起落架方可行驶

C. 内燃机叉车进入易燃易爆仓库作业应保证通风良好

D. 不得使用叉车的货叉进行顶货、拉货作业

21. 危险化学品在生产、运输、储存、使用等经营活动中容易发生事故。根据《危险化学品安全管理条例》和《危险化学品经营企业安全技术基本要求》,下列危险化学品企业的经营行为中,正确的是(　　)。

A. 某企业安排未经过专业技术培训的人员从事危险化学品经营业务

B. 某企业将其危险化学品的经营场所设置在交通便利的城市边缘

C. 某企业将危险化学品存放在其批发大厅中的化学品周转库房中

D. 某企业为节省空间在其备货库房内将不同化学品整齐地堆放在一起

22. 烟花爆竹工厂的安全距离指危险性建筑物与周围建筑物之间的最小允许距离，包括外部距离和内部距离。关于外部距离和内部距离的说法，错误的是(　　)。

A. 工厂危险品生产区内的危险性建筑物与周围村庄的距离为外部距离

B. 工厂危险品生产区内危险性建筑物与厂部办公楼的距离为内部距离

C. 工厂危险品生产区内的危险性建筑物与本厂生活区的距离为外部距离

D. 工厂危险品生产区内危险性建筑物之间的距离为内部距离

23. 电力线路安全条件包括导电能力、力学强度、绝缘、间距、导线连接、线路防护和过电流保护、线路管理等。关于电力线路安全条件的说法，正确的是(　　)。

A. 导线连接处的绝缘强度不得低于原导线的绝缘强度的90%

B. 电力线路的过电流保护专指过载保护，不包括短路保护

C. 线路导线太细将导致其阻抗过大，受电端得不到足够的电压

D. 导线连接处的电阻不得大于原导线电阻的2倍

24. 使用单位除每年对在用起重机械进行1次全面检查外，在某些特殊情况下也应进行全面检查。下列特殊情况中，需要进行全面检查的是(　　)。

A. 遇4.2级地震灾害　　B. 起重机械停用半年以上

C. 发生一般起重机械事故　　D. 露天作业经受7级风力后

25. 火灾事故的发展过程分为初起期、发展期、最盛期、减弱至熄灭期。其中，发展期是火势由小到大发展的阶段。该阶段火灾热释放速率与时间的(　　)成正比。

A. 平方　　B. 立方　　C. 立方根　　D. 平方根

26. 间距是架空线路安全防护技术措施之一，架空线路之间及其与地面之间、与树木之间、与其他设施和设备之间均需保持一定的间距。关于架空线路间距的说法，错误的是(　　)。

A. 架空线路的间距须考虑气象因素和环境条件

B. 架空线路应与有爆炸危险的厂房保持必需的防火间距

C. 架空线路与绿化区或公园树木的距离不应小于3 m

D. 架空线路穿越可燃材料屋顶的建筑物时，间距更不应小于5 m

27. 根据《化学品分类和危险性公示 通则》(GB 13690)，压力下气体是指高压气体在压力等于或大于(　　)MPa(表压)下装入贮存器的气体，或是液化气体或是冷冻液化气体。

A. 0.1　　B. 0.2　　C. 0.3　　D. 0.4

28. 木材加工过程中，因加工工艺、加工对象、作业场所环境等因素，不仅存在切割、冲击、粉尘、火灾、爆炸等危险，还存在对作业人员造成危害的生物效应危险。下列木材加工人员呈现的症状中，不属于生物效应危险造成的是(　　)。

A. 皮肤症状　　B. 听力损伤　　C. 视力失调　　D. 过敏病状

29. 冲天炉、电炉是铸造作业中的常用金属冶炼设备，在冶炼过程会产生大量危险有害气体。下列危险有害气体中，属于电炉运行过程中产生的是(　　)。

A. 氢气　　B. 一氧化碳　　C. 甲烷　　D. 二氧化硫

30. 针对危险化学品泄漏及其火灾爆炸事故，应根据危险化学品的特性采用正确的处理措施和火灾控制措施。下列处理和控制措施中，正确的是(　　)。

A. 某工厂存放的遇湿易燃的碳化钙着火，库管员使用二氧化碳灭火器灭火

B. 某工厂甲烷管道泄漏着火，现场人员第一时间用二氧化碳灭火器灭火

C. 某工厂爆炸物堆垛发生火灾，巡检人员使用高压水枪喷射灭火

D. 某工厂储存的铝产品着火，现场人员使用二氧化碳灭火器灭火

31. 直接接触电击是触及正常状态下带电的带电体时发生的电击。间接接触电击是触及正常状态下不带电而在故障状态下意外带电的带电体时发生的电击。下列触电事故中，属于间接接触电击的是（　　）。

A. 作业人员在使用手电钻时，手电钻漏电发生触电

B. 作业人员在清扫配电箱时，手指触碰电闸发生触电

C. 作业人员在清扫控制柜时，手臂触到接线端子发生触电

D. 作业人员在带电抢修时，绝缘鞋突然被钉子扎破发生触电

32. 塔式起重机随着作业高度的提升，需要进行顶升作业。顶升作业过程中容易发生塔式起重机倾翻事故，因此，顶升作业需严格遵守安全操作规程。下列塔式起重机顶升作业的操作要求中，正确的是（　　）。

A. 标准节架应安装于过渡节之上　　B. 先连接标准节架，再退出引渡小车

C. 顶升套架应位于新装标准节架外侧　　D. 先拔出定位销，再连接标准节架

33. 烟花爆竹产品中的烟火药原料包括氧化剂、还原剂、黏合剂、添加剂等，原料的组成不仅决定其燃烧爆炸特性，还影响其安全稳定性。根据《烟花爆竹安全与质量》(GB 10631)，下列物质中，烟火药原料禁止使用的是（　　）。

A. 高氯酸钾　　B. 硝酸钾　　C. 氯酸钾　　D. 苯甲酸钾

34. 压力容器在使用过程中，由于压力温度、介质等工况条件的影响，可能导致材质劣化。根据《固定式压力容器安全技术监察规程》(TSG 21)，当对有材质劣化倾向的压力容器检验时，必须检测的项目是（　　）。

A. 强度　　B. 硬度　　C. 刚度　　D. 密度

35. 危险化学品贮存应采取合理措施预防事故发生。根据《常用危险化学品贮存通则》(GB 15603)，下列危险化学品贮存的措施中，正确的是（　　）。

A. 某工厂因危险化学品库房维护，将爆炸物品临时露天堆放

B. 高、低等级危险化学品一起贮存的区域，按低等级危险化学品管理

C. 某生产岗位员工未经培训，将其调整到危险化学品库房管理岗位

D. 某工厂按照危险化学品类别，采取隔离贮存、隔开贮存和分离贮存

36. 腐蚀性危险化学品及其相关废弃物应严格按照相关规定进行存放、使用、处理。下列针对腐蚀性危险化学品所采取的安全措施中，正确的是（　　）。

A. 某工厂要求存放腐蚀性危险化学品应注意容器的密封性，并保持室内通风

B. 某工厂采取填埋方法有效处理废弃的腐蚀性危险化学品

C. 某试验室要求将液态腐蚀性危险化学品存放在试剂柜的上层

D. 某工厂将腐蚀性危险化学品的废液经稀释后排入下水道

37. 客运架空索道的定期检验分为全面检验和年度检验。根据《客运索道监督检验和定期检验规则》(TSG S7001)，下列检验项目中，属于客运架空索道年度检验项目的是（　　）。

A. 空绳试验　　B. 重上空下试验　　C. 空载试验　　D. 重下空上试验

38. 铸造作业过程存在许多危险有害因素，发生事故的概率较大。为预防事故，通常会从工艺布置、工艺设备、工艺操作、建筑要求等方面采取相应的安全技术措施。下列铸造作业的安全技术措施中，错误的是（　　）。

A. 大型铸造车间的处理、清理工段布置在单独厂房内

B. 铸造车间熔化、烧注区和落砂、清理区设避风天窗

C. 浇包盛装铁水的体积不超过浇包容积的85%

D. 浇注时,所有与金属溶液接触的工具均需预热

39. 可燃气体的爆炸浓度极限范围受温度、压力、点火源能量等因素的影响。当其他因素不变、点火源能量大于某一数值时,点火源能量对爆炸浓度极限范围的影响较小。在测试甲烷与空气混合物的爆炸浓度极限时,点火源能量应选(　　)。

A. 2 J 以上　　B. 15 J 以上　　C. 20 J 以上　　D. 10 J 以上

40. 灭火剂是能够有效地破坏燃烧条件中止燃烧的物质。不同种类灭火剂的灭火机理不同,干粉灭火剂的灭火机理是(　　)。

A. 使链式燃烧反应中断　　B. 使燃烧物冷却、降温

C. 使燃烧物与氧气隔绝　　D. 使燃烧区内氧气浓度降低

41. 电气防火防爆可采取消除或减少爆炸性混合物、消除引燃源、隔离、爆炸危险环境接地和接零等技术措施。下列电气防火防爆技术措施中,正确的是(　　)。

A. 采用 TN-S 作供电系统时需装设双极开关

B. 在危险空间充填空气,防止形成爆炸性混合物

C. 毗连变电室、配电室的建筑物,其窗应向内开

D. 配电室不得通过走廊与火灾危险环境相通

42. 轨道运行的塔式起重机,每个运行方向应设置限位装置,限位装置由限位开关、缓冲器和终端止挡组成。根据《塔式起重机》(GB/T 5031),限位开关动作后,应保证塔式起重机停车时其端部距缓冲器的最小距离为(　　)。

A. 500 mm　　B. 700 mm　　C. 1000 mm　　D. 1200 mm

43. 起重机司索工在吊装作业前,应估算吊物的质量和重心,以免吊装过程中吊具失效导致事故。根据安全操作要求,如果目测估算,所选吊具的承载能力应为估算吊物质量的(　　)。

A. 1.1 倍以上　　B. 1.3 倍以上　　C. 1.5 倍以上　　D. 1.2 倍以上

44. 保护导体旨在防止间接接触电击,包括保护接地线、保护接零线和等电位连接线。关于保护导体应用的说法,正确的是(　　)。

A. 低压电气系统中可利用输送可燃液体的金属管道作保护导体

B. 保护导体干线必须与电源中性点和接地体相连

C. 保护导体干线应通过一条连接线与接地体连接

D. 电缆线路不得利用其专用保护芯线和金属包皮作保护接零线

45. 根据《特种设备安全监察条例》,大型游乐设施是指用于经营目的,承载乘客游乐的设施,其范围规定为运行高度距地面高于或者等于 2 m,或者设计最大运行线速度大于或等于(　　)的载人大型游乐设施。

A. 1 m/s　　B. 3 m/s　　C. 4 m/s　　D. 2 m/s

46. 《全球化学品统一分类和标签制度》(也称为"GHS")是由联合国出版的指导各国控制化学品危害和保护人类健康与环境的规范性文件。为实施 GHS 规则,我国发布了《化学品分类和标签规范》(GB 30000)。根据该规范,在外包装或容器上应当用右图作为标签的化学品类别是(　　)。

危险类别标签

A. 氧化性气体　　B. 易燃气体

C. 易燃气溶胶　　D. 爆炸性气体

47. 危险化学品的运输事故时有发生，全面了解和掌握危险化学品的安全运输规定对预防危险化学品事故具有重要意义。下列运输危险化学品的行为中，符合运输安全要求的是(　　)。

A. 某工厂安排押运员与专职司机一起运输危险化学品二氯乙烷

B. 在运输危险化学品氯酸钾时，司机临时将车辆停在马路边买水

C. 某工厂计划通过省内人工河道运输危险化学品环氧乙烷

D. 某工厂采用特制叉车将液化石油气钢瓶从库房甲转移到库房乙

48. 无损检测广泛应用于金属材料表面裂纹、内部裂纹等缺陷的诊断。下列无损检测方法中，能对内部裂纹缺陷进行检测的是(　　)。

A. 超声检测　　B. 涡流检测　　C. 渗透检测　　D. 磁粉检测

49. 火灾探测器的工作原理是将烟雾、温度、火焰和燃烧气体等参量的变化通过敏感元件转化为电信号，传输到火灾报警控制器，不同种类的火灾探测器适用不同的场合。关于火灾探测器适用场合的说法，正确的是(　　)。

A. 感光探测器适用于有阴燃阶段的燃料火灾的场合

B. 红外火焰探测器适用于有大量烟雾存在的场合

C. 紫外火焰探测器特别适用于无机化合物燃烧的场合

D. 光电式感烟火灾探测器适用于发出黑烟的场合

50. 电气设备运行过程中，可能产生静电积累，应对电气设备采取有效的静电防护措施。关于静电防护措施的说法正确的是(　　)。

A. 用非导电性工具可有效泄放接触-分离静电

B. 接地措施可以从根本上消除感应静电

C. 静电消除器主要用来消除导体上的静电

D. 增湿措施不宜用于消除高温绝缘体上的静电

51. 人体阻抗与接触电压、皮肤状态、接触面积等因素有关。关于人体阻抗影响因素的说法，正确的是(　　)。

A. 人体阻抗与电流持续的时间无关　　B. 人体阻抗与触电者个体特征有关

C. 人体阻抗随接触面积增大而增大　　D. 人体阻抗随温度升高而增大

52. 某压力容器内的介质不洁净、易于结晶或聚合，为预防该容器内压力过高导致爆炸，拟安装安全液压装置。下列安全液压装置中，该容器应安装的是(　　)。

A. 爆破片　　B. 安全阀　　C. 易熔塞　　D. 防爆门

53. 在人机系统中，人始终处理核心地位并起主导作用，机械起着安全可靠的保障作用，在信息反应能力、操作稳定性、事件处理能力、环境适应能力等特性方面，人与机器各有优势。下列特性中，属于人优于机器的是(　　)。

A. 特定信息反应能力　　B. 操作稳定性

C. 环境适应能力　　D. 偶然事件处理能力

54. 民用爆炸物品生产企业设计应当符合《民用爆破器材工程设计安全规范》(GB 50889)。该规范适用于民用爆炸物品工厂的新建、改建、扩建和(　　)。

A. 装备保养工程　　B. 技术改造工程

C. 设备维修工程　　D. 隐患排查工程

55. 化工厂污水罐主要用于收集厂内工艺污水，通过污水处理单元处理达标后排入公用排水设施。事故统计表明，污水罐发生闪爆事故的直接原因多是内部的硫化氢气体积累、上游工艺单元可燃介质窜入污水罐等。为预防此类爆炸事故，下列措施中，最有效的是(　　)。

A. 划分防爆区域　　B. 静电防护装置　　C. 惰性气体保护　　D. 可燃气体检测

56.《危险货物运输包装通用技术条件》(GB 12463)要求,危险货物按照货物的危险性进行分类包装。其中,危险性较小的货物应采用(　　)包装。

A. Ⅰ类　　B. Ⅱ类　　C. Ⅳ类　　D. Ⅲ类

57. 可燃性粉尘浓度达到爆炸极限,遇到足够能量的火源会发生粉尘爆炸。粉尘爆炸过程中热交换的主要方式是(　　)。

A. 热传导　　B. 热对流　　C. 热蒸发　　D. 热辐射

58. 运输散装直立气瓶时,运输车辆应具有固定气瓶相应装置并确保气瓶处于直立状态,气瓶高处车辆栏板部分不应大于气瓶高度的(　　)。

A. 1/2　　B. 1/3　　C. 1/5　　D. 1/4

59. 锅炉通常装设防爆门防止再次燃烧造成破坏。当作用在防爆门上的总压力超过其本身的质量或强度时,防爆门就会被冲开或冲破,达到泄压的目的。下列锅炉部件中,防爆门通常装设在(　　)易爆处。

A. 过热器和再热器　　B. 高压蒸汽管道　　C. 锅筒和锅壳　　D. 烟道和炉膛

60. 电气电极之间的击穿放电可产生电火花。关于大量电火花和电弧的说法,正确的是(　　)。

A. 电火花和电弧只能引起可燃物燃烧,不能使金属熔化

B. 电气设备正常操作过程中不会产生电火花,更不会产生电弧

C. 静电火花和电磁感应火花属于外部原因产生的事故火花

D. 绕线式异步电动机的电刷与滑环的滑动接触处产生的火花属于事故火花

61. 雷电具有电性质、热性质、机械性质等多方面的危害,可引起火灾爆炸、人身伤亡、设备设施毁坏、大规模停电等。关于雷电危害的说法,正确的是(　　)。

A. 球雷本身不会伤害人员,但可引起可燃物发生火灾甚至爆炸

B. 巨大的雷电流瞬间产生的热量不足以引起电流通道中的液体急剧蒸发

C. 巨大的雷电流入地下可直接导致接触电压和跨步电压电击

D. 雷电可导致电力设备或电力线路破坏,但不会导致大面积停电

62. 乳化炸药在生产、储存、运输和使用过程中存在诸多引发燃烧爆炸事故的危险因素,包括高温、撞击摩擦、电气静电火花、雷电等。关于引发乳化炸药原料或成品燃烧爆炸事故的说法,错误的是(　　)。

A. 乳化炸药在储存、运输过程中,静电放电的火花温度达到其着火点,会引发燃烧爆炸事故

B. 硝酸铵储存过程中会发生自然分解,放出的热量聚集,温度达到其爆发点时会引发燃烧爆炸事故

C. 油相材料都是易燃危险品,储存时遇到高温、氧化剂等,易引发燃烧爆炸事故

D. 乳化炸药运输时发生翻车、撞车、坠落、碰撞及摩擦等险情,易引发燃烧爆炸事故

63. 一台正在运行的蒸汽锅炉,运行人员发现锅炉水位表内出现泡沫。汽水界限难以区分,过热蒸汽温度下降,过热蒸汽带水。下列针对该故障采取的处理措施中,正确的是(　　)。

A. 减少给水,同时开启排污阀放水,打开过热器、蒸汽管道上的疏水阀,加强疏水

B. 降低负荷,关闭给水阀,停止给水,打开省煤器疏水阀,启用省煤器再循环管路

C. 减少给水,降低负荷,开启省煤器再循环管路,开启排污阀放水

D. 降低负荷,调小主汽阀,开启过热器、蒸汽管道上的疏水阀,开启排污阀放水,同时给水

64. 机械阻火隔爆装置有工业阻火器、主动式隔爆装置和被动式隔爆装置等。关于机械阻火隔爆装置的作用过程的说法,错误的是(　　)。

A. 工业阻火器在工业生产过程中时刻都起作用，主、被动式隔爆装置只是在爆炸发生时才起作用

B. 主动式隔爆装置是在探测到爆炸信号后，由执行机构喷洒抑爆剂或关闭闸门来阻隔爆炸火焰

C. 工业阻火器靠本身的物理特性来阻火，可用于输送气体中含有杂质（如粉尘等）的管道中

D. 被动式隔爆装置是由爆炸引起的爆炸波推动隔爆装置的阀门或闸门，阻隔爆炸火焰

65. 起重机司机作业前应检查起重机与其他设备或固定建筑物的距离，以保证起重机与其他设备或固定建筑物的最小距离在（　　）。

A. 1.0 m 以上　　B. 1.5 m 以上　　C. 0.5 m 以上　　D. 2.0 以上

66. 某公司清理废旧设备重叠堆放的场地，使用汽车吊进行吊装，场地中单件设备重量均小于汽车吊的额定起重量。当直接起吊一台被其他设备包围的设备时，汽车吊失稳前倾，吊臂折断，造成事故。下列该事故的原因中，最可能的直接原因是（　　）。

A. 吊物被埋置　　B. 吊物质量不清

C. 吊物有浮置物　　D. 吊物捆绑不牢

67. 压力管道年度检查是指使用单位在管道运行条件下对管道进行的自行检查，每年至少进行一次。根据《压力管道定期检验规则-工业管道》（TSG D7005），下列工业管道检查中，不属于年度检查的是（　　）。

A. 对管道中的波纹管膨胀节，检查波纹管的波间距

B. 对有蠕胀测量要求的管道，检查蠕胀测点或蠕胀测量带

C. 对管道有明显腐蚀的部位，进行表面磁粉检测

D. 对易燃、易爆介质的管道，测定防静电接地电阻值

68. 电气设备在运行中，接地装置应始终保持良好状态，接地装置包括接地体和接地线。关于接地装置连接的说法，正确的是（　　）。

A. 有伸缩缝的建筑物的钢结构可直接作接地线

B. 接地线与管道的连接可采用镀铜件螺纹连接

C. 接地装置地下部分的连接应采用搭焊

D. 接地线的连接处有振动隐患时应采用螺纹连接

69. 气瓶水压试验的主要目的是检验气瓶的瓶体强度是否符合要求。根据《气瓶安全技术监察规程》（TSG R0006），气瓶水压试验的压力应为公称工作压力的（　　）。

A. 0.8 倍　　B. 1.5 倍　　C. 1.2 倍　　D. 2.0 倍

70. 压力容器专职操作人员在容器运行期间应经常检查容器的工作状况，以便及时发现设备上的不正常状态，采取相应的措施进行调整或消除，保证容器安全运行。压力容器运行中出现下列异常情况时，应立即停止运行的是（　　）。

A. 操作压力达到规定的标称值　　B. 运行温度达到规定的标称值

C. 安全阀起跳　　D. 承压部件鼓包变形

二、多项选择题（共 15 题，每题 2 分。每题的备选项中，有 2 个或 2 个以上符合题意，至少有 1 个错项。错选，本题不得分；少选，所选的每个选项得 0.5 分）

71. 叉车的液压系统一般都使用中高压供油。高压胶管是液压系统的主要元件之一，其可靠性应既能保证叉车的正常工作，又能保护人身安全。因此，高压管性能和质量必须通过各项试验检测合格后方可用于叉车。下列试验项目中，高压胶管在生产验收时必须通过的试验有（　　）。

A. 脉冲试验　　B. 耐压试验　　C. 真空试验

D. 长度变化试验　　　　E. 爆破试验

72. 锻造是金属压力加工的方法之一，是机械制造的一个重要环节，可分为热锻、温锻和冷锻。锻造机械在加工过程中危险有害因素较多。下列危险有害因素中，属于热锻加工过程中存在的危险有害因素有(　　)。

A. 火灾　　B. 机械伤害　　C. 刀具伤害　　D. 爆炸　　E. 灼烫

73. 释放源是划分爆炸危险区域的基础，通风情况是划分爆炸危险区域的重要因素，因此，划分爆炸危险区域时应综合考虑释放源和通风条件。关于爆炸危险区域原则的说法，正确的有(　　)。

A. 局部机械通风不能降低爆炸危险区域等级

B. 存在连续级释放源的区域可划分为 1 区

C. 存在第一级释放源的区域可划分为 2 区

D. 在凹坑处，应局部提高爆炸危险区域等级

E. 如通风良好，可降低爆炸危险区域等级

74. 生产过程中产生的静电可能引起火灾爆炸、电击伤害、妨碍生产。其中，火灾爆炸是最大的危害。关于静电危害的说法，正确的有(　　)。

A. 静电能量虽然不大，但其电压很高而容易发生放电

B. 带静电的人体接近接地导体时可能发生电击

C. 生产过程中产生的静电，可能降低产品质量

D. 人体接近接地导体，会发生火花放电，导致爆炸和火灾

E. 生产过程中积累的静电发生电击可使人致命

75. 2019 年 3 月 21 日，某化工有限公司发生特别重大爆炸事故，事故原因是该公司固废库内长期违法贮存硝化废料，由于持续积热升温导致库存废料自燃，进而引发爆炸。为了预防此类事故，应对爆炸性废弃物采取有效方法进行处理。下列对爆炸性废弃物的处理方法中，正确的有(　　)。

A. 爆炸法　　B. 烧毁法　　C. 填埋法　　D. 溶解法　　E. 化学分解法

76. 金属切削机床作业存在的机械危险多表现为人员与可运动部件的接触伤害。当通过设计不能避免或不能充分限制机械危险时，应采取必要的安全防护措施。下列防止机械危险的安全措施中正确的有(　　)。

A. 危险的运动部件和传动装置应予以封闭，设置防护装置

B. 有行程距离要求的运动部件，应设置可靠的限位装置

C. 两个运动部件不允许同时运动时，控制机构禁止连锁

D. 有惯性冲击的机动往复运动部件，应设置缓冲装置

E. 有可能松脱的零部件，必须采取有效紧固措施

77. 乙炔即使在没有氧气的条件下，也可能发生爆炸，其实质是分解爆炸。下列描述乙炔性能及其使用的安全要求中正确的有(　　)。

A. 乙炔受热时，容易发生聚合、加成取代或爆炸性分解等反应

B. 乙炔的火灾爆炸危险性很大，但爆炸下限高于天然气

C. 乙炔易与汞等重金属反应生成爆炸性的乙炔盐

D. 乙炔不能用含铜量超过 70% 的铜合金制造的容器盛装

E. 乙炔作为焊接气体，选择焊丝时不选用含银焊丝

78. 漏电保护装置主要用于防止间接接触电击和直接接触电击，也可用于防止漏电火灾及监视单相接地故障。关于漏电保护装置使用场合的说法，正确的有(　　)。

A. 中灵敏度漏电保护装置，可用于防止漏电火灾

B. 高灵敏度漏电保护装置，可用于防止触电事故

C. 低灵敏度漏电保护装置，可用于监视单相接地故障

D. 报警式漏电保护装置，可用于消防水泵的电源

E. 定时限型漏电保护装置，可用于应急照明电源

79. 在生产过程中，为预防在设备和系统里或在其周围形成爆炸性混合物，常采用惰性气体保护措施。下列采用惰性气体保护的措施中，正确的有（　　）。

A. 惰性气体通过管线与有火灾爆炸危险的设备进行连接供危险时使用

B. 易燃易爆系统检修动火前，使用惰性气体进行吹扫置换

C. 可燃固体粉末输送时，采用惰性气体进行保护

D. 易燃液体输送时，采用惰性气体作为输送动力

E. 有可能引起火灾危险的电器、仪表等采用充氨负压保护

80. 气瓶入库应按照气体的性质、公称工作压力及空实瓶严格分类存放，并应有明确的标志。盛装下列物质的气瓶中不能与氢气瓶同库贮存的有（　　）。

A. 氯乙烷　　B. 二氧化碳　　C. 氨　　D. 乙炔　　E. 环氧乙烷

81. 建筑物的防雷分类按其火灾和爆炸的危险性、人身伤害的危险性、政治经济价值可分为第一类防雷建筑物、第二类防雷建筑物、第三类防雷建筑物。下列建筑物防雷分类中，正确的有（　　）。

A. 具有0区爆炸危险场所的建筑物，是第一类防雷建筑

B. 有爆炸危险的露天气罐和油罐，是第二类防雷建筑物

C. 省级档案馆，是第三类防雷建筑物

D. 大型国际机场航站楼，是第一类防雷建筑物

E. 具有2区爆炸危险场所的建筑物，是第三类防雷建筑物

82. 根据《化学品分类、警示标签和警示性说明安全规范 易燃液体》(GB 20581)，按照物质的理化性质将易燃液体分为4类。下列理化性质中，作为易燃液体分类根据的有（　　）。

A. 凝固点　　B. 闪点　　C. 初沸点　　D. 燃点　　E. 气化点

83. 劳动强度以作业过程中人体的能耗量、氧耗、心率、排汗率等指标为根据，按从轻到重分为：Ⅰ、Ⅱ、Ⅲ、Ⅳ级。根据我国对常见职业体力劳动强度的分级，下列操作中，属于Ⅱ级劳动强度的有（　　）。

A. 摘水果　　B. 驾驶卡车　　C. 操作风动工具

D. 搬重物　　E. 操作仪器

84. 为防止火灾爆炸事故的发生，阻止其扩展和减少破坏，在实际生产经营活动中广泛使用多种防火防爆安全装置及技术。关于防火防爆安全装置及技术的说法，正确的有（　　）。

A. 工作介质含剧毒气体时应采用安全阀作为防爆泄压装置

B. 化学抑爆技术可用于空气输送可燃性粉尘的管道

C. 当安全阀的入口处装有隔断阀时，隔断阀必须保持常开状态并加铅封

D. 主动式、被动式隔爆装置是靠装置某元件的动作阻隔火焰

E. 防爆门应设置在人不常到的地方，高度宜不低于2 m

85. 快开门式压力容器开关盖操作频繁，在容器泄压未尽前或带压下打开端盖、端盖未完全闭合就进行升压等操作，极易造成事故。因此，在设计快开门式压力容器时，应当设置安全连锁装置。根据《固定式压力容器安全技术监察规程》(TSG 21)，在设计快开门式压力容器的安全连锁装置时，应满足的要求有（　　）。

A. 当压力容器超温超压时，同步报警

B. 当压力容器超温时,紧急切断物料供应

C. 当快开门达到规定关闭部位时,方能升压运行

D. 当压力容器超压时,安全泄放容器内介质

E. 当压力容器的压力完全释放后,方能打开快开门

2020年考试真题参考答案与解析

1. D	2. B	3. B	4. C	5. A
6. A	7. D	8. B	9. B	10. D
11. D	12. D	13. B	14. C	15. B
16. B	17. B	18. A	19. A	20. C
21. B	22. B	23. C	24. A	25. A
26. D	27. B	28. B	29. B	30. A
31. A	32. B	33. C	34. A	35. D
36. A	37. C	38. C	39. D	40. A
41. A	42. C	43. D	44. B	45. D
46. A	47. A	48. A	49. B	50. D
51. B	52. A	53. D	54. B	55. D
56. D	57. D	58. D	59. D	60. C
61. C	62. A	63. D	64. C	65. C
66. A	67. C	68. C	69. B	70. D
71. ABDE	72. ABDE	73. DE	74. AC	75. ABDE
76. ABDE	77. ACDE	78. ABCD	79. ABCD	80. ACDE
81. ABC	82. BC	83. ABC	84. CDE	85. CE

一、单项选择题

1.**【答案】**D

【解析】考查机械使用过程中的危险有害因素。

非机械性危险主要包括电气危险(如电击、电伤)、温度危险(如灼烫、冷冻)、噪声危险、振动危险、辐射危险(如电离辐射、非电离辐射)、材料和物质产生的危险、未履行安全人机工程学原则而产生的危险等。选项A、B、C都属于机械性危险,正确选项为D。

2.**【答案】**B

【解析】考查安全保护装置。选项A错误,连锁装置是用于防止危险机器功能在特定条件下(通常指防护装置未关闭)运行的装置。选项B正确,限制装置是防止机器或危险机器状态超过设计限度(如空间限度、压力限度、载荷限度等)的装置。选项C错误,能动装置是一种附加手动操纵装置,与启动控制一起使用,并且只有连续操作时,才能使机器执行预定功能。选项D错误,敏感保护装置是用于探测人体或人体局部,并向控制系统发出正确信号以降低被探测人员风险的装置。

3.**【答案】**B

【解析】考查设备布置及安全防护措施中的机床设备安全距离。机床间的最小距离及机床至墙壁和柱之间的最小距离不应小于下表的规定。

项目	小型机床	中型机床	大型机床	特大型机床
机床操作面间距(m)	1.1	1.3	1.5	1.8
机床后面、侧面离墙柱间距(m)	0.8	1.0	1.0	1.0
机床操作面离墙柱间距(m)	1.3	1.5	1.8	2.0

4.**【答案】**C

【解析】考查砂轮机安全技术。选项A错误，砂轮主轴端部螺纹应满足防松脱的紧固要求，其旋向须与砂轮工作时旋转方向相反。选项B错误，一般用途的砂轮卡盘直径不得小于砂轮直径的1/3，切断用砂轮的卡盘直径不得小于砂轮直径的1/4。选项C正确，卡盘与砂轮侧面的非接触部分应有不小于1.5 mm的足够间隙。选项D错误，砂轮防护罩的总开口角度应不大于90°。如果使用砂轮安装轴水平面以下砂轮部分加工时，防护罩开口角度可以增大到125°。而在砂轮安装轴水平面的上方，在任何情况下防护罩开口角度都应不大于65°。

5.**【答案】**A

【解析】考查冲压剪切机械安全技术。剪板机上必须设置紧急停止按钮，一般应在剪板机的前面和后面分别设置。

6.**【答案】**A

【解析】考查危险化学品燃烧爆炸事故的危害。选项A正确，火灾起火后在火场逐渐蔓延扩大，随着时间的延续，损失程度迅速增长，损失大约与时间的平方成比例，如火灾时间延长1倍，损失可能增加4倍。选项B错误，机械设备、装置、容器等爆炸后产生许多碎片，飞出后会在相当大的范围内造成危害。一般碎片飞散范围在100～500 m。所以爆炸毁伤的范围不是相对较小。选项C错误，冲击波的破坏作用主要是由其波阵面上的超压引起的。选项D错误，燃烧过程中可能释放出大量有毒气体和烟雾，所以爆炸伴随的燃烧会使气体毒性升高。

7.**【答案】**D

【解析】考查安全人机工程。疲劳分为肌肉疲劳(或称体力疲劳)和精神疲劳(或称脑力疲劳)两种。肌肉疲劳是指过度紧张的肌肉局部出现酸痛现象，一般只涉及大脑皮层的局部区域；而精神疲劳则与中枢神经活动有关，是一种弥散的、不愿意再作任何活动的懒惰感觉，意味着肌体迫切需要得到休息，大多数影响因素都会带来生理疲劳，但是肌体疲劳与主观疲劳感未必同时发生，有时肌体尚未进入疲劳状态，却出现了心理疲劳。如劳动效果不佳、劳动内容单调、劳动环境缺乏安全感、劳动技能不熟练等原因会诱发心理疲劳。

8.**【答案】**B

【解析】考查危险化学品的危害及防护。毒性危险化学品可经呼吸道、消化道和皮肤进入人体。在工业生产中，毒性危险化学品主要经呼吸道和皮肤进入体内，有时也可经消化道进入。

9.**【答案】**B

【解析】考查照明环境。选项A错误，适当的照明条件能提高近视力和远视力。选项B正确，视觉疲劳可通过闪光融合频率和反应时间等方法进行测定。照明不良的另一极端情况是对象目标与背景亮度的对比过大，或者物体周围背景发出刺目耀眼的光线，这被称为眩光。眩光条件下，人们会因瞳孔缩小而影响视网膜的视物导致视物模糊，故选项C、D错误。

10.**【答案】**D

【解析】考查安全电压。选项A错误，安全电压回路的带电部分必须与较高电压的回路保持电气隔离，并不得与大地、保护接零(地)线或其他电气回路连接。选项B错误，安全电压设备的插座不得带有接零或接地插头或插孔。选项C错误，安全隔离变压器的一次侧和二次侧均应装设短路保护元件。选项 D 正确，通常采用安全隔离变压器作为特低电压的电源。

11.【答案】D

【解析】考查电气安全检测仪器。接地电阻测量仪是用于测量接地电阻的仪器，有机械式测量仪和数字式测量仪。其外形如下图所示。

(a) 机械式

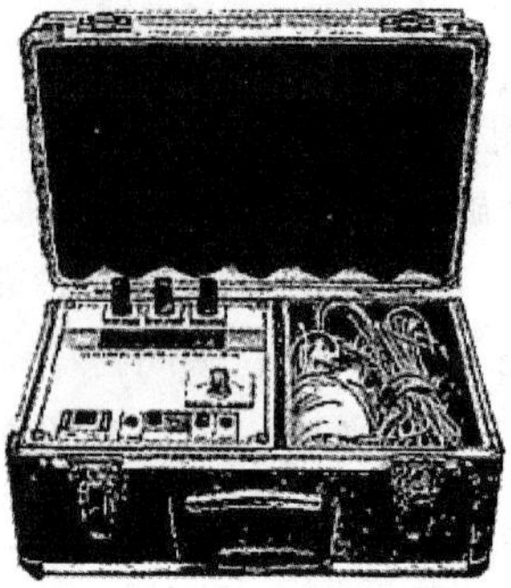
(b) 数字式

12.【答案】D

【解析】考查圆锯机安全技术。锯片的切割伤害、木材的反弹抛射打击伤害是主要危险，手动进料圆锯机必须装有分料刀。

13.【答案】B

【解析】考查触电防护技术。重复接地的作用：①减轻零线断开或接触不良时电击的危险性。接零系统中，当 PE 线或 PEN 线断开(含接触不良)时在断开点后方有设备漏电或者没有设备漏电但接有不平衡负荷的情况下，重复接地虽然不一定能消除人身伤亡及设备损坏的危险性，但危险程度必然降低，选项 A 降低零线断开的故障率显然不正确，应是降低零线断开时电击的危险性。②降低漏电设备的对地电压。接零也有降低故障对地电压的作用，如果接零设备有重复接地，则故障电压进一步降低，选项 C 错误。③改善架空线路的防雷性能。架空线路零线上的重复接地对雷电流有分流作用，有利于限制雷电过电压，选项 D 错误。④缩短漏电故障持续时间。因为重复接地和工作接地构成零线的并联分支，所以当发生短路时能增大单相短路电流，而且线路越长，效果越显著。这就加速了线路保护装置的动作，缩短了漏电故障持续时间，选项 B 正确。

14.【答案】C

【解析】考查大型游乐设施安全装置中的防碰撞及缓冲装置。游乐设施常见的缓冲器分为蓄能型缓冲器和耗能型缓冲器，前者主要以弹簧和聚氨酯材料等为缓冲元件，后者主要是油压缓冲器。只有选项 C 属于耗能型缓冲器。

15.【答案】B

【解析】考查烟花爆竹产品生产过程中的防火防爆措施。成品、有药半成品的干燥应在专用场所(晒场、烘房)进行；严格执行每栋工房定员、定量、热能选择、干燥方式等；产品干燥不应与药物干燥在同一晒场(烘房)进行，摩擦类产品不应与其他类产品在同一晒场(烘房)干燥，选项 A、C 正确。蒸汽干燥的烘房温度小于或等于 75 ℃，升温小于或等于 30 ℃，不宜采用肋形散热器，选项 B 错误。热风干燥成品，有药半成品室温小于或等于 60 ℃，风速小于或等于 1 m/s；循环风干燥应有除尘设备，除尘设备要定期清扫，选项 D 正确。

16.【答案】B

【解析】考查气瓶安全技术。机动车用液化石油气瓶，应装设带安全阀的组合阀或者分立的安全阀;车用压缩天然气气瓶应当装设爆破片-易熔合金塞串联复合装置。

17.【答案】B

【解析】考查危险化学品的经营许可证办理程序。《危险化学品安全管理条例》第三十五条明确了办理经营许可证的程序:一是申请;二是审查与发证;三是登记注册。

18.【答案】A

【解析】考查急性中毒的现场抢救。急性中毒发生时,毒性危险化学品大多是由呼吸系统或皮肤进入体内。因此,救护人员在救护之前应做好自身呼吸系统、皮肤的防护。如穿好防护衣,佩戴供氧式防毒面具或氧气呼吸器。否则,不但中毒者不能获救,救护者也会中毒,使中毒事故扩大。故本题正确选项为 A。

19.【答案】A

【解析】考查燃烧爆炸分类。引起简单分解的爆炸物,在爆炸时并不一定发生燃烧反应,其爆炸所需要的热量是由爆炸物本身分解产生的。选项 B、C 错误。属于这一类的有乙炔银、叠氮铅等,这类物质受轻微振动即可能引起爆炸,十分危险。此外,还有些可爆炸气体在一定条件下,特别是在受压情况下,能发生简单分解爆炸。例如,乙炔、环氧乙烷等在压力下的分解爆炸。复杂分解爆炸物的危险性较简单分解爆炸物稍低,其爆炸时伴有燃烧现象,燃烧所需的氧由本身分解产生。例如,梯恩梯、黑索金等。故选项 A 正确,选项 D 错误。

20.【答案】C

【解析】考查叉车的安全操作技术:①叉装物件时,被装物件重量应在该机允许载荷范围内。当物件重量不明时,应将该物件叉起离地 100 mm 后检查机械的稳定性,确认无超载现象后,方可运送。②叉装时,物件应靠近起落架,其重心应在起落架中间,确认无误,方可提升。③物件提升离地后,应将起落架后仰,方可行驶,选项 B 正确。④两辆叉车同时装卸一辆货车时,应有专人指挥联系,保证安全作业,选项 A 正确。⑤不得单叉作业和使用货叉顶货或拉货,选项 D 正确。⑥叉车在叉取易碎品、贵重品或装载不稳的货物时,应采用安全绳加固,必要时,应有专人引导,方可行驶。⑦以内燃机为动力的叉车,进入仓库作业时,应有良好的通风设施。严禁在易燃、易爆的仓库内作业,选项 C 错误。⑧严禁货叉上载人。驾驶室除规定的操作人员外,严禁其他任何人进入或在室外搭乘。

21.【答案】B

【解析】考查危险化学品经营的安全要求。危险化学品企业业务经营人员应经国家授权部门的专业培训,取得合格证书方能上岗,故选项 A 错误。危险化学品经营企业的经营场所应坐落在交通便利、便于疏散处,选项 B 正确。从事危险化学品批发业务的企业,应具备经县级以上(含县级)公安、消防部门批准的专用危险化学品仓库(自有或租用)。所经营的危险化学品不得存放在业务经营场所,选项 C 错误。零售店面备货库房应根据危险化学品的性质与禁忌分别采用隔离储存、隔开储存或分离储存等不同方式进行储存,故选项 D 错误。

22.【答案】B

【解析】考查烟花爆竹工厂安全距离的定义及安全距离的确定。烟花爆竹工厂的安全距离实际上是危险性建筑物与周围建筑物之间的最小允许距离,包括工厂危险品生产区内的危险性建筑物与其周围村庄、公路、铁路城镇和本厂住宅区等的外部距离,以及危险品生产区内危险性建筑物之间以及危险建筑物与周围其他建(构)筑物之间的内部距离。安全距离作用是保证一旦某座危险性建筑物内的爆炸品发生爆炸时,不至于造成邻近的其他建(构)筑物严重破坏和人员伤亡。

23.【答案】C

【解析】考查电力线路安全条件。导线连接必须紧密，原则上导线连接处的力学强度不得低于原导线力学强度的80%；绝缘强度不得低于原导线的绝缘强度；接头部位电阻不得大于原导线电阻的1.2倍，故选项A、D错误。电力线路的过电流保护包括短路保护和过载保护，选项B错误。选项C正确，线路导线太细将导致其阻抗过大，受电端得不到足够的电压。

24.【答案】A

【解析】考查起重机械使用安全管理中的年度检查。使用单位每年对所有在用起重机械至少进行1次全面检查。停用1年以上、遇4级以上地震或发生重大设备事故、露天作业的起重机械经受9级以上的风力后的起重机，使用前都应做全面检查。

25.【答案】A

【解析】考查火灾爆炸事故机理。发展期是火势由小到大发展的阶段，一般采用T平方特征火灾模型来简化描述该阶段非稳态火灾热释放速率随时间的变化，即假定火灾热释放速率与时间的平方成正比，轰燃就发生在这一阶段，故本题正确选项为A。

26.【答案】D

【解析】考查触电防护技术。间距是将可能触及的带电体置于可能触及的范围之外。其安全作用与屏护的安全作用基本相同。带电体与地面之间、带电体与树木之间、带电体与其他设施和设备之间、带电体与带电体之间均需保持一定的安全距离。安全距离的大小取决于电压高低、设备类型、环境条件和安装方式等因素。架空线路的间距须考虑气温、风力、覆冰及环境条件的影响，故选项A正确。架空线路应与有爆炸危险的厂房和有火灾危险的厂房保持必需的防火间距，故选项B正确。架空线路与绿化区或公园树木的距离不应小于3 m，故选项C正确。架空线路应避免跨越建筑物，架空线路不应跨越可燃材料屋顶的建筑物，选项D错误。

27.【答案】B

【解析】本题属于超纲内容的题目，对应内容并未在教材中出现。根据《化学品分类和危险性公示 通则》(GB 13690—2009)4.1.5，压力下气体是指高压气体在压力等于或大于200 kPa(表压)下装入贮存器的气体，或是液化气体或是冷冻液化气体。压力下气体包括压缩气体、液化气体、溶解液体、冷冻液化气体。

28.【答案】B

【解析】考查木材加工危险因素中木材的生物效应危险。木材的生物效应危险取决于木材种类、接触时间或操作者自身的体质条件，可引起皮肤症状、视力失调、对呼吸道黏膜的刺激和病变、过敏病状等，选项B不属于生物效应危险造成的损伤。

29.【答案】B

【解析】考查铸造危险有害因素中的尘毒危害。冲天炉、电炉产生的烟气中含有大量对人体有害的一氧化碳，在烘烤砂型或砂芯时也有二氧化碳气体排出；利用焦炭熔化金属，在铸型、浇包、砂芯干燥和浇铸过程中都会产生二氧化硫气体，如处理不当，将引起呼吸道疾病。

30.【答案】A

【解析】考查泄漏控制与销毁处置技术中的火灾控制。扑救遇湿易燃物品火灾时，绝对禁止用水、泡沫、酸碱等湿性灭火剂扑救。一般可使用干粉、二氧化碳、卤代烷扑救，但钾、钠、铝、镁等物品用二氧化碳、卤代烷无效，故选项A正确，选项D错误。选项B错误，扑救气体类火灾时，切忌盲目扑灭火焰，在没有采取堵漏措施的情况下，必须保持稳定燃烧。否则，大量可燃气体泄漏出来与空气混合，遇点火源就会发生爆炸，造成严重后果。选项C错误，扑救爆炸物品火灾时，切忌用沙土盖压，以免增强爆炸物品的爆炸威力；另外扑救爆炸物品堆垛火灾时，水流应采用吊射，避免强力水流直接冲击堆垛，以免堆垛倒塌引起再次爆炸。

31.【答案】A

【解析】考查电击。直接接触电击是触及正常状态下带电的带电体时(如误触接线端子)发生的电击,也称为正常状态下的电击。间接接触电击是触及正常状态下不带电,而在故障状态下意外带电的带电体时(如触及漏电设备的外壳)发生的电击,也称为故障状态下的电击。

选项A,手电钻正常状态不带电,在故障状态下带电导致触电,属于间接接触电击。

32.【答案】B

【解析】本题属于超纲内容,考查塔式起重机。选项A错误,过渡节指的是塔吊最上面的标准节,用于标准节和大臂的连接过渡。选项C错误,顶升套架安装在标准节外侧,并非新装标准节外侧。选项D错误,正常情况下,塔式起重机顶升作业应先将塔身标准节吊入引进梁,然后再吊一节塔身标准节寻找平衡点,找到平衡点后将回转下支座与塔身标准节连接螺栓拆除(此时绝不允许将回转下支座与顶升套架连接销轴拆除)。通过液压油缸将顶升套架顶升后,放入一节新塔身标准节,将新塔身标准节与原塔身标准节连接螺栓安装好后再将回转下支座与新塔身标准节连接螺栓安装好,完成顶升作业。

33.【答案】C

【解析】考查烟花爆竹的组成。烟火药最基本的组成是氧化剂和还原剂,实际应用的烟火药除氧化剂和还原剂外,还包括黏合剂、添加剂(如火焰着色剂、惰性添加剂)等。常用的氧化剂包括:高氯酸钾、硝酸钾、硝酸钡、硝酸锶、四氧化三铅等,选项A、B属于常用的氧化剂。常用的还原剂包括:镁铝合金粉、铝粉、钛粉、铝渣、铁粉、木炭、硫黄、苯甲酸钾、苯二甲酸氢钾等,选项D属于常用的还原剂。常用的黏合剂包括:酚醛树脂(简称树脂、PF)、淀粉(包括江米粉、糯米粉、小麦粉等)、虫胶(又名桼片、洋干漆、紫胶)、聚乙烯醇(简称PVA)、硝化棉、单基火药、硝基漆、桃胶、糊精。常用的添加剂包括:草酸钠、氟铝酸钠、氟硅酸钠、硫酸钡、碳酸锶、硫酸锶、碱式碳酸铜、聚氯乙烯、六氯代苯、六氯乙烷、氯化橡胶、珍珠岩粉、木炭、纸屑、稻壳、棉籽皮、锯末、香料、石蜡(又名矿蜡、白蜡)、硬脂酸(化学名十八烷酸)、各种香料、AQ-888烟花增效剂等。

34.【答案】A

【解析】本题属于超纲内容的题目,考查压力容器安全技术。《固定式压力容器安全技术监察规程》(TSG 21)中规定:有材质裂化倾向的压力容器,应当进行强度检测,必要时进行金相分析。

35.【答案】D

【解析】考查危险化学品贮存的基本要求。危险化学品露天堆放,应符合防火、防爆的安全要求,爆炸物品、一级易燃物品、遇湿燃烧物品、剧毒物品不得露天堆放,选项A错误。同一区域贮存两种及两种以上不同级别的危险化学品时,应按最高等级危险化学品的性能标志,选项B错误。贮存危险化学品的仓库必须配备有专业知识的技术人员,其库房及场所应设专人管理,管理人员必须配备可靠的个人安全防护用品,选项C错误。危险化学品贮存方式分为3种:隔离贮存,隔开贮存,分离贮存,选项D正确。

36.【答案】A

【解析】考查危险化学品的危害及防护。《腐蚀性商品储存养护技术条件》(GB 17915—2013)规定,包装封闭严密,完好无损,无水湿、污染;根据库房条件和商品性质,应采用机械(要有防护措施)方法通风、去湿、保温。

37.【答案】C

【解析】考查《客运索道监督检验和定期检验规则》(TSG S7001)中客运架空索道年度检验项目内容。由本规则附件A可知,空载试验进行全面检验和年度检验,故选项C正确。

38.【答案】C

【解析】考查铸造作业安全技术措施。大型铸造车间的砂处理、清理工段可布置在单独的厂房内，选项A正确。铸造车间除设计有局部通风装置外，还应利用天窗排风或设置屋顶通风器。熔化、浇注区和落砂、清理区应设避风天窗。有桥式起重设备的边跨，宜在适当高度位置设置能启闭的窗扇，选项B正确。浇包盛铁水不得太满，不得超过容积的80%，以免洒出伤人，选项C错误。浇注时，所有与金属溶液接触的工具，如扒渣棒、火钳等均需预热，防止与冷工具接触产生飞溅，选项D正确。

39.【答案】D

【解析】考查物质爆炸浓度极限中点火源的影响。一般情况下，爆炸极限均在较高的点火能量下测得。如测甲烷与空气混合气体的爆炸极限时，用10 J以上的点火能量，其爆炸极限为5%～15%。

40.【答案】A

【解析】考查消防器材中的干粉灭火器。干粉灭火剂的化学抑制作用是灭火的基本原理，起主要灭火作用。干粉灭火剂中的灭火组分是燃烧反应的非活性物质，当进入燃烧区域火焰中时，捕捉并终止燃烧反应产生的自由基，降低了燃烧反应的速率，当火焰中干粉浓度足够高，与火焰的接触面积足够大，自由基中止速率大于燃烧反应生成的速率时，链式燃烧反应被终止，从而火焰熄灭。

41.【答案】A

【解析】考查电气防火防爆技术。选项A正确，爆炸危险环境的接地接零应采用TN-S系统，并装设双极开关同时操作相线和中性线。选项B错误，在危险空间充填惰性气体或不活泼气体，防止形成爆炸性混合物。选项C错误，毗连变、配电室的门、窗应向外开，通向无爆炸或火灾危险的环境。选项D错误，配电室允许通过走廊或套间与火灾危险环境相通，但走廊或套间应由非燃材料制成。

42.【答案】C

【解析】考查《塔式起重机》(GB/T 5031)。《塔式起重机》的5.6.5规定，轨道运行的塔机，每个运行方向应设置限位装置，包括限位开关、缓冲器和终立止挡。应保证开关动作后塔机停车时其端部距缓冲器最小距离为1000 mm，终端止挡距轨道终端最小距离为1000 mm。

43.【答案】D

【解析】考查司索工安全操作技术。对吊物的质量和重心估计要准确，如果是目测估算，应增大20%选择吊具，即1.2倍，故选项D正确。

44.【答案】B

【解析】考查触电防护技术。在低压系统，允许利用不流经可燃液体或气体的金属管道作保护导体，而非利用输送可燃液体的金属管道作保护导体，故选项A错误。保护导体干线必须与源中性点和接地体(工作接地、重复接地)相连。保护导体支线应与保护干线相连。为提高可靠性保护干线应经两条连接线与接地体连接，故选项B正确，选项C错误。电缆线路应利用其专用保护芯线和金属包皮作保护零线，故选项D错误。

45.【答案】D

【解析】考查大型游乐设施的定义。大型游乐设施，是指用于经营目的，承载乘客游乐的设施，其范围规定为设计最大运行线速度大于或者等于2 m/s，或者运行高度距地面高于或者等于2 m的载人大型游乐设施。用于体育运动、文艺演出和非经营活动的大型游乐设施除外。

46.【答案】A

【解析】考查《化学品分类和标签规范》(GB 30000)的氧化性气体标签要素。由本标准附录 B.1、附录 C.1 可知,选项 A 正确。

47.【答案】A

【解析】考查危险化学品运输安全技术与要求。选项 A 正确,运输危险货物应当配备必要的押运人员,保证危险货物处于押运人员的监管之下。选项 B 错误,道路危险货物运输过程中,驾驶人员不得随意停车,不得在居民聚居点、行人稠密地段、政府机关、名胜古迹、风景浏览区停车。如需在上述地区进行装卸作业或临时停车,应采取安全措施。运输爆炸物品、易燃易爆化学物品以及剧毒、放射性等危险物品,应事先报经当地公安部门批准,按指定路线、时间、速度行驶。选项 C 错误,禁止通过内河封闭水域运输剧毒化学以及国家规定禁止通过内河运输的其他危险化学品。选项 D 错误,禁止用叉车、铲车、翻斗车搬运易燃、易爆液化气体等危险物品。

48.【答案】A

【解析】本题属于旧教材内容的题目。超声检测和射线检测主要是针对被检测物内部的缺陷,磁粉检测、渗透检测和涡流检测主要是针对被检测物的表面及近表面缺陷。

49.【答案】B

【解析】考查火灾探测器。选项 A 错误,感光探测器适用于没有阴燃阶段的燃料火灾(如醇类、汽油、煤气等易燃液体、气体火灾)的早期检测报警。选项 B 正确,有大量烟雾存在的火场,仍可使红外线敏感元件(Pbs 红外光敏管)感应,发出报警信号。选项 C 错误,紫外火焰探测器适用于有机化合物燃烧的场合,特别适用于火灾初期不产生烟雾的场所。选项 D 错误,光电式感烟火灾探测器适用于火情中所发出的烟为白烟的情况,而大部分的火情早期所发出的烟都为黑烟,所以大大地限制了这种探测器的使用范围。

50.【答案】D

【解析】考查静电防护措施。选项 A 错误,为了有利于静电的泄漏,可采用导电性工具。选项 B 错误,接地的主要作用是消除导体上的静电,对于感应静电,接地只能消除部分危险。选项 C 错误,静电消除器主要用来消除非导体上的静电,接地措施的主要作用才是消除导体上的静电。选项 D 正确,增湿措施不宜用于消除高温绝缘体上的静电。

51.【答案】B

【解析】考查人体阻抗影响因素。随着接触电压升高,人体阻抗急剧降低。皮肤状态对人体阻抗的影响很大。如皮肤长时间湿润,则角质层变得松软而饱含水分,皮肤阻抗几乎消失。大量出汗后,人体阻抗明显降低。金属粉、煤粉等导电性物质污染皮肤,乃至渗入汗腺也会大大降低人体阻抗。角质层或表皮破损,也会明显降低人体阻抗。电流持续时间延长,人体阻抗由于出汗等原因而下降。接触面积增大、接触压力增大、温度升高时,人体阻抗也会降低。此外,人体阻抗还与个体特征有关。

52.【答案】A

【解析】考查防火防爆技术。如果压力容器的介质不洁净、易于结晶或聚合,这些杂质或结晶体有可能堵塞安全阀,使得阀门不能按规定的压力开启,失去了安全阀泄压作用,在此情况下就只得用爆破片作为泄压装置。

53.【答案】D

【解析】考查人与机器特性的比较。

人优于机器的功能有:①在感知方面,人的某些感官的感受能力比起机器来要优越。例如,人的听觉器官对音色的分辨力以及嗅觉器官对某些化学物质的感受性等,都显著地优于机器。②人能够运用多种通道接收信息。当一种信息通道发生障碍时可运用其他的通道进行补偿;而机器只能按设计的固定结构和方法输入信息。③人具有高度的灵活性和可塑性，能随机应变，采取灵活的程序和策略处理问题。人能根据情境改变工作方法，能学习和适应环境，能应付意外事件和排除故障，有良好的优化决策能力。而机器应付偶然事件的程序则非常复杂，均需要预先设定，任何高度复杂的自动系统都离不开人的参与。④人能长期大量储存信息并能综合利用记忆的信息进行分析和判断。⑤人具有总结和利用经验、除旧创新、改进工作的能力。而机器无论多么复杂，只能按照人预先编排好的程序进行工作。⑥人能进行归纳、推理，在获得实际观察资料的基础上，归纳出一般结论，形成概念，并能创造、发明。⑦人的最重要特点是有感情、意识和个性，具有能动性，能继承历史、文化和精神遗产。人在社会生活中，接受社会的影响，有明显的社会性。

机器优于人的功能有：①机器能平稳而准确地输出巨大的动力，输出值域宽广；而人受身体结构和生理特性的限制，可使用的力量小和输出功率较小。②机器的动作速度极快，信息传递、加工和反应的速度也极快。③机器运行的精度高，现代机器能做极高精度的精细工作；产生的误差随机器精度提高而减小。而人的操作精度远不如机器，对刺激的感受阈也有限。④机器的稳定性好，做重复性工作而不存在疲劳和单调等问题。人的工作易受身心因素和环境条件等的影响，因此在感受外界作用和操作的稳定性方面不如机器。⑤机器对特定信息的感受和反应能力一般比人高，如机器可以接收超声、电离辐射、微波、电磁波和磁场等信号；还可以做出人难以做到的反应，如发射电讯信号、发出激光等。⑥机器能同时完成多种操作，且可保持较高的效率和准确度。人一般只能同时完成1～2项操作，而且两项操作容易相互干扰，难以持久地进行。⑦机器能在恶劣的环境条件下工作，如机器在高压、低压、高温、低温、超重、缺氧、辐射、振动等条件下都可以很好地工作，而人则无法耐受恶劣的环境。

54.**【答案】**B

【解析】考查民用爆炸物品生产安全管理要求。《民用爆破器材工程设计安全规范》(GB 50089)中要求：①在为民用爆炸物品工厂设计中，采用技术手段，保障安全生产，防止发生爆炸和燃烧事故，保护国家人民的生命财产，减少事故损失，促进生产建设的发展。②本规范适用于民用爆炸物品工厂的新建、改建、扩建和技术改造工程。③民用爆炸物品工厂的设计除应符合本规范外尚应符合国家现行的有关强制性标准的规定。

55.**【答案】**D

【解析】考查可燃气体检测。划分防爆区域的目的是正确选择相应的设备设施及线路，与可燃介质点火源无关，故选项A错误。静电防护装置及措施对于防止静电电击和防止静电影响有效，该题目非涉及静电点火源，而是可燃介质窜入，故选项B错误。惰性气体保护是用惰性气体取代空气，避免空气中的氧气进入系统，消除引发爆炸的一大因素，污水罐内介质循环，不适宜用惰性气体保护，故选项C错误。《爆炸危险环境电力装置设计规范》(GB 50058)规定：对区域内易形成和积聚爆炸性气体混合物的地点应设置自动测量仪器装置，当气体或蒸汽浓度接近爆炸下限值的50%时，应能可靠地发出信号或切断电源，故选项D正确。

56.**【答案】**D

【解析】考查危险化学品包装安全要求。《危险货物运输包装通用技术条件》(GB 12463)把危险货物包装分成3类：①Ⅰ类包装：适用于内装危险性较大的货物。②Ⅱ类包装：适用于内装危险性中等的货物。③Ⅲ类包装：适用于内装危险性较小的货物。

57.**【答案】**D

【解析】考查粉尘爆炸过程。粉尘爆炸过程与可燃气爆炸相似，但有两点区别：一是粉尘爆炸所需的点火能要大得多。二是在可燃气爆炸中，促使温度上升的传热方式主要是热传导；而在粉尘爆炸中，热辐射的作用大。

58.【答案】D

【解析】考查气瓶的装卸运输。在气瓶运输车上，应注意：氧气瓶不可与可燃气体气瓶同车；运输车辆应具有固定气瓶的相应装置，散装直立气瓶高出栏板部分不应大于气瓶高度的 1/4；运输气瓶的车上严禁烟火；夏季时气瓶要防晒。

59.【答案】D

【解析】考查锅炉安全技术。防止炉膛和尾部烟道再次燃烧造成破坏，常采用在炉膛和烟道易爆处装设防爆门的措施。

60.【答案】C

【解析】考查电气引燃源中的电火花和电弧。电火花是电极间的击穿放电；大量电火花汇集起来即构成电弧。电火花的温度很高，特别是电弧，温度高达 8000 ℃。因此，电火花和电弧不仅能引起可燃物燃烧，还能使金属熔化、飞溅，构成二次引燃源，故选项 A 错误。电火花分为工作火花和事故火花。工作火花指电气设备正常工作或正常操作过程中产生的电火花。例如，控制开关、断路器、接触器接通和断开线路时产生的火花；插销拔出或插入时产生的火花；直流电动机的电刷与换向器的滑动接触处、绕线式异步电动机的电刷与滑环的滑动接触处产生的火花等，故选项 B、D 错误。事故火花是线路或设备发生故障时出现的火花。例如，电路发生短路或接地时产生的火花；熔丝熔断时产生的火花；连接点松动或线路断开时产生的火花；变压器、断路器等高压电气设备由于绝缘质量降低发生的闪络等。事故火花还包括由外部原因产生的火花。如雷电火花、静电火花和电磁感应火花。除上述外，电动机的转动部件与其他部件相碰也会产生机械碰撞火花。

61.【答案】C

【解析】考查雷电的危害。雷电主要有以下四种危害：①火灾和爆炸（属于热性质）：直击雷放电的高温电弧能直接引燃邻近的可燃物造成火灾；高电压造成的二次放电可能引起爆炸性混合物爆炸；巨大的雷电流通过导体，在极短的时间内转换出大量的热能，可能烧毁导体、熔化导体，导致易燃品的燃烧，从而引起火灾乃至爆炸；球雷侵入可引起火灾；数百万伏乃至更高的冲击电压击穿电气设备的绝缘导致的短路亦可能引起火灾。②触电（属于电性质）：雷电直接对人放电会使人遭到致命电击；二次放电也能造成电击；球雷打击也能使人致命；数十至数百千安的雷电流入地下，会在雷击点及其连接的金属部分产生极高的对地电压，可能直接导致接触电压和跨步电压电击；电气设备绝缘损坏后，可能导致高压窜入低压，在大范围内带来触电危险，故选项 A 错误，选项 C 正确。③设备和设施毁坏（机械性质）：数百万伏乃至更高的冲击电压可能毁坏发电机、电力变压器、断路器、绝缘子等电气设备的绝缘、烧断电线或劈裂电线杆；巨大的雷电流瞬间产生的大量热量使雷电流通道中的液体急剧蒸发，体积急剧膨胀，造成被击物破坏甚至爆碎；静电力和电磁力也有很强的破坏作用，选项 B 错误。④大规模停电：电力设备或电力线路破坏后即可能导致大规模停电，选项 D 错误。

62.【答案】A

【解析】考查民用爆炸物品的火灾爆炸危险因素。乳化炸药生产的火灾爆炸危险因素主要来自于物质危险性，如生产过程中的高温、撞击摩擦、电气和静电火花、雷电引起的危险性，而非乳化炸药在储存、运输过程中的危险性，故选项 A 错误。乳化炸药生产原料或成品在储存和运输中存在以下危险因素：①硝酸铵储存过程中会发生自然分解，放出热量。当环境具备一定的条件时热量聚集，当温度达到爆发点时引起硝酸铵燃烧或爆炸，选项 B 正确。②油相材料都是易燃危险品，储存时遇到高温、氧化剂等，易发生燃烧而引起燃烧事故，选项 C 正确。③乳化炸药的运输可能发生翻车、撞车、坠落、碰撞及摩擦等险情，会引起乳化炸药的燃烧或爆炸，选项 D 正确。

63.【答案】D

【解析】考查锅炉事故及预防中的汽水共腾。首先根据题干判断该现象属于哪种锅炉事故，进而选择对应的处理措施。锅炉水位表内出现泡沫。汽水界限难以区分，过热蒸汽温度下降，过热蒸汽带水，以上现象说明是汽水共腾事故。发现汽水共腾时，应减弱燃烧力度，降低负荷，关小主汽阀；加强蒸汽管道和过热器的疏水；全开连续排污阀，并打开定期排气阀放水，同时上水，以改善锅水品质；待水质改善、水位清晰时，可逐渐恢复正常运行，故选项 D 正确。

64.【答案】C

【解析】考查防火防爆安全装置及技术中的阻火隔爆技术。阻火隔爆是通过某些隔离措施防止外部火焰蹿入存有可燃爆炸物料的系统、设备、容器及管道内，或者阻止火焰在系统、设备、容器及管道之间蔓延，按照作用机理，可分为机械隔爆和化学抑爆两类。机械阻火隔爆装置主要有工业阻火器、主动式隔爆装置和被动式隔爆装置等。其中工业阻火器装于管道中，形式最多，应用也最为广泛。工业阻火器常用于阻止爆炸初期火焰的蔓延。工业阻火器在工业生产过程中时刻都在起作用，对流体介质的阻力较大，而主动式、被动式隔爆装置只是在爆炸发生时才起作用，因此它们在不动作时对流体介质的阻力小，有些隔爆装置甚至不会产生任何压力损失，故选项 A 正确。主动式(监控式)隔爆装置由一灵敏的传感器探测爆炸信号，经放大后输出给执行机构，控制隔爆装置喷洒抑爆剂或关闭阀门，从而阻隔爆炸火焰的传播，故选项 B 正确。工业阻火器对于纯气体介质才是有效的，对气体中含有杂质(如粉尘、易凝物等)的输送管道，应当选用主动式、被动式隔爆装置为宜，故选项 C 错误。被动式隔爆装置主要有自动断路阀、管道换向隔爆等形式，由爆炸波推动隔爆装置的阀门或闸门来阻隔火焰，故选项 D 正确。

65.【答案】C

【解析】考查起重机械使用安全技术中的起重机司机安全操作技术。开机作业前，应确认处于安全状态方可开机：所有控制器是否置于零位；起重机上和作业区内是否有无关人员，作业人员是否撤离到安全区；起重机运行范围内是否有未清除的障碍物；起重机与其他设备或固定建筑物的最小距离是否在 0.5 m 以上；电源断路装置是否加锁或有警示标牌；流动式起重机是否按要求平整好场地，支脚是否牢固可靠。

66.【答案】A

【解析】考查起重机械事故中典型起重机械事故及预防。起重机械操作过程中要坚持“十不吊”原则：①指挥信号不明或乱指挥不吊；②物体重量不清或超负荷不吊；③斜拉物体不吊；④重物上站人或有浮置物不吊；⑤工作场地昏暗，无法看清场地、被吊物及指挥信号不吊；⑥遇有拉力不清的埋置物时不吊；⑦工件捆绑、吊挂不牢不吊；⑧重物棱角处与吊绳之间未加衬垫不吊；⑨结构或零部件有影响安全工作的缺陷或损伤时不吊；⑩钢(铁)水装得过满不吊。题目中“清理废旧设备重叠堆放的场地，使用汽车吊进行吊装，场地中单件设备重量均小于汽车吊的额定起重量。当直接起吊一台被其他设备包围的设备时”已经说明设备重量小于额定起重量且下层吊物有可能被上层吊物压入地面造成被埋置，并且该设备被其他设备包围，容易造成观察不到埋置，故本题正确选项为 A。

67.【答案】C

【解析】考查压力管道的年度检查。《压力管道定期检验规则-工业管道》(TSG D7005)附件 A 中工业管道年度检查要求，检查波纹管膨胀节表面有无划痕、凹痕、腐蚀穿孔、开裂以及波纹管波间距是否符合要求，有无失稳现象，铰链型膨胀的铰链、销轴有无变形、脱落、损坏现象，拉杆式膨胀节的拉杆、螺栓、连接支座是否符合要求等情况，故选项 A 正确。对有蠕胀测量要求的管道，检查管道蠕胀测点或者蠕胀测量带是否完好，故选项 B 正确。应当对输送易燃、易爆介质的管道，以抽查方式进行防静电接地电阻值和法兰间接触电阻值测定，故选项 D 正确。

68.**【答案】**C

【解析】考查接地装置的连接。利用建筑物的钢结构、起重机轨道、工业管道等自然导体做接地线时，其伸缩缝或接头处应另加跨接线，以保证连续可靠。自然接地体与人工接地体之间的连接必须可靠，故选项 A 错误。接地线与管道的连接可采用螺纹连接或抱箍螺纹连接，但必须使用镀锌件，以防止锈蚀。在有振动的地方，应采取防松措施，故选项 B、D 错误。接地装置地下部分的连接应采用焊接，并应采用搭焊，不得有虚焊，故选项 C 正确。

69.**【答案】**B

【解析】《气瓶安全技术监察规程》(TSG R0006)规定，气瓶水压试验压力一般为公称工作压力的 1.5 倍，当相应标准对试验压力有特殊要求时，按其规定执行。

70.**【答案】**D

【解析】考查锅炉压力容器使用安全技术。压力容器在运行中出现下列情况时，应立即停止运行：容器的操作压力或壁温超过安全操作规程规定的极限值，而且采取措施仍无法控制，并有继续恶化的趋势；容器的承压部件出现裂纹、鼓包变形、焊缝或可拆连接处泄漏等危及容器安全的迹象；安全装置全部失效，连接管件断裂，紧固件损坏等，难以保证安全操作；操作岗位发生火灾，威胁到容器的安全操作；高压容器的信号孔或警报孔泄漏。

二、多项选择题

71.**【答案】**ABDE

【解析】考查场(厂)内专用机动车辆涉及安全的主要部件中的高压胶管。高压胶管必须符合相关标准，并通过耐压试验、长度变化试验、爆破试验、脉冲试验、泄漏试验等试验检测。

72.**【答案】**ABDE

【解析】考查锻造的危险有害因素。在锻造生产中易发生的伤害事故，按其原因可分为 3 种：①机械伤害。锻造加工过程中，机械设备、工具或工件的非正常选择和使用，人的违章操作等，都可导致机械伤害。如锻锤锤头击伤；锻件打飞伤人；辅助工具打飞击伤；模具、冲头打崩、损坏伤人；原料、锻件等在运输过程中造成的砸伤；操作杆打伤、锤杆断裂击伤等，选项 B 正确。②火灾爆炸。红热的坯料、锻件及飞溅氧化皮等一旦遇到易燃易爆物品，极易引发火灾和爆炸事故，选项 A、D 正确。③灼烫。锻造加工坯料常加热至 800～1200 ℃，操作者一旦接触到红热的坯料、锻件及飞溅氧化皮等，必定被烫伤，选项 E 正确。

73.**【答案】**DE

【解析】考查爆炸危险区域中划分危险区域时遵循的原则。划分危险区域时，应综合考虑释放源和通风条件，并应遵循下列原则：①存在连续级释放源的区域可划为 0 区，存在第一级释放源的区域可划为 1 区，存在第二级释放源的区域可划为 2 区，选项 B、C 错误。②如通风良好，应降低爆炸危险区域等级；如通风不良，应提高爆炸危险区域等级，选项 E 正确。③局部机械通风在降低爆炸性气体混合物浓度方面比自然通风和一般机械通风更为有效时，可采用局部机械通风降低爆炸危险区域等级，选项 A 错误。④在障碍物、凹坑和死角处，应局部提高爆炸危险区域等级，选项 D 正确。⑤利用堤或墙等障碍物，限制比空气重的爆炸性气体混合物的扩散，可缩小爆炸危险区域的范围。

74.**【答案】**AC

【解析】考查静电的危害。工艺过程中产生的静电可能引起爆炸和火灾，也可能给人以电击，还可能妨碍生产。其中，爆炸或火灾是最大的危害和危险。①爆炸和火灾：静电能量虽然不大，但因其电压很高而容易发生放电。如果所在场所有易燃物质，又有由易燃物质形成的爆炸性混合物，包括爆炸性气体和蒸汽，以及爆炸性粉尘等，即可能由静电火花引起爆炸或火灾。带静电的人体接近接地导体或其他导体时，以及接地的人体接近带电的物体时，均可能发生火花放电，导致爆炸或火灾，选项 A 正确，选项 B、D 错误。②静电电击：静电电击是静电放电造成的瞬间冲击性的电击。由于生产工艺过程中积累的静电能量不大，静电电击不会使人致命。但是，不能排除由静电电击导致严重后果的可能性。例如，人体可能因静电电击而坠落或摔倒，造成二次事故。静电电击还可能引起工作人员紧张而妨碍工作等，选项 E 错误。③妨碍生产：生产过程中产生的静电，可能妨碍生产或降低产品质量。例如，在电子技术领域，生产过程中产生的静电可能引起计算机等设备中电子元件误动作，可能对无线电设备产生干扰，还可能击穿集成电路的绝缘等，选项 C 正确。

75.【答案】ABDE

【解析】考查爆炸性物品的销毁。废弃物的销毁包括三个部分：固体废弃物处置、爆炸性物品的销毁和有机过氧化物废弃物处理。本题题干中硝化废料考查爆炸性物品的销毁。凡确认不能使用的爆炸性物品，必须予以销毁，在销毁以前应报告当地公安部门，选择适当的地点、时间及销毁方法。一般可采用以下 4 种方法：爆炸法、烧毁法、溶解法、化学分解法。

76.【答案】ABDE

【解析】考查防止机械危险安全措施。防止机械危险安全措施包括：机床结构、运动部件、夹持装置、平衡装置、排屑防喷溅措施；工作台、通道、开口防止滑倒、绊倒和跌落的措施。本题考查其中的运动部件部分。对于运动部件的安全措施主要有：①有可能造成缠绕、吸入或卷入等危险的运动部件和传动装置(如链传动、齿轮齿条传动、带传动、蜗轮传动、轴、丝杠、排屑装置等)应予以封闭，设置防护装置或使用信息提示。通常传动装置采用隔离式防护装置，如齿轮、链传动采用封闭式防护罩，带传动采用金属骨架的防护网，保护区域较大的范围采用防护栅栏。需要人员近距离作业的操作区，刀具和运动部件的防护，应有针对性采用符合要求的保护装置，选项 A 正确。②凡在作业上方有物料传输装置、带传动装置以及上方可能有坠落物件的下方，应设置防护廊、防护棚、防护网等防护。③运动部件与运动部件之间、运动部件与静止部件(包括墙体等构筑物)之间，不应存在挤压危险和剪切危险，否则应限定避免人体各部位受到伤害的最小安全距离或按有关规定采用防止挤压、剪切的保护装置。④运动部件在有限滑轨运行或有行程距离要求的，应设置可靠的限位装置，选项 B 正确。⑤对于有惯性冲击的机动往复运动部件，应设置缓冲装置，选项 D 正确。⑥对于可能超负荷(压力、起升量、温度等)发生部件损坏而造成伤害的，应设置超负荷保护装置，并在机床上或说明书中标明极限使用条件。⑦运动中可能松脱的零部件必须采取有效措施加以紧固，防止由于启动、制动、冲击、振动而引起松动、脱离、甩出，选项 E 正确。⑧对于单向转动的部件应在明显位置标出转动方向，防止反向转动导致危险。⑨运动部件不允许同时运动时，其控制机构应连锁，不能实现连锁的，应在控制机构附近设置警告标志，并在说明书中加以说明，选项 C 错误。

77.【答案】ACDE

【解析】考查可燃气体爆炸。选项 A 正确，当乙炔受热或受压时，容易发生聚合、加成、取代或爆炸性分解等反应。选项 B 错误，乙炔的火灾爆炸危险性很大，但爆炸下限低于天然气。选项 C 正确，乙炔易与铜、银、汞等重金属反应生成爆炸性的乙炔盐，这些乙炔盐只需轻微的撞击便能发生爆炸而使乙炔着火。选项 D、E 正确，为防止乙炔分解爆炸，安全规程中规定：不能用含铜量超过 70%的铜合金制造盛乙炔的容器；在用乙炔焊接时，不能使用含银焊条。

78.【答案】ABCD

【解析】考查漏电保护。动作电流30 mA及30 mA以下的属高灵敏度，主要用于防止触电事故；动作电流30 mA以上、1000 mA及1000 mA以下的属中灵敏度，用于防止触电事故和漏电火灾；动作电流1000 mA以上的属低灵敏度，用于防止漏电火灾和监视一相接地故障，故选项A、B、C正确。对于公共场所的通道照明电源和应急照明电源、消防用电梯及确保公共场所安全的电气设备、用于消防设备的电源（如火灾报警装置、消防水泵、消防通道照明等）、用于防盗报警的电源，以及其他不允许突然停电的场所或电气装置的电源，漏电时立即切断电源将会造成其他事故或重大经济损失。在这些情况下，应装设不切断电源的报警式漏电保护装置，故选项D正确，选项E错误。

79.【答案】ABCD

【解析】考查惰性气体保护。由于爆炸的形成需要可燃物质、氧气以及一定的点火能量，用惰性气体取代空气，避免空气中的氧气进入系统，就消除了引发爆炸的一大因素，从而使爆炸过程不能形成。在化工生产中，采取的惰性气体（或阻燃性气体）主要有氮气、二氧化碳、水蒸气、烟道气等。以下情况通常需考虑采用惰性介质保护：①可燃固体物质在粉碎、筛选处理及其粉末输送时，采用惰性气体进行覆盖保护，选项C正确。②处理可燃易爆的物料系统，在进料前用惰性气体进行置换，以排除系统中原有的气体，防止形成爆炸性混合物。③将惰性气体通过管线与火灾爆炸危险的设备、储槽等连接起来，在万一发生危险时使用，选项A正确。④易燃液体利用惰性气体充压输送，选项D正确。⑤在有爆炸性危险的生产场所，对有可能引起火灾危险的电器、仪表等采用充氮正压保护，选项E错误。⑥易燃易爆系统检修动火前，使用惰性气体进行吹扫置换，选项B正确。⑦发现易燃易爆气体泄漏时，采用惰性气体冲淡；发生火灾时，用惰性气体进行灭火。

80.【答案】ACDE

【解析】考查充装站对气瓶日常管理中气瓶的贮存、保管。气瓶入库应按照气体的性质、公称工作压力及空实瓶严格分类存放，应有明确标志。可燃气体的气瓶不可与氧化性气体同库贮存；氢气不准与笑气、氨、氯乙烷、环氧乙烷、乙炔等同库。

81.【答案】ABC

【解析】考查防雷分类。建筑物按其火灾和爆炸的危险性、人身伤亡的危险性、政治经济价值分为三类。第一类防雷建筑物有：①制造、使用或储存火炸药及其制品，遇电火花会引起爆炸、爆轰，从而造成巨大破坏或人身伤亡的建筑物。②具有0区、20区爆炸危险场所的建筑物，选项A正确。③具有1区、21区爆炸危险场所，且因电火花引起爆炸会造成巨大破坏和人身伤亡的建筑物。第二类防雷建筑物有：①国家级重点文物保护的建筑物。②国家级的会堂、办公楼、档案馆，大型展览馆，大型机场航站楼，大型火车站，大型港口客运站，大型旅游建筑，国宾馆，大型城市的重要动力设施，选项D错误。③国家级计算中心、国际通信枢纽。④国际特级和甲级大型体育馆。⑤制造、使用或储存火炸药及其制品，但电火花不易引起爆炸，或不致造成巨大破坏和人身伤亡的建筑物。⑥具有1区、21区爆炸危险场所，但电火花引起爆炸或不会造成巨大破坏和人身伤亡的建筑物。⑦具有2区、22区爆炸危险场所的建筑物，选项E错误。⑧有爆炸危险的露天气罐和油罐，选项B正确。⑨预计雷击次数大于0.05次/年的省、部级办公建筑物和其他重要或人员集中的公共建筑物以及火灾危险场所。⑩预计雷击次数大于0.25次/年的住宅、办公楼等一般性民用建筑物或一般工业建筑物。第三类防雷建筑物有：①省级重点文物保护的建筑物和省级档案馆，选项C正确。②预计雷击次数大于或等于0.01次/年，小于或等于0.05次/年的省、部级办公建筑物和其他重要或人员集中的公共建筑物以及火灾危险场所。③预计雷击次数大于或等于 0.05 次/年，小于或等于 0.25 次/年的住宅、办公楼等一般性民用建筑物或一般工业建筑物。④年平均雷暴日 15 天以上地区，高度 15 m 及 15 m 以上的烟囱、水塔等孤立高耸的建筑物；年平均雷暴日 15 天及 15 天以下地区，高度 20 m 及 20 m 以上的烟囱、水塔等孤立高耸的建筑物。

82.**【答案】**BC

【解析】根据《化学品分类、警示标签和警示性说明安全规范 易燃液体》(GB 20581)，易燃液体的分类依据有闪点和初沸点。

83.**【答案】**ABC

【解析】考查劳动强度及分类。I 级(轻劳动)的职业描述为：①坐姿：手工作业或腿的轻度活动(正常情况下，如打字、缝纫、脚踏开关等)；②立姿：操作仪器，控制、查看设备，上臂用力为主的装配工作，选项 E 属于 I 级(轻劳动)。Ⅱ级(中等劳动)的职业描述为：手和臂持续动作(如锯木头等)；臂和腿的工作(如卡车、拖拉机或建筑设备等运输操作)；臂和躯干的工作(如锻造、风动工具操作、粉刷、间断搬运中等重物、除草、锄田、摘水果和蔬菜等)，选项 A、B、C 属于Ⅱ级(中等劳动)。Ⅲ级(重劳动)的职业描述为：臂和躯干负荷工作(如搬重物、铲、锤锻、锯刨或凿硬木、割草、挖掘等)，选项 D 属于Ⅲ级(重劳动)。Ⅳ级(极重劳动)的职业描述为：大强度的挖掘、搬运，快到极限节律的极强活动。

84.**【答案】**CDE

【解析】考查防火防爆安全装置及技术。选项 A 错误，对于工作介质为剧毒气体或可燃气体(蒸汽)里含有剧毒气体的压力容器，其泄压装置应采用爆破片而不宜用安全阀，以免污染环境。因为对于安全阀来说，微量的泄漏是难免的。选项 B 错误，化学抑爆技术可用于装有气相氧化剂中可能发生爆燃的气体、油雾或粉尘的任何密闭设备，如可燃粉尘气力输送系统的管道。选项 C 正确，当安全阀的入口处装有隔断阀时，隔断阀必须保持常开状态并加铅封。选项 D 正确，主动式、被动式隔爆装置是靠装置某元件的动作来阻隔火焰。选项 E 正确，防爆门(窗)一般设置在使用油、气或燃烧煤粉的燃烧室外壁上，防爆门(窗)应设置在人不常到的地方，高度最好不低于 2 m。

85.**【答案】**CE

【解析】考查《固定式压力容器安全技术监察规程》(TSG 21)。该规程 3.2.16 规定了快开门式压力容器设计专项要求。在设计快开门式压力容器安全连锁装置时，应当满足以下要求：①当快开门达到预定关闭部位，方能升压运行；②当压力容器的内部压力完全释放，方能打开快开门。故选项 C、E 正确。

附录　考试说明

一、考试目的

贯彻落实习近平新时代中国特色社会主义思想，适应我国经济社会安全发展需要，提高安全生产专业技术人员素质，客观评价中级安全生产专业技术人员的知识水平和业务能力。

二、考试性质

中级注册安全工程师职业资格考试是由国务院人力资源社会保障和应急管理部门共同组织实施的一项国家职业资格考试。考试合格者，可取得中华人民共和国注册安全工程师职业资格证书(中级)。

三、考试方式

中级注册安全工程师职业资格考试方式为闭卷考试，在答题卡上作答。

四、考试科目

中级注册安全工程师职业资格考试科目共四科，设公共科目和专业科目。公共科目为《安全生产法律法规》《安全生产管理》《安全生产技术基础》；专业科目为《安全生产专业实务》，包括煤矿安全、金属非金属矿山安全、化工安全、金属冶炼安全、建筑施工安全、道路运输安全、其他安全(不包括消防安全)7个专业类别。专业科目实行分卷考试，考生在报名时应根据工作需要选择一个专业类别进行考试。烟花爆竹、民用爆炸物品、石油天然气开采、燃气、电力等行业的考生应选择其他安全专业类别。

五、试卷结构

公共科目的考试题型为客观题，分为单项选择题和多项选择题两部分。单项选择题的备选项中，只有1个最符合题意。多项选择题的备选项中，有2个或2个以上符合题意，至少有1个错项。错选不得分。少选，所选的每个选项得0.5分。试卷中有70个单项选择题，每题1分；15个多项选择题，每题2分。

专业科目试题包括专业安全技术和安全生产案例分析两部分。专业安全技术部分题型为客观题，均为单项选择题，占分值的20%；安全生产案例分析部分题型包括客观题(占分值的10%)和主观题(占分值的70%)，客观题为单项选择题和多项选择题，主观题为综合案例分析题。

四个科目试卷总分均为100分，考试时间均为2.5小时。